建设工程施工质量验收规范要点解析

建筑给水排水及采暖工程

赵俊丽　主编

中国铁道出版社

2012年·北京

内 容 提 要

本书是《建设工程施工质量验收规范要点解析》系列丛书之《建筑给水排水及采暖工程》,共有七章,内容包括室内给水排水系统、室内热水供应系统、卫生器具安装、室内采暖系统、室外给水排水及供热管网安装、建筑中水系统及游泳池水系统、供热整装锅炉及辅助设备安装。本书内容丰富,层次清晰,可供相关专业人员参考学习。

图书在版编目(CIP)数据

建筑给水排水及采暖工程/赵俊丽主编 . —北京:
中国铁道出版社,2012.9
(建设工程施工质量验收规范要点解析)
ISBN 978-7-113-14483-8

Ⅰ.①建… Ⅱ.①赵… Ⅲ.①给排水系统—建筑安装
工程—工程验收—建筑规范—中国②采暖设备—建筑安装
工程—工程验收—建筑规划—中国 Ⅳ.①TU82-65

中国版本图书馆 CIP 数据核字(2012)第 062050 号

书　　　名:	建设工程施工质量验收规范要点解析 **建筑给水排水及采暖工程**	
作　　　者:	赵俊丽	

策划编辑:江新锡
责任编辑:曹艳芳　　陈小刚　　电话:010—51873193
助理编辑:王佳琦
封面设计:郑春鹏
责任校对:孙　玫
责任印制:郭向伟

出版发行: 中国铁道出版社 (100054,北京市西城区右安门西街 8 号)
网　　　址: http://www.tdpress.com
印　　　刷: 北京市燕鑫印刷有限公司
版　　　次: 2012 年 9 月第 1 版　　2012 年 9 月第 1 次印刷
开　　　本: 787mm×1092mm　1/16　印张: 23.25　字数: 582 千
书　　　号: ISBN 978-7-113-14483-8
定　　　价: 55.00 元

前　言

近年来，住房和城乡建设部相继对专业工程施工质量验收规范进行了修订，工程建设质量有了新的统一标准，规范对工程施工质量提出验收标准，以"验收"为手段来监督工程施工质量。为提高工程质量水平，增强对施工验收规范的理解和应用，进一步学习和掌握国家有关的质量管理、监督文件精神，掌握质量规范和验收的知识、标准，以及各类工程的操作规程，我们特组织编写了《建设工程施工质量验收规范要点解析》系列丛书。

工程质量在施工中占有重要的位置，随着经济的发展，我国建筑施工队伍也在不断的发展壮大，但不少施工企业，特别是中小型施工企业，技术力量相对较弱，对建设工程施工验收规范缺乏了解，导致单位工程竣工质量评定度低。本丛书的编写目的就是为提高企业施工质量，提高企业质量管理人员以及施工管理人员的技术水平，从而保证工程质量。

本丛书主要以"施工质量验收规范"为主线，对规范中每个分项工程进行解析。对验收标准中的验收条文、施工材料要求、施工机械要求和施工工艺的要求进行详细的阐述，模块化编写，方便阅读，容易理解。

本丛书分为：

1.《建筑地基与基础工程》；

2.《砌体工程和木结构工程》；

3.《混凝土结构工程》；

4.《安装工程》；

5.《钢结构工程》；

6.《建筑地面工程》；

7.《防水工程》；

8.《建筑给水排水及采暖工程》；

9.《建筑装饰装修工程》。

本丛书可作为监理和施工单位参考用书，也可作为大中专院校建设工程专业师生的教学参考用书。

由于编者水平有限，错误疏漏之处在所难免，请批评指正。

编　者

2012 年 5 月

目 录

第一章　室内给水排水系统

第一节　室内给水管道及配件安装

一、验收条文

(1)室内给水管道及配件安装工程施工质量验收标准见表1—1。

表1—1　室内给水管道及配件安装工程施工质量验收标准

项目	内　　　容
主控项目	(1)室内给水管道的水压试验必须符合设计要求。当设计未注明时,各种材质的给水管道系统试验压力均为工作压力的1.5倍,但不得小于0.6 MPa。 检验方法:金属及复合管给水管道系统在试验压力下观测10 min,压力降不应大于0.02 MPa,然后降到工作压力进行检查,应不渗不漏;塑料管给水系统应在试验压力下稳压1 h,压力降不得超过0.05 MPa,然后在工作压力的1.15倍状态下稳压2 h,压力降不得超过0.03 MPa,同时检查各连接处不得渗漏。 (2)给水系统交付使用前必须进行通水试验并做好记录。 检验方法:观察和开启阀门、水嘴等放水。 (3)生活给水系统管道在交付使用前必须冲洗和消毒。并经有关部门取样检验。符合国家《生活饮用水标准》(GB 5749—2006)方可使用。 检验方法:检查有关部门提供的检测报告。 (4)室内直埋给水管道(塑料管道和复合管道除外)应做防腐处理。埋地管道防腐层材质和结构应符合设计要求。 检验方法:观察或局部解剖检查
一般项目	(1)给水引入管与排水排出管的水平净距不得小于1 m。室内给水与排水管道平行敷设时,两管间的最小水平净距不得小于0.5 m;交叉铺设时,垂直净距不得小于0.15 m。给水管应铺在排水管上面,若给水管必须铺在排水管的下面时,给水管应加套管,其长度不得小于排水管管径的3倍。 检验方法:尺量检查。 (2)管道及管件焊接的焊缝表面质量应符合下列要求。 1)焊缝外形尺寸应符合图纸和工艺文件的规定,焊缝高度不得低于母材表面,焊缝与母材应圆滑过渡。 2)焊缝及热影响区表面应无裂纹、未熔合、未焊透、夹渣、弧坑和气孔等缺陷。 检验方法:观察检查。

续上表

项目	内 容
一般项目	(3)给水水平管道应有2‰～5‰的坡度坡向泄水装置。 检验方法:水平尺和尺量检查。 (4)给水管道和阀门安装的允许偏差应符合表1-2的规定。 (5)管道的支、吊架安装应平整牢固,其间距应符合本规范的相关规定。 检验方法:观察、尺量及手扳检查。 (6)水表应安装在便于检修、不受曝晒、污染和冻结的地方。安装螺翼式水表,表前与阀门应有不小于8倍水表接口直径的直线管段。表外壳距墙表面净距为10～30 mm;水表进水口中心标高按设计要求,允许偏差为±10 mm。 检验方法:观察和尺量检查

(2)管道和阀门安装的允许偏差和检验方法见表1-2。

表1-2 管道和阀门安装的允许偏差和检验方法

项次	项目			允许偏差(mm)	检验方法
1	水平管道纵横方向弯曲	钢管	每米 全长25 m以上	1 ≤25	用水平尺、直尺、拉线和尺量检查
		塑料管复合管	每米 全长25 m以上	1.5 ≤25	
		铸铁管	每米 全长25 m以上	2 ≤25	
2	立管垂直度	钢管	每米 5 m以上	2 ≤8	吊线和尺量检查
		塑料管复合管	每米 5 m以上	2 ≤8	
		铸铁管	每米 5 m以上	2 ≤10	
3	成排管段和成排阀门		在同一平面上间距	3	尺量检查

二、施工材料要求

(1)给水铸铁管见表1-3。

表1-3 给水铸铁管

项目	内　容
砂型离心铸铁管	砂型离心铸铁管按其壁厚分为 P 级和 G 级两级。承插直管的尺寸如图 1-1 所示承接直管各部尺寸见表 1-4。 砂型离心铸铁管为灰铸铁管,主要用于给水与煤气工程,可根据工作压力埋设深度选用。其试验压力与力学性能见表 1-5
连续铸铁管	连续铸铁管是用连续铸造法生产的灰口铸铁管,其连接方式与砂型离心铸铁管相同,不同的是,连续铸铁管的直径范围较宽。连续铸铁管按其壁厚分 LA、A 和 B 三级。其中 LA 级相当于砂型离心铸铁管的 P 级,A 级相当于 G 级,B 级的强度更高。一般情况下,最高工作压力按试验压力的 50% 选用。 连续铸铁管与砂型离心铸铁管在外形上的区别是前者插口端没有凸缘,后者的插口有凸缘(外径为 D_4、宽度为 x)。连续铸铁管形状和尺寸如图 1-2 所示和表 1-6。连续铸铁管的水压试验与力学性能见表 1-7
柔性机械接口灰口铸铁管	柔性机械接口灰口铸铁管适用于输送煤气及给水。铸铁管按其壁厚分为 LA、A 和 B 三级。 (1)接口形式及尺寸。 铸铁管接口形式分为 N(包括 N_1)型胶圈机械接口和 X 型胶圈机械接口。 N 型胶圈机械接口铸铁管的形式和尺寸应符合图 1-3 和表 1-8 的规定。N_1 型胶圈机械接口铸铁管的形式和尺寸应符合图 1-4 和表 1-9 的规定。 X 型胶圈机械接口铸铁管的形式和尺寸应符合图 1-5 和表 1-10 的规定。 (2)柔性机械接口灰口铸铁管的试验压力与力学性能。柔性机械接口灰口铸铁管的试验压力与力学性能见表 1-1

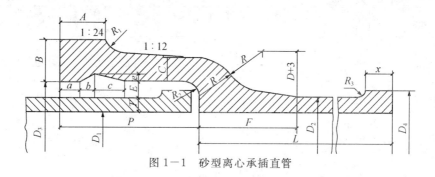

图 1-1　砂型离心承插直管

表 1-4　承接直管各部尺寸

公称直径	各部尺寸(mm)(图 1-1 所示参数项目)			
DN(mm)	a	b	c	e
75~450	15	10	20	6
500 以上	18	12	25	7

注:$R=C+E$;$R_1=C$;$R_2=E$。

表 1-5　砂型离心铸铁管试验压力与力学性能

水压试验			管环抗弯强度（MPa）	
管子级别	公称直径 DN(mm)	试验压力 P_s(MPa)	公称直径 DN(mm)	不小于
P	≤450	2.0	≤300	340
	≥500	1.5	350～700	280
G	≤450	2.5	≥800	240
	≥500	2.0		

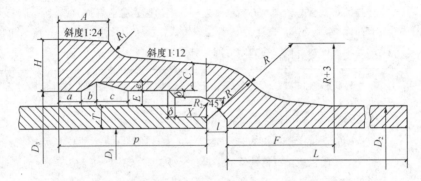

图 1-2　连续铸铁管

表 1-6　连续铸铁管各部尺寸

公称直径	各部尺寸(mm)（图 1-2 所示参数项目）			
DN(mm)	a	b	c	e
75～450	15	10	20	6
500～800	18	12	25	7
900～1 200	20	14	30	8

注：$R=C+2E$；$R_1=C$；$R_2=E$。

表 1-7　连续铸铁管的试验压力与力学性能

水压试验压力(MPa)				管环抗弯强度（MPa）	
公称直径 DN(mm)	LA	A	B	公称直径 DN(mm)	不小于
≤450	2.0	2.5	3.0	≤300	3.4
≥500	1.5	2.0	2.5	350～700	2.8
—	—	—	—	≥800	2.4

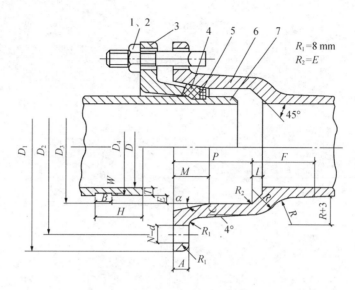

图 1—3　N 型胶圈机械接口

1—螺母；2—螺栓；3—压兰；4—胶圈；5—支承圈；6—管体承口；7—管体插口

表 1—8　N 型胶圈机械接口铸铁管尺寸

公称直径 DN (mm)	尺寸（mm）														螺栓孔	
	承口内径 D_3	承口法兰盘外径 D_1	螺孔中心圆 D_2	A	C	P	l	F	R	α	M	B	W	H	d (mm)	N （个）
100	138	250	210	19	12	95	10	75	32	10°	45	20	3	57	23	4
150	189	300	262	20	12	100	10	75	32	10°	45	20	3	57	23	6
200	240	350	312	21	13	100	11	77	33	10°	45	20	3	57	23	6
250	293.6	408	366	22	15	100	12	83	37	10°	45	20	3	57	23	6
300	344.8	466	420	23	16	100	13	85	38	10°	45	20	3	57	23	8
350	396	516	474	24	17	100	13	87	39	10°	45	20	3	57	23	10
400	447.6	570	526	25	18	100	14	89	40	10°	45	20	3	57	23	10
450	498.8	624	586	26	19	100	14	91	41	10°	45	20	3	57	23	12
500	552	674	632	27	21	100	15	97	45	10°	45	20	3	57	23	14
600	654.8	792	740	28	23	110	16	101	47	10°	45	20	3	57	23	16

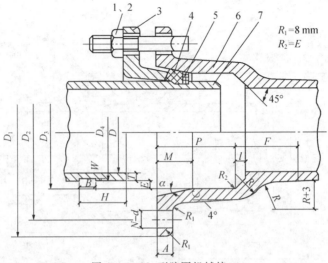

图1-4　N₁型胶圈机械接口

1—螺母;2—螺栓;3—压兰;4—胶圈;5—支承圈;6—管体承口;7—管体插口

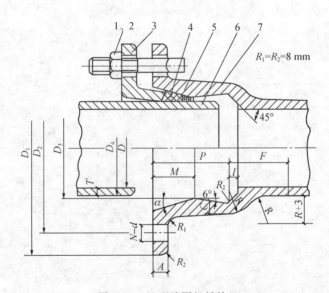

图1-5　X型胶圈机械接口

1—螺母;2—螺栓;3—压兰;4—胶圈;5—支承圈;6—管体插口;7—管体承口

表1-9　N₁型胶圈机械接口尺寸　　　　　　　　　（单位:mm）

公称直径 DN	尺寸											螺栓孔	
	承口内矩 D_3	承口法兰盘外径 D_1	螺孔中心圈 D_2	A	C	P	l	F	R	α	M	d	N(个)
100	126	262	209	19	14	95	10	75	32	15°	50	23	4
150	177	313	260	20	14	100	10	75	32	15°	50	23	6

续上表

公称直径 DN	尺寸												螺栓孔	
	承口内矩 D_3	承口法兰盘外径 D_1	螺孔中心圈 D_2	A	C	P	l	F	R	α	M		d	N(个)
200	228	366	313	21	15	100	11	77	33	15°	50		23	6
250	279.6	418	365	22	15	100	12	83	37	15°	50		23	6
300	330.8	471	418	23	16	100	13	85	38	15°	50		23	8
350	382	524	471	24	17	100	13	87	39	15°	50		23	10
400	433.6	578	525	25	18	100	14	89	40	15°	50		23	12
450	484.8	638	586	26	19	100	14	91	41	15°	50		23	12
500	536	682	629	27	21	100	15	97	45	15°	55		24	14
600	638.8	792	740	28	23	110	16	101	47	15°	55		24	16

表 1—10　X 型胶圈机械接口铸铁管尺寸

公称直径 D_1 (mm)	外径 D_2 (mm)	壁厚 T(mm)			承口尺寸(mm)							
		LA 级	A 级	B 级	D3	D4	D5	A	C	P	F	R
75	93.0	9.0	9.0	9	115	101	169	36	14	90	70	25
100	118.0	9.0	9.0	9	140	126	194	36	14	95	70	25
150	169.0	9.0	9.2	10	191	177	245	36	14	100	70	25
200	220.0	9.2	10.1	11	242	228	300	38	15	100	71	26
250	271.6	10.0	11.0	12	294	280	376	38	15	105	73	26
300	322.8	10.8	11.9	13	345	331	411	38	16	105	75	27
400	425.6	12.5	13.8	15	448	434	520	40	18	110	78	29
500	528.0	14.2	15.6	17	550	536	629	40	19	115	82	30
600	630.8	15.8	17.4	19	653	639	737	42	20	120	84	31

重量(kg)				有效长度 L(mm)						橡胶圈工作直径 D_0 (mm)
承口凸部	直部 1 m			5 000			6 000			
				总重量(kg)						
	LA 级	A 级	B 级	LA 级	A 级	B 级	LA 级	A 级	B 级	
6.69	17.1	17.1	17.1	92	92	92	109	109	109	116.0
8.28	22.2	22.2	22.2	119	119	119	141	141	141	141.0
11.4	32.6	33.3	36.0	174	178	191	207	211	227	193.0
15.5	43.9	48.0	52.0	235	255	275	279	308	327	244.5
19.9	59.2	64.8	70.5	316	344	372	375	409	443	297.0
24.4	76.2	83.7	91.1	405	443	480	482	527	571	348.5
36.5	116.8	128.5	139.3	620	679	733	737	808	872	452.0

续上表

重量(kg)			有效长度 L(mm)						橡胶圈工作直径 D_0(mm)
承口凸部	直部 1 m		5 000			6 000			
			总重量(kg)						
	LA 级	A 级	B 级	LA 级	A 级	B 级	LA 级	A 级	B 级	
50.1	165.0	180.8	196.5	875	954	1 033	1 040	1 135	1 229	556.0
65.0	219.8	241.4	262.9	1 165	1 273	1 380	1 384	1 514	1 643	659.5

注：1. 计算重量时，铸铁密度采用 7.20。承口重量为近似值。

　　2. 总重量＝直部 1 m 重量×有效长度＋承口凸部重量(计算结果，保留整数)。

　　3. 胶圈工作直径 $D_0=1.01D_3$(计算结果取整到 0.5)mm。

表 1－11　柔性机械接口灰口铸铁管的试验压力与力学性能

水压试验压力(MPa)				管环抗弯强度(MPa)	
公称直径 DN(mm)	LA	A	B	公称直径 DN(mm)	不小于
≤450	2.0	2.5	3.0	≤300	333
≥500	1.5	2.0	2.5	≥350	274

(2)给水钢管见表 1－12。

表 1－12　给水钢管

项目	内　容
焊接钢管	焊接钢管用软钢(Q215A、Q215B、Q235A、Q235B、Q295A、Q295B、Q345A、Q345B)制成。 (1)低压流体输送用焊接钢管。 钢管的外径(D)和壁厚(t)应符合《焊接钢管尺寸及单位长度重量》(GB/T 21835—2008)的规定，其中管端用螺纹和沟槽连接的钢管尺寸见表 1－13。 (2)螺旋缝焊接钢管。 螺旋缝焊接钢管分为自动埋弧焊接和高频焊接两种。螺旋缝焊接钢管适用于水、污水、空气、采暖蒸气等常温低压流体的输送。螺旋缝埋弧焊钢管的标称外径和标称壁厚见表 1－14
无缝钢管	无缝钢管按制造方法分为热轧无缝钢管和冷拔(轧)无缝钢管。按用途可分为一般无缝钢管和专用无缝钢管。 (1)一般无缝钢管。 一般无缝钢管由 10 号、20 号、Q295、Q345 钢制造。按制造方法分为热轧无缝钢管和冷拔(轧)无缝钢管。热轧钢管的长度为 3 000～12 000 mm，冷拔钢管的长度为 3 000～10 500 mm。 (2)专用无缝钢管。 专用无缝钢管种类较多，有低、中压锅炉用无缝钢管、高压锅炉用无缝钢管、高压化肥设备用无缝钢管、石油裂化用无缝钢管、流体输送用不锈钢无缝钢管等。

续上表

项目	内 容
无缝钢管	1)低、中压锅炉用无缝钢管。 低、中压锅炉用无缝钢管用 10 号、20 号优质碳钢制造,应用于工作压力 P 不大于 2.5 MPa,温度 t 不大于 450℃的中低压锅炉,亦可应用于相应工作压力下的过热蒸气、高温水工程。 2)高压锅炉用无缝钢管。 高压锅炉用无缝钢管用优质碳素结构钢、合金结构钢、不锈耐热钢等制造。应用于高压蒸气锅炉、过热蒸气管道等。 3)高压化肥设备用无缝钢管。 高压化肥设备用无缝钢管 20 号钢和低合金结构钢制造,应用于高压化肥设备和管道,也可应用于其他化工设备。 4)石油裂化用无缝钢管。 石油裂化用无缝钢管用 10 号、20 号优质碳钢,合金钢 12CrMo、15CrMo 制造,应用于石油精炼厂的炉管、热交换器和管道。 5)流体输送用无缝钢管。 流体输送用无缝钢管用 0Cr18Ni9、00Cr19Ni10、0Cr23Ni13、0Cr25Ni20、0Cr18Ni10Ti、0Cr18Ni11Nb、0Cr17Ni12Mo2、00Cr17Ni14Mo2、0Cr13 等钢制造。主要用于输送腐蚀性介质或低温、高温介质,是管道工程中的优质材料。不锈钢无缝钢管的制造方法有热轧和冷拔两种

表 1—13　钢管的公称口径与钢管的外径、壁厚对照表　　　　（单位:mm）

公称口径	外径	壁厚	
		普通钢管	加厚钢管
6	10.2	2.0	2.5
8	13.5	2.5	2.8
10	17.2	2.5	2.8
15	21.3	2.8	3.5
20	26.9	2.8	3.5
25	33.7	3.2	4.0
32	42.4	3.5	4.0
40	48.3	3.5	4.5
50	60.3	3.8	4.5
65	76.1	4.0	4.5
80	88.9	4.0	5.0
100	114.3	4.0	5.0
125	139.7	4.0	5.5
150	168.3	4.5	6.0

注:表中的公称口径系近似内径的名义尺寸,不表示外径减去两个壁厚所得的内容。

表1—14　钢管的标称外径、标称壁厚和线质量

D (mm)	T (mm) 5	5.4	5.6	6	6.3	7.1	8	8.8	10	11	12.5	14.2	16	17.5	20
	M(kg/m)														
273	33.05	35.64	36.93	39.51	41.44	46.56	52.28	57.34	64.86						
323.9	39.32	42.42	43.96	47.04	49.34	55.47	62.32	68.38	77.41						
355.6	43.23	46.64	48.34	51.73	54.27	61.02	68.58	75.26	85.23						
(377)	45.87	49.49	51.29	54.90	57.59	64.77	72.80	79.91	90.51						
406.4	49.50	53.40	55.35	59.25	62.16	69.92	78.60	86.29	97.76	107.26					
(426)	51.91	56.01	58.06	62.15	65.21	73.35	82.47	90.54	102.59	112.58					
457	55.73	60.14	62.34	66.73	70.02	78.78	88.58	97.27	110.24	120.99	137.03				
508			69.38	74.28	77.95	87.71	98.65	108.34	122.81	134.82	152.75				
(529)			72.28	77.39	81.21	91.38	102.79	112.89	127.99	140.52	159.22				
559			76.43	81.83	85.87	96.64	108.71	119.41	135.39	148.66	168.47				
610				89.37	93.80	105.57	118.77	130.47	147.97	162.49	184.19				
(630)				92.33	96.90	109.07	122.72	134.81	152.90	167.92	190.36				
660				96.77	101.56	114.32	128.63	141.32	160.30	176.06	199.60	226.15			
711					109.49	123.25	138.70	152.39	172.88	189.89	215.33	244.01			
(720)					110.89	124.83	140.47	154.35	175.10	192.34	218.10	247.17			
762					117.41	132.18	148.76	163.46	185.45	203.73	231.05	261.87			
813					125.33	141.11	158.82	174.53	198.03	217.56	246.77	279.73			
864					133.26	150.04	168.88	185.60	210.61	231.40	262.49	297.59	334.61		
914							178.75	196.45	222.94	244.96	277.90	315.10	354.34		

续上表

D (mm)	\(T\)(mm) 5	5.4	5.6	6	6.3	7.1	8	8.8	10	11	12.5	14.2	16	17.5	20
							\(M\)(kg/m)								
1 016							198.87	218.58	248.09	272.63	309.35	350.82	394.58		
1 067								229.65	260.67	286.47	325.07	368.68	414.71		
1 118								240.72	273.25	300.30	340.79	386.54	434.83	474.95	541.57
1 168								251.57	285.58	313.87	356.20	404.05	454.56	496.53	566.23
1 219								262.64	298.16	327.70	371.93	421.91	474.68	518.54	591.38
1 321									260.67	286.47	325.07	368.68	414.71	452.94	516.41
1 422									348.22	382.77	434.50	493.00	554.79	606.15	691.51
1 524									373.38	410.44	465.95	528.72	595.03	650.17	741.82
1 626									398.53	438.11	497.39	564.44	635.28	694.19	741.82
1 727											528.53	599.81	675.13	737.78	841.94
1 829											559.97	635.53	715.38	781.80	892.25
1 930											591.11	670.90	755.23	825.39	942.07
2 032												706.62	795.48	869.41	992.38
2 134													835.73	813.43	1 042.69
2 235													875.58	957.02	1 092.50
2 337													915.83	1 001.04	1 142.81
2 438													955.68	1 044.63	1 192.63
2 540													995.93	1 088.65	1 242.94

注:1. 根据购方需要,并经购方与制造厂协议,可供应介于本表所列标称外径和标称标称壁厚之间或之间或之外尺寸的钢管。

2. 本表中加括号的标称外径为保留标称外径。

（3）PVC-U、PE、PP-R、PB 铝塑复合管见表 1—15。

表 1—15   PVC-U、PE、PP-R、PB、铝塑复合管

项目	内 容
硬聚氯乙烯 （PVC-U）给水管	给水用硬聚氯乙烯塑料（PVC-U）管是以聚氯乙烯树脂为主要原料，加入为生产符合国家标准的管材所必要的添加剂组成的混合料（混合料中不得加入增塑剂）经挤出成型的给水用管材。给水用硬聚氯乙烯塑料（PVC-U）管适用于输送温度不超过 45℃ 的水，包括一般用水和饮用水的输送。 给水用硬聚氯乙烯塑料（PVC-U）管的连接形式分为弹性密封圈连接型（如图 1—6 所示）和溶剂粘接型（如图 1—7 所示）。 给水用硬聚氯乙烯塑料（PVC-U）管材的公称压力（PN）和规格尺寸见表 1—16 和表 1—17。管材规格用 $d_e \times e$（公称外径×壁厚）表示。 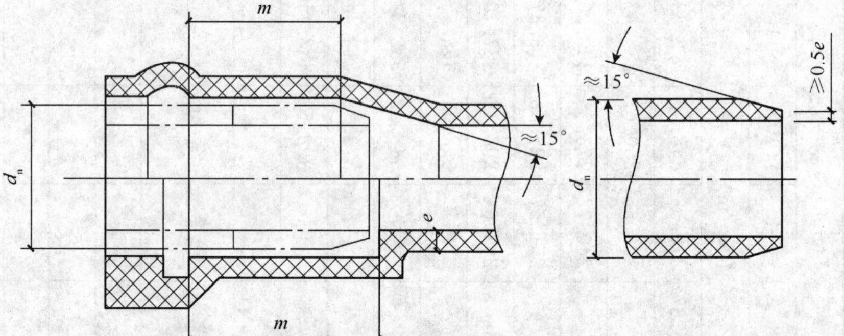 图 1—6 弹性密封圈连接型承插口 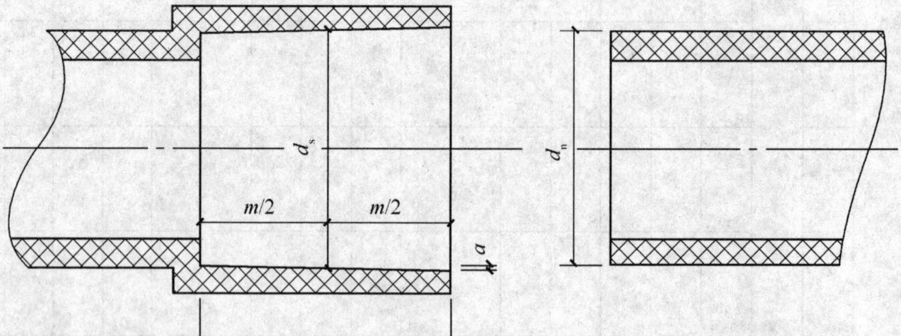 图 1—7 溶剂粘接型承插口 给水用硬聚氯乙烯塑料（PVC-U）管的公称压力系指管材输送 20℃ 水的最大工作压力。若水温在 25℃～45℃ 之间时，应按表 1—18 不同温度的下降系数（f_t）予以修正。用下降系数（f_t）乘以公称压力（PN）得到最大允许工作压力。 给水用硬聚氯乙烯塑料（PVC-U）管的一般长度为 4 m、6 m，也可由供需双方协商确定。管材长度（L），有效长度（L_1）如图 1—8 所示。长度不允许偏差。

项目	内 容
硬聚氯乙烯 (PVC-U)给水管	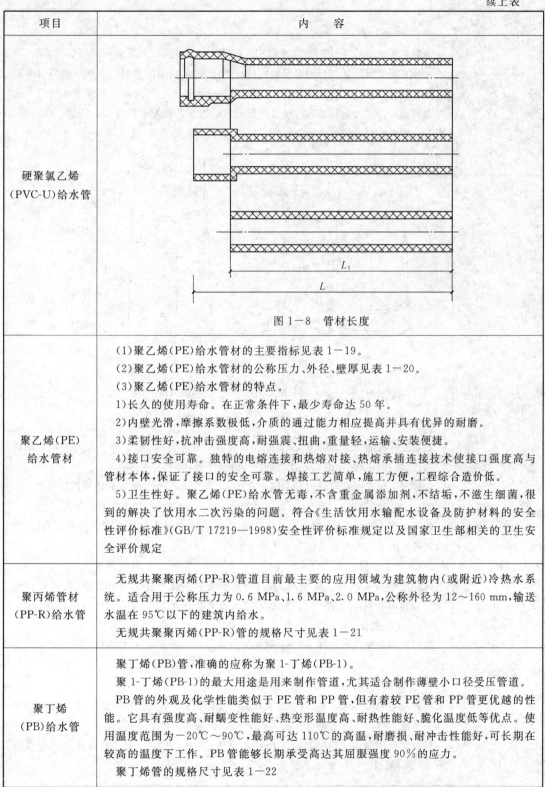 图 1-8 管材长度
聚乙烯(PE) 给水管材	(1)聚乙烯(PE)给水管材的主要指标见表1-19。 (2)聚乙烯(PE)给水管材的公称压力、外径、壁厚见表1-20。 (3)聚乙烯(PE)给水管材的特点。 1)长久的使用寿命。在正常条件下,最少寿命达50年。 2)内壁光滑,摩擦系数极低,介质的通过能力相应提高并具有优异的耐磨。 3)柔韧性好,抗冲击强度高,耐强震、扭曲,重量轻,运输、安装便捷。 4)接口安全可靠。独特的电熔连接和热熔对接、热熔承插连接技术使接口强度高与管材本体,保证了接口的安全可靠。焊接工艺简单,施工方便,工程综合造价低。 5)卫生性好。聚乙烯(PE)给水管无毒,不含重金属添加剂,不结垢,不滋生细菌,很到的解决了饮用水二次污染的问题。符合《生活饮用水输配水设备及防护材料的安全性评价标准》(GB/T 17219—1998)安全性评价标准规定以及国家卫生部相关的卫生安全评价规定
聚丙烯管材 (PP-R)给水管	无规共聚聚丙烯(PP-R)管道目前最主要的应用领域为建筑物内(或附近)冷热水系统。适合用于公称压力为0.6 MPa、1.6 MPa、2.0 MPa,公称外径为12~160 mm,输送水温在95℃以下的建筑内给水。 无规共聚聚丙烯(PP-R)管的规格尺寸见表1-21
聚丁烯 (PB)给水管	聚丁烯(PB)管,准确的应称为聚1-丁烯(PB-1)。 聚1-丁烯(PB-1)的最大用途是用来制作管道,尤其适合制作薄壁小口径受压管道。 PB管的外观及化学性能类似于PE管和PP管,但有着较PE管和PP管更优越的性能。它具有强度高、耐蠕变性能好、热变形温度高、耐热性能好、脆化温度低等优点。使用温度范围为-20℃~90℃,最高可达110℃的高温,耐磨损、耐冲击性能好,可长期在较高的温度下工作。PB管能够长期承受高达其屈服强度90%的应力。 聚丁烯管的规格尺寸见表1-22

续上表

项目	内 容
铝塑复合管	铝塑管是以聚乙烯(PE)或交联聚乙烯(PE-X)为内外层,中间夹一焊接铝管,在铝管的内外表面涂覆胶黏剂与塑料层粘接,通过复合工艺成型的管材。它是一种具有多层结构的复合管材。铝塑管按制作工艺的不同,分为铝管搭接焊式铝塑管和铝管对接焊式铝塑管。嵌入金属层为搭接焊铝合金的铝塑管是铝管搭接焊式铝塑管;嵌入金属层为对接焊铝合金的铝塑管是铝管对接焊式铝塑管,如图1-9所示。 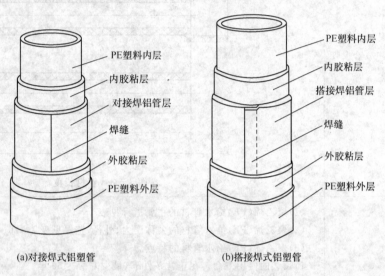 (a)对接焊式铝塑管　　　(b)搭接焊式铝塑管 图1-9　铝塑复合管 铝塑复合管的代号为 PAP,交联铝塑复合管的代号为 XPAP。铝塑复合管用来输送冷热水、燃气、供暖、压缩空气及特种介质等有压流体。 铝管对接焊式铝塑管分为一型铝塑管、二型铝塑管、三型铝塑管和四型铝塑管。 (1)一型铝塑管。 外层为聚乙烯塑料,内层为交联聚乙烯塑料,嵌入金属为对接焊铝合金的复合管,适合在较高的工作温度和流体压力条件下使用。 (2)二型铝塑管。 内外层均为交联聚乙烯塑料,嵌入金属层为对接焊铝合金的复合管,适合较高的工作温度和流体压力条件,比一型铝塑管具有更好的抗外部恶劣环境的性能。 (3)三型铝塑管。 内外层均为聚乙烯塑料,嵌入金属层为对接焊的复合管,适合较低的工作温度和流体压力条件。 (4)四型铝塑管。 内外层均为聚乙烯塑料,嵌入金属层为对接焊的复合管,适合较低的工作温度和流体压力条件。可用于输送燃气等流体。 铝塑管种类较多,工程上通常按输送流体的不同进行分类。铝塑管品种分类见表1-23,铝塑管结构尺寸见表1-24

表 1-16　公称压力等级和规格尺寸(一)　　　　　　　　(单位:mm)

公称外径 d_n	管材 S 系列、SDR 系列和公称压力						
	S16 SDR33 PN0.63	S12.5 SDR26 PN0.8	S10 SDR21 PN1.0	S8 SDR17 PN1.25	S6.3 SDR13.6 PN1.6	S5 SDR11 PN2.0	S4 SDR9 PN2.5
	公称壁厚 e_n						
20	—	—	—	—	—	2.0	2.3
25	—	—	—	—	2.0	2.3	2.8
32	—	—	—	2.0	2.4	2.9	3.6
40	—	—	2.0	2.4	3.0	3.7	4.5
50	—	2.0	2.4	3.0	3.7	4.6	5.6
63	2.0	2.5	3.0	3.8	4.7	5.8	7.1
75	2.3	2.9	3.6	4.5	5.6	6.9	8.4
90	2.8	3.5	4.3	5.4	6.7	8.2	10.1

注:公称壁厚(e_n)根据设计应力(σ_s)10 MPa 确定,最小壁厚不小于 2.0 mm。

表 1-17　公称压力等级和规格尺寸(二)　　　　　　　　(单位:mm)

公称外径 d_a	管材 S 系列、SDR 系列和公称压力						
	S20 SDR11 PN0.63	S16 SDR33 PN0.8	S12 SDR26 PN1.0	S10 SDR21 PN1.25	S8 SDR17 PN1.6	S6.3 SDR13.6 PN2.0	S5 SDR11 PN2.5
	公称壁厚 e_n						
110	2.7	3.4	4.2	5.3	6.6	8.1	10.0
125	3.1	3.9	4.8	6.0	7.4	9.2	11.4
140	3.5	4.3	5.4	6.7	8.3	10.3	12.7
160	4.0	4.9	6.2	7.7	9.5	11.8	14.6
180	4.4	5.5	6.9	8.6	10.7	13.3	16.4

续上表

公称外径 d_n	管材 S 系列、SDR 系列和公称压力						
	S20 SDR11 PN0.63	S16 SDR33 PN0.8	S12 SDR26 PN1.0	S10 SDR21 PN1.25	S8 SDR17 PN1.6	S6.3 SDR13.6 PN2.0	S5 SDR11 PN2.5
	公称壁厚 e_n						
200	4.9	6.2	7.7	9.6	11.9	14.7	18.2
225	5.5	6.9	8.6	10.8	13.4	16.6	—
250	6.2	7.7	9.6	11.9	14.8	18.4	—
280	6.9	8.6	10.7	13.4	16.6	20.6	—
315	7.7	9.7	12.1	15.0	18.7	23.2	—
355	8.7	10.9	13.6	16.9	21.1	26.1	—
400	9.8	12.3	15.3	19.1	23.7	29.4	—
450	11.0	13.8	17.2	21.5	26.7	33.1	—
500	12.3	15.3	19.1	23.9	29.7	36.8	—
560	13.7	17.2	21.4	26.7	—	—	—
630	15.4	19.3	24.1	30.0	—	—	—
710	17.4	21.8	27.2	—	—	—	—
800	19.6	24.5	30.6	—	—	—	—
900	22.0	27.6	—	—	—	—	—
1 000	24.5	30.6	—	—	—	—	—

注:公称壁厚(e_n)根据设计应力(σ_s)12.5 MPa 确定。

表 1—18　不同温度的下降系数(f_t)

温度(℃)	下降系数 f_t	温度(℃)	下降系数 f_t
$0 < t \leqslant 25$	1	$35 < f \leqslant 45$	0.63
$25 < f \leqslant 35$	0.8		

表 1-19　聚乙烯(PE)给水管管材的主要指标

序号	项目	内　　容
1	适用范围	适用水温度不超过 40℃,一般用途的压力输水以及饮用水的输送
2	颜色	市政饮用水管材的颜色为蓝色或黑色,黑色管上应有蓝色色条,色条沿管材纵向至少有三条;其他用途水管可以为蓝色或黑色;暴露在阳光下的敷设管道(如地上管道)必须是黑色
3	原材料	PE80、PE100(混配料);PE63(可采用管材及基础树脂加母料);PE100、PE80、PE63、PE40、PE32 一般要求为混配料
4	公称外径	16 mm～1 000 mm

序号	项目	项目	试验时间	要求
5	静液压强度试验	20℃静液压强度,环向应力:PE63(8.0 MPa),PE80(9.0 MPa),PE100(12.4 MPa)	100 h	不破裂,不渗漏
		80℃静液压强度,环向应力:PE63(3.5 MPa),PE80(4.6 MPa),PE100(5.5 MPa)	165 h	
		80℃静液压强度,环向应力:PE63(3.2 MPa),PE80(4.0 MPa),PE100(5.0 MPa)	1 000 h	

表 1-20　聚乙烯(PE)管材规格尺寸

公称外径 d_n(mm)	EP63 级聚乙烯管材公称压力和规格尺寸				
	公称壁厚 e_n(mm)				
	标准尺寸比				
	SDR33	SDR26	SDR17.6	SDR13.6	SDR11
	公称压力(MPa)				
	0.32	0.4	0.6	0.8	1.0
16	—	—	—	—	2.3
20	—	—	—	2.3	2.3
25	—	—	2.3	2.3	2.3
32	—	—	2.3	2.4	2.9
40	—	2.3	2.3	3.0	3.7
50		2.3	2.9	3.7	4.6

续上表

公称外径 d_n(mm)	公称壁厚 e_n(mm)				
	标准尺寸比				
	SDR33	SDR26	SDR17.6	SDR13.6	SDR11
	公称压力(MPa)				
	0.32	0.4	0.6	0.8	1.0
63	2.3	2.5	3.6	4.7	5.8
75	2.3	2.9	4.3	5.6	6.8
90	2.8	3.5	5.1	6.7	8.2
110	3.4	4.2	6.3	8.1	10.0
140	4.3	5.4	8.0	10.3	12.7
160	4.9	6.2	9.1	11.8	14.6
125	3.9	4.8	7.1	9.2	11.4
180	5.5	6.9	10.2	13.3	16.4
200	6.2	7.7	11.4	14.7	18.2
225	6.9	8.6	12.8	16.6	20.5
250	7.7	9.6	14.2	18.4	22.7
280	8.6	10.7	15.9	20.6	25.4
315	9.7	12.1	17.9	23.2	28.6

EP63 级聚乙烯管材公称压力和规格尺寸

EP80 级聚乙烯管材公称压力和规格尺寸

公称外径 d_n(mm)	公称壁厚 e_n(mm)				
	标准尺寸比				
	SDR33	SDR21	SDR17	SDR13.6	SDR11
	公称压力(MPa)				
	0.4	0.6	0.8	1.0	1.25
25	—	—	—	—	2.3
32	—	—	—	—	3.0

续上表

	EP80 级聚乙烯管材公称压力和规格尺寸				
公称外径 d_n(mm)	公称壁厚 e_n(mm)				
	标准尺寸比				
	SDR33	SDR21	SDR17	SDR13.6	SDR11
	公称压力(MPa)				
	0.4	0.6	0.8	1.0	1.25
40	—	—	—	—	3.7
50	—	—	—	—	4.6
63	—	—	—	4.7	5.8
75	—	—	4.5	5.6	6.8
90	—	4.3	5.4	6.7	8.2
110	—	5.3	6.6	8.1	10.0
125	—	6.0	7.4	9.2	11.4
140	4.3	6.7	8.3	10.3	12.7
160	4.9	7.7	9.5	11.8	14.6
180	5.5	8.6	10.7	13.3	16.4
200	6.2	9.6	11.9	14.7	18.2
225	6.9	10.8	13.4	16.6	20.5
250	7.7	11.9	14.8	18.4	22.7
280	8.6	13.4	16.6	20.6	25.4
315	9.7	15.0	18.7	23.2	28.6
	EP100 级聚乙烯管材公称压力和规格尺寸				
公称外径 d_n(mm)	公称壁厚 e_n(mm)				
	标准尺寸比				
	SDR26	SDR21	SDR17	SDR13.6	SDR11
	公称压力(MPa)				
	0.6	0.8	1.0	1.25	1.6
32	—	—	—	—	3.0
40	—	—	—	—	3.7

续上表

公称外径 d_n(mm)	EP100 级聚乙烯管材公称压力和规格尺寸				
	公称壁厚 e_n(mm)				
	标准尺寸比				
	SDR26	SDR21	SDR17	SDR13.6	SDR11
	公称压力(MPa)				
	0.6	0.8	1.0	1.25	1.6
50	—	—	—	—	4.6
63	—	—	—	4.7	5.8
75	—	—	4.5	5.6	6.8
90	—	4.3	5.4	6.7	8.2
110	4.2	5.3	6.6	8.1	14.6
125	4.8	6.0	7.4	9.2	11.4
140	5.4	6.7	8.3	10.3	12.7
160	6.2	7.7	9.5	11.8	14.6
180	6.9	8.6	10.7	13.3	16.4
200	7.7	9.6	11.9	14.7	18.2
225	8.6	10.8	13.4	16.6	20.5
250	9.6	11.9	14.8	18.4	22.7
280	10.7	13.4	16.6	20.6	25.4
315	12.1	15.0	18.7	23.2	28.6

表 1-21 无规共聚聚丙烯(PP-R)管的规格尺寸　　　　　　(单位:mm)

公称外径 d_n	平均外径		管系列				
	最小外径 $d_{em,min}$	最大外径 $d_{em,max}$	S5	S4	S3.2	S2.5	S2
			公称壁厚 e_n				
12	12.0	12.3	—	—	—	2.0	2.4

续上表

公称外径 d_n	平均外径		管系列				
	最小外径 $d_{em,min}$	最大外径 $d_{em,max}$	S5	S4	S3.2	S2.5	S2
			公称壁厚 e_n				
16	16.0	16.3	—	2.0	2.2	2.7	3.3
20	2.0	20.3	2.0	2.3	2.8	3.4	4.1
25	25.0	25.3	2.3	2.8	3.5	4.2	5.1
32	32.0	32.3	2.9	3.6	4.4	5.4	6.5
40	40.0	40.4	3.7	4.5	5.5	6.7	8.1
50	50.0	50.5	4.6	5.6	6.9	8.3	10.1
63	63.0	63.6	5.8	7.1	8.6	10.5	12.7
75	75.0	75.7	6.8	8.4	10.3	12.5	15.1
90	90.0	90.9	8.2	10.1	12.3	15.0	18.1
110	110.0	111.0	10.0	12.3	15.1	18.3	22.1
140	140.0	141.3	12.7	15.7	19.2	23.3	28.1
160	160.0	161.5	14.6	17.9	21.9	26.6	32.1

表 1-22 聚丁烯管的规格尺寸 （单位:mm）

公称外径 d_n	平均外径		管系列					
	最小外径 $d_{em,min}$	最大外径 $d_{em,max}$	S系列					
			10	8	6.3	5	4	3.2
12	12.0	12.3	1.3	1.3	1.3	1.3	1.4	1.7
16	16.0	16.3	1.3	1.3	1.3	1.5	1.8	2.2
20	20.0	20.3	1.3	1.3	1.5	1.9	2.3	2.8
25	25.0	25.3	1.3	1.5	1.9	2.3	2.8	3.5

续上表

公称外径 d_n	平均外径		管系列					
	最小外径 $d_{em,min}$	最大外径 $d_{em,max}$	S 系列					
			10	8	6.3	5	4	3.2
32	32.0	32.3	1.6	1.9	2.4	2.9	3.6	4.4
40	40.0	40.4	1.9	2.4	3.0	3.7	4.5	5.5
50	50.0	50.5	2.4	3.0	3.7	4.6	5.6	6.9
63	63.0	63.6	3.0	3.8	4.7	5.8	7.1	8.6
75	75.0	75.7	3.6	4.5	5.5	6.8	8.4	10.3
90	90.0	90.9	4.3	5.4	6.6	8.2	10.1	12.3
110	110.0	111.0	5.3	6.6	8.1	10.1	12.3	15.1
125	125.0	126.2	6.0	7.4	9.2	11.4	14.0	17.1
140	140.0	141.3	6.7	8.3	10.3	12.7	15.7	19.2
160	160.0	161.5	7.7	9.5	11.8	14.6	17.9	21.9

表 1-23 铝塑管品种分类

液体类别		用途代号	铝塑管代号	长期工作温度 T_0(℃)	允许工作压力 p_0(MPa)
水	冷水	L	PAP3、PAP4	40	1.40
			XPAP1、XPAP2		2.00
	冷热水	R	PAP3、PAP4	60	1.00
			XPAP1、XPAP2	75	1.50
			XPAP1、XPAP2	95	1.25
燃气[①]	天然气	Q	PAP4	35	0.40
	液化石油气				0.40
	人工煤气[②]				0.20
特种流体[③]		T	PAP3	40	1.00

注:在输送易在管内产生相变的流体时,在管道系统中因相变产生的膨胀力不应超过最大允许工作压力或者在管道系统中采取防止相变的措施。

①输送燃气时应符合燃气安装的安全规定。

②在输送人工煤气时应注意到冷凝剂中芳香烃对管材的不利影响,工程中应考虑这一因素。

③系指和 HDPE 的抗化学药品性能相一致的特种流体。

表 1-24　铝塑管结构尺寸要求　　　　　　　　　（单位:mm）

铝管搭接式焊铝塑管结构尺寸要求								
公称外径 d_n	公称外径公差	参考内径 d_1	圆度		管壁厚 e_m		内层塑料最小壁厚 e_n	外层塑料最小壁厚 e_w	铝管层最小壁厚 e_a
			盘管	直管	最小值	公差			
12	+0.30	8.3	≤0.8	≤0.4	1.6	+0.50 0	0.7	0.4	0.18
16		12.1	≤1.0	≤0.5	1.7		0.9		0.18
20		15.7	≤1.2	≤0.6	1.9		1.0		0.23
25		19.9	≤1.5	≤0.8	2.3		1.1		0.23
32		25.7	≤2.0	≤1.0	2.9		1.2		0.28
40		31.6	≤2.4	≤1.2	3.9	+0.60 0	1.7		0.33
50		40.5	≤3.0	≤1.5	4.4	+0.70 0	1.7		0.47
63	+0.40 0	50.5	≤3.8	≤1.9	5.8	+0.90 0	2.1		0.57
75	+0.60 0	59.3	≤4.5	≤2.3	≤7.3	+1.10 0	2.8		0.67

三、施工机械要求

室内给水管道及配件安装工程施工机械要求见表 1-25。

表 1-25　室内给水管道及配件安装工程施工机械要求

项目	内容
施工机具设备	(1)机械:套丝机、砂轮切割机、台钻、电锤、手电钻、电焊机、热熔机、滚槽机、开孔机、试压泵等。 (2)工具:套丝板、管钳、压力案、台虎钳、手锯、手锤、活扳手、链钳、搣弯器、手压泵、捻凿、管剪、断管器、卡压工具等。 (3)量具及其他:水平尺、六角量规、线附、钢卷尺、小线、压力表等
施工机具选用要求	(1)胀管器。 用途:扩大管子内外径,以便和管附件连接如图 1-10 所示、规格见表 1-26。

项 目	内 容
施工机具 选用要求	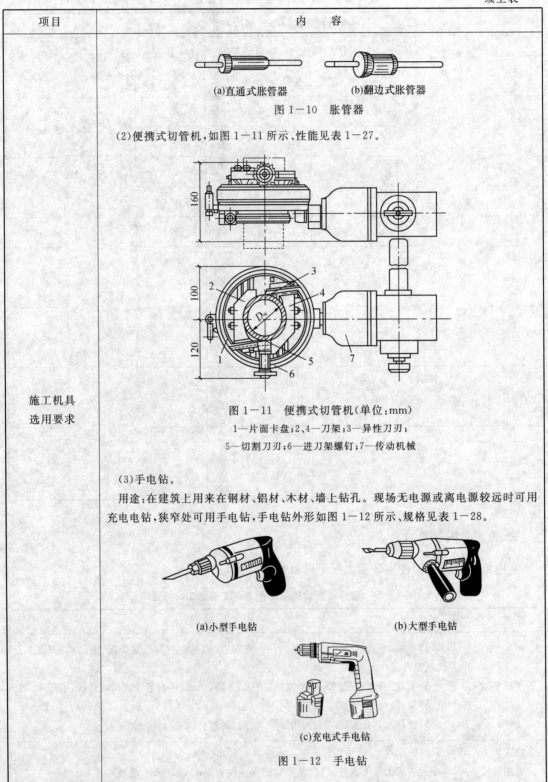

（说明文字，配合图示）

(a)直通式胀管器   (b)翻边式胀管器

图 1—10   胀管器

(2)便携式切管机,如图 1—11 所示、性能见表 1—27。

图 1—11   便携式切管机(单位:mm)

1—片面卡盘;2、4—刀架;3—异性刀刃;

5—切割刀刃;6—进刀架螺钉;7—传动机械

(3)手电钻。

用途:在建筑上用来在钢材、铝材、木材、墙上钻孔。现场无电源或离电源较远时可用充电电钻,狭窄处可用手电钻,手电钻外形如图 1—12 所示、规格见表 1—28。

(a)小型手电钻   (b)大型手电钻

(c)充电式手电钻

图 1—12   手电钻

续上表

项目	内 容
施工机具 选用要求	（4）电动套丝机。 电动套丝机用于管子的切断、内口倒角、管子和圆钢套丝，外形如图1—13所示、规格性能见表1—29。 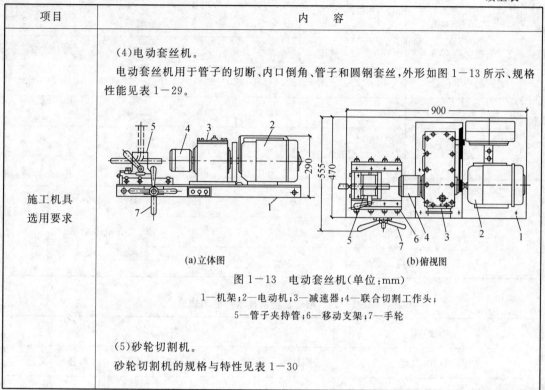 （a）立体图　　　　　　　　　　　（b）俯视图 图1—13　电动套丝机（单位：mm） 1—机架；2—电动机；3—减速器；4—联合切割工作头； 5—管子夹持管；6—移动支架；7—手轮 （5）砂轮切割机。 砂轮切割机的规格与特性见表1—30

表 1—26　胀管器规格   （单位：mm）

常用规格公称尺寸	19	25	32	38	43	50	57
扩管内径范围	16～20	20～26	24～32	32～38	38～44	44～50	52～59

表 1—27　便携式切管机技术性能

项目	数据
切割管子的直径（mm）	32～108
切割管壁的厚度（mm）	10
平面卡盘的回转速度（r/min）	45.5
平面卡盘的进刀速度（mm/r）	0.1
安装到管身上的最小管段长度（mm）	100
电动机功率（kW）	0.36
外形尺寸（mm）	490×220×160
全机质量（kg）	18

表 1-28　手电钻规格（以加工钢材为例）

手电钻	最大钻孔(mm)	6	6	6	10	10	13	19	23
	额定电压(V)	36	110	200(单相)					
	额定功率(W)	190	190	220～250	270～325	431	390～460	640～740	1 000
	最大钻孔(mm)	13.0		19.0		23.0	32.0	38	49
	额定电压(V)	380(三相)							
	额定功率(W)	270		400		500	800/900	870	890
充电电钻	最大钻孔(mm)	10		10				充电手电钻	10
	充电时间(h)	1		1					1
	额定电压(V)	7.2		9.6					7.2

表 1-29　电动套丝机技术性能和规格

项目	数据		
切割螺纹的类型	圆柱形,圆锥形	圆柱形,圆锥形	圆柱形,圆锥形
切割螺纹的直径(mm)	14～74	14～74	14～89
切割螺纹的最大螺距(mm)	2.5	2.5	2.5
切割螺纹的最大长度(mm)	200	200	100
主轴转速变形	4	4	—
主轴每分钟转数(r/min)	32,57,66,107	78,115,178,263	20
切割螺纹工作头内孔直径(mm)	79	79	95
主轴通孔直径(mm)	46	46	95
管子夹固方式	手动紧固	风动紧固	手动紧固
风缸内的压缩空气压力(MPa)	—	0.4～0.45	—
管子夹持力(N)	—	10 170	—
电动机功率(kW)	2.2	2.3	1
外形尺寸(mm)	1 425×790×1 150	1 560×750×1 160	800×450×850
质量(kg)	780	750	65

表 1—30　砂轮切割机规格与特性

特点及应用范围	使用方法及说明		示意图
用来切割钢管和合金钢管	切割管子直径(mm)	18～159	18～57	
	金刚砂锯片直径(mm)	可更换,<400	200,300	
	切口宽度(mm)	3～4	2,3	

四、施工工艺解析

(1)管道预制加工。

1)断管和弯管的加工见表 1—31。

表 1—31　断管和弯管加工

项目	内　容
断管	(1)根据现场测绘草图按照施工现场实际测量的尺寸,在选好的管材上画线。画线时应考虑截断管材时管材的损耗,预留出一定的损耗量。 (2)按照所画线的位置截断管材。 1)用砂轮锯断管:应将管材放在砂轮锯卡钳上,对准画线卡牢,进行断管,断管向下压手柄时用力要均匀,不要用力过猛;断管后要将管口断面的铁膜、毛刺清除干净。 2)用手锯断管:应将管材固定在压力案的压力钳内,将锯条对准画线,双手推锯,锯条要保持与管的轴线垂直,推拉锯用力要均匀,锯口要锯到底,不许扭断或折断,以防管口断面变形。 3)用专用切割刀具或管剪刀断管:对于小管径管道在干净平整的地面上进行,一手握住管子,一手拿稳切割工具;对于大管径管道应放在操作平台上或两人操作。把刀口对准画线,垂直切割管子,使切割断面与管子轴线垂直,均匀旋转管子或切割工具,切割用力均匀确保切割后的管端成正圆形,并保证管口清洁,不缩径
弯管	(1)弯管的分类及形式。 弯管按其制作方法不同,可分为搣制弯管、冲压弯管和焊接弯管。搣制弯管又分冷搣和热搣两种。按弯管形成的方式,其详细划分如图 1—14 所示。 搣制弯管具有伸缩弹性较好、耐压高、阻力小等优点。按单弯管的形状分类可分为六种如图1—15所示。在维修施工中经常遇到的主要加工弯管形式如图 1—16 中的弯头、U 形管、来回弯(或称乙字弯)和弧形弯管等。 (2)弯管的弯曲要求。 弯管尺寸由管径、弯曲角度和弯曲半径三者确定。弯管的弯曲半径用 R 表示,R 较大时,管子的弯曲部分就较大,弯管就比较平滑;R 较小时,管子的弯曲部分就较小,弯得就较急。弯曲的角度则根据图纸和现场实际情况确定,然后制出样板,并按样板检查

项目	内　　　容
弯管	撖制管件弯曲角度是否合适。样板可用圆钢撖制,圆钢直径一般为 $\phi10\sim\phi14$ 即可。弯管的弯曲半径应按设计图纸及有关规定选定,既不能过大,也不应太小。一般为:热撖为 $3.5D_w$(D_w 为管外径);冷撖为 $4D_w$;焊制弯管为 $1.5D_w$;冲压弯头为 $R\geqslant D_w$。具体规定见表 1-32。 1)管子弯曲时,弯头里侧的金属被压缩,管壁变厚,管头背面的金属被拉伸,管壁变薄。为了使管子变曲后管壁减薄不致对原有的工作性能有过大的改变,一般规定管子弯曲后,中、低压管的前壁减薄率不得超过 15%,高压管的前壁减薄率不得超过 10%,且不得小于设计计算壁厚。管壁减薄率可按下式进行计算: $$管壁减薄率=\frac{弯管前壁厚-弯管后壁厚}{弯管前壁厚}\times100\%$$ 由于小直径管子的相对壁厚(指壁厚与直径之比)较大,大直径管子的相对壁厚较小,故从承压的安全角度考虑,小直径管子的弯曲半径可小些,大直径的管子应大些。弯曲半径与管径的关系见表 1-33。 2)管子弯曲时,由于管子内外侧管壁厚度的变化,还使得弯曲段截面由原来的圆形变成了椭圆形。为使过流断面缩小不致过小,一般对弯管的椭圆率规定不得超过: 高压管　　　　　　　　　　　5%; 中、低压管　　　　　　　　　8%; 铜、铝管　　　　　　　　　　9%; 铜合金、铝合金管　　　　　　8%; 铅管　　　　　　　　　　　　10%。 椭圆率计算公式为: $$椭圆率=\frac{最大外径-最小外径}{最大外径}\times100\%$$ 用各种纵向焊缝管城制弯管时,其纵焊缝应置于图 1-17 所示的两个 45°阴影区域之内。 3)管道弯曲角度 α 的偏差值 Δ 如图 1-18 所示。对于中、低压管,当用机械弯管时,Δ 值不得超过±3 mm/m,当直管长度大于 3 m 时;总偏差最大不得超过±10 mm;当用地炉弯管时,不得超过±5 mm/m,当直管长度大于 3 m 时,其总偏差最大值不得超过±15 mm;对于高压弯管弯曲角度的偏差值不得超过±1.5 mm/m,最大不得超过±5 mm。 4)撖制弯管应光滑圆整,不应有皱褶、分层、过烧和拔背。对于中、低压弯管,如果在管子内侧有个别起伏不平的地方,应符合表 1-34 的要求,且其波距 t 应不小于 $4H$,如图 1-19 所示。 由于管道工艺的限制,撖制褶皱弯头时,弯管的波纹分布应均匀、平整、不歪斜。弯成后波的高度约为壁厚的 5~6 倍,波的截面弧长约为 5/6 D_w,弯曲半径 R 约为 2.5 D_w。褶皱弯管外形如图 1-20 所示。 5)焊制弯管是由管节焊制而成,焊制弯管的组成形式如图 1-21 所示。对于公称直径大于 400 mm 的弯管,可增加中节数量,但其内侧的最小宽度不得小于 50 mm。焊制弯管的主要尺寸偏差应符合下列规定: ①周长偏差:$DN>1\,000$ mm 时不超过±6 mm;$DN\leqslant1\,000$ mm 时不超过±4 mm。

续上表

项目	内　容
弯管	②端面与中心线的垂直偏差 Δ，如图 1—22 所示。其值不应大于外径的 1%，且不大于 3 mm。 6)压制及热推弯管的加工主要尺寸允许偏差见表 1—35。 (3)钢管的冷揻加工。 冷揻弯管是指在常温下依靠机具对管子进行揻弯。优点是不需要加热设备，管内也不充砂，操作简便。常用的冷弯弯管设备有手动弯管机、电动弯管机和液压弯管机等。 1)冷弯弯管的一般要求。 ①目前冷弯弯管机一般只能用来弯制公称直径不大于 250 mm 的管子，当弯制大管径及厚壁管时，宜采用中频弯管机或其他热减法。 ②采用冷弯弯管设备进行弯管时，弯头的弯曲半径一般应为管子公称直径的 4 倍。当用中频弯管机进行弯管时，弯头弯曲半径可为管子公称直径的 1.5 倍。 ③金属钢管具有一定弹性，在冷弯过程中，当施加在管子上的外力撤除后，弯头会弹回一个角度。弹回角度的大小与管子的材质、管壁厚度以及弯曲半径的大小有关，因此在控制弯曲角度时，应考虑增加这一弹回角度。 ④对一般碳素钢管，冷弯后不作任何热处理。 2)冷弯后的热处理。 管子冷弯后，对于一般碳素钢管，可不进行热处理。对于厚壁碳钢管、合金钢管有热处理要求时，则需进行处理。对有应力腐蚀的弯管，不论壁厚大小均应做消除应力的热处理。常用钢管冷弯后的热处理可按表 1—36 要求进行。 (4)碳素钢管灌砂热揻加工。 用灌砂后将管子加热来揻制弯管的方法叫做"揻弯"，是一种较原始的弯管制作方法。这种方法灵活性大，但效率低，能源浪费大，成本高。因此目前在碳素钢管揻弯中已很少采用，但它确实有着普遍意义。直至目前，在一些有色金属管、塑料管的披弯中仍有其明显的优越性，故仍将它予以介绍。这种方法主要分为灌砂、加热、弯制和清砂四道工序。 1)弯管的准备工作。 ①选择的管子应质量好、无锈蚀及裂痕。对于高、中压用的揻弯管子应选择壁厚为正偏差的管子。 ②弯管用的砂子应根据管材、管径对砂子的粒度、耐热度进行选用。碳素钢管用的砂粒度应按表 1—37 选用，为使充砂密实，充砂时不应只用一种粒径的砂子，而应按表 1—38 进行级配。砂子耐热度要在 1 000℃ 以上。其他材质的管子一律用细砂，耐热度要适当高于管子加热的最高温度。 ③充砂平台的高度应低于揻制最长管子的长度 1 m 左右，以便于装砂。由地面算起每隔1.8～2 m 分一层，该间距主要考虑操作者能站在平台上方便地操作。顶部设一平台，供装砂用。充砂平台一般用脚手架杆搭成。如果揻制大管径的弯管，在充砂平台上层需装设挂有滑轮组的吊杆，以便吊运砂子和管子，如图 1—23 所示。 ④地炉位置应尽量靠近弯管平台，地炉为长方形，其长度应大于管子加热长度 100～200 mm，宽度应为同时加热管子根数乘以管外径，再加 2～3 根管子外径所得的尺寸为宜。炉坑深度可为 300～500 mm。地炉内层用耐火砖砌筑，外层可用红砖砌筑，如图1—24所示。鼓风机的功率应根据加热管径的大小选用，管径在 100 mm 以下为 1 kW；$DN100～DN200$ mm 为 1.8 kW；$DN>200$ mm 以上为 2.5 kW，管径很大者应适当加大鼓风机功率。为了便于调节风量，鼓风机出口应设插板；为使风量分布均匀，鼓风管可做成丁字形花管，花眼孔径为 10～15 mm，要均布在管的上部，如图 1—25 所示。

续上表

项目	内 容
弯管	⑤搣管平台一般用混凝土浇筑而成,平台要光滑平整,如图 1—26 所示。在浇筑平台时,应根据承制的最大管径,铅垂预埋两排 $DN60\sim80$ mm 的钢管,作为挡管桩孔用,管口应经常用木塞堵住,防止混凝土或其他杂物掉入管内,影响今后使用。 在现场准备工作中,要注意对各工序作合理的布置。加热炉应平行地靠近搣管平台,充砂平台与加热炉之间的道路要畅通,一般布置情况可如图 1—27 所示。除了上述的准备工作以外,还要准备有关搣弯的样板和水壶,以便控制热搣的角度和加热范围。 2)搣弯操作。 ①充砂。要进行人工热搣弯曲的管子,首先要进行管内充砂,充砂的目的是减少管子在热搣过程中的径向变形,同时由于砂子的热惰性,从而可延长管子出炉后的冷却时间,以便于搣弯操作。填充管子用的砂子,填前必须烘干,以免管子加热时因水分蒸发压力增加,管堵冲出伤人;同时水蒸气排出后,砂子就密实度降低,对保证搣弯的质量也不利。 充砂前,对于公称直径小于 100 mm 的管子应先将管子一端用木塞堵塞,对于直径大于100 mm 的管子则如图 1—28 所示的钢板堵严,然后竖在灌砂台旁。在把符合表 1—37要求的砂子灌入管子的同时,用手锤或用其他机械不断地振动管子,使管内砂子逐层振实。手锤敲击应自下而上进行,锤面注意放开,减少在管壁上的锤痕。管子在用砂子灌密实后,应将另一端用木塞或钢板封堵密实。 ②加热。施工现场一般用地炉加热,使用的燃料应是焦炭,而不是烟煤,因烟煤含硫,不但腐蚀管子,而且会改变管子的化学成分,以致降低管子的机械强度。焦炭的粒径应在 $50\sim70$ mm 左右,当搣制管径大时,应用大块。地炉要经常清理,以防结焦而影响管子均匀加热。钢管弯管加热到弯曲温度所需的时间和燃料即可(根据具体情况而定)。 管子不弯曲的部分不应加热,以减少管子的变形范围。因此管子在地炉中加热时,要使管子应加热的部分处于火床的中间地带。为防止加热过程中因管子变软自然弯曲,而影响弯管质量,在地炉两端应把管子垫平。加热过程中,火床上要盖一块钢板,以减少热量损失,使管子迅速加热,管子要在加热时经常转动,使之加热均匀。 ③搣管。把加热好的管子运到搣管平台上。运管的方法:对于直径不大于 100 mm的管子,可如图 1—29 所示的抬管夹钳人工抬运;对于直径大于 100 mm 的较大管子,因砂已充满,抬运时很费力,同时管子也易于变形,尽量选用起重运输设备搬运。如果管子在搬运过程中产生变形,则应调直后再进行搣管。 管子运到平台上后,一端夹在插于搣管平台挡管桩孔中的两根插杆之间,并在管子下垫两根扁钢,使管子与平台之间保持一定距离,以免在管子"火口"外侧浇水时加热长度范围内的管段与平台接触部分被冷却。用绳索系住另一端,搣前用冷水冷却不应加热的管段,然后进行搣弯。通常公称直径小于 100 mm 的管子用人工直接搣制;管径大于100 mm 的管子用一般卷扬机牵引搣制。在搣制过程中,管子的所有支撑点及牵引管子的绳索,应在同一个平面上移动,否则容易产生"翘"或"瓢"的现象。在搣制时,牵引管子的绳索应与活动端管子轴线保持近似垂直,以防管子在插桩间滑动,影响弯管质量。

续上表

项 目	内　容
弯管	管子在揻制过程中，如局部出现鼓包或起皱时，可在鼓出的部位用水适当浇一下，以减少不均匀变形。弯管接近要求角度时，要用角度样板进行比量，在角度稍稍超过样板3°～5°时，就可停止弯制，让弯管在自然冷却后回弹到要求的角度。 　　如操作不慎，弯制的角度与要求偏差较大，可根据材料热胀冷缩的原理，沿弯管的内侧或外侧均匀浇水冷却，使弯管形成的角度减小或扩大，但这只限于不产生冷脆裂纹材质的管子，对于高、中压合金钢管热揻时不得浇水，低合金钢不宜浇水。 　　管子弯制结束的温度不应低于700℃，如不能在700℃以上弯成，应再次加热后继续弯制。 　　在一根管子上要弯制几个单独的弯管（几个弯管间没有关系，要分割开来使用），为了操作方便，可以从管子的两端向中间进行，同时注意弯制的方向，以便再次加热时，便于管子翻转，如图1-31所示。 　　弯制成形后，在加热的表面要涂一层机油，防止继续锈蚀。 　　④清砂。管子冷却后，即可将管内的砂子清除，砂子倒完后，再用钢丝刷和压缩空气将管内壁黏附的砂粒清掉。 　　弯好的弯管应进行质量检查，主要检查弯管的弯曲半径、椭圆度和不平度是否合乎要求。对合金钢弯管热处理后仍需检查其硬度。 　　(5)不锈钢管的揻弯。 　　1)不锈钢的特点是当它在500℃～850℃的温度范围内长期加热时，有析碳产生晶间腐蚀的倾向。因此，不锈钢不推荐采用热揻的方法，尽量采用冷揻的方法。若一定需要热揻，应采用中频感应弯管机在1 100℃～1 200℃的条件下进行揻制，成形后立即用水冷却，尽快使温度降低到400℃以下。 　　冷弯可以采用顶弯，或在有芯棒的弯管机上进行。为避免不锈钢和碳钢接触，芯棒应采用塑料制品，其结构如图1-32所示。使用这种塑料芯棒，可以保障管内壁的质量不致产生划痕、刮伤等缺陷。酚醛塑料芯棒的尺寸见表1-39。 　　当夹持器和扇形轮为碳钢时，不锈钢管外应包以薄橡胶板进行保护，避免碳钢和不锈钢接触，造成品间腐蚀。 　　2)弯曲厚壁管不使用芯棒时，为防止弯瘪和产生椭圆度，管内可装填粒径0.075～0.25 mm的细砂，弯曲成形后应用不锈钢丝刷彻底清砂。 　　3)符合于外径：壁厚不大于8 mm的不锈钢管弯管时可以不用芯棒和填砂。 　　4)不锈钢采用中频电热弯管机弯管时，各项参数见表1-40。 　　5)为了避免管子加热时烧损，可使用如图1-33所示的保护装置，充入氮气或氩气进行保护。 　　6)当由于条件限制，需要用焦炭加热不锈钢管时，为避免炭土和不锈钢接触产生渗碳现象，不锈钢管的加热部位要套上钢管，加热温度要控制在900℃～1 000℃的范围内，尽量缩短450℃～850℃敏感温度范围内的时间。当弯制不含稳定剂（钛或铌）的不锈钢管时，在清砂后还要按要求进行热处理，以消除晶间腐蚀倾向。

续上表

项目	内　容
弯管	（6）有色金属管的揻弯 1）铜管的揻弯。 　铜及铜合金管揻弯时尽量不用热熔，因热揻后管内填充物（如河砂、松香等）不易清除。一般管径在 100 mm 以下者采用冷弯，弯管机及操作方法与不锈钢的冷弯基本相同。管径在 100 mm 以上者采用压制弯头或焊接弯头。 　铜弯管的直边长度不应小于管径，且不少于 30 mm。 　弯管的加工还应根据材质、管径和设计要求等条件来决定。 　①热揻弯。 　a. 先将管内充入无杂质的干细砂，并锤敲实，然后用木塞堵住两端管口，再在管壁上画出加热长度的记号，应使弯管的直边长度不小于其管径，且不小于 30 mm。 　b. 用木炭对管身的加热段进行加热，如采用焦炭加热，应在关闭炭炉吹风机的条件下进行，并不断转动管子，使加热均匀。 　c. 当加热至 400℃～500℃ 时，迅速取出管子放在胎具上弯制，在弯制过程中不得在管身上浇水冷却。 　d. 热揻弯后，管内不易清除的河沙可用浓度 15%～20% 的氢氟酸在管内存留 3 h 使其溶蚀，再用 10%～15% 的碱中和，以干净的热水冲洗，再在 120℃～150℃ 温度下经 3～4 h 烘干。 　②冷揻弯。 　冷揻弯一般用于紫铜管。操作工序的前两道同热揻弯。随后，当加热至 540℃ 时，立即取出管子，并对其加热部分浇水，待其冷却后，再放到胎具上弯制。 　2）铝管的揻弯。 　铝管弯制时也应装入与铜管要求相同的细砂，灌砂时用木锤或橡皮锤敲击。放在以焦炭做底层的木炭火上加热，为便于控制温度，加热时应停止鼓风，加热温度控制在 300℃～400℃ 之间（当加热处用红铅笔划的痕迹变成白色时，温度约 350℃ 左右）。弯制的方法和碳素钢管相同。 　3）铅管的揻弯。 　铅管的特点之一是质软且熔点低，为避免充填物嵌入管壁，一般采用无充填物的以氧—乙炔焰加热的热揻弯管法。每段加热的宽度 20～30 mm 或更宽些，加热区长度约为管周长的 3/5，加热的温度为 100℃～150℃，为避免弯制时弯管内侧出现凹陷的现象，在加热前应把铅管的弯曲段拍打成卵圆形，如图 1—34 所示。 　加热后弯制时用力要均匀，每一段弯好后，先用样板进行校核，使之完全吻合，随后用湿布擦拭冷却，防止在弯制下段时发生变动。如此逐段进行，直至全部弯制成形，若发现某一段弯制的不够准确，可重新加热进行调整。在弯制过程中，加热区有时会出现鼓包，可用木板轻轻地拍打。 　弯制铅板卷管或某些弯曲半径小而弯曲角度大的弯管时，还可以采用如图 1—35 所示的剖割弯制法。 　弯制前先把管子割成对称的两半，然后分别弯制。先把作为弯管内侧的一半加热弯曲，以样板比量校核，无误后，再弯制作为弯管外侧的另一半。因切口部分管材的刚度较大，后一半加热时要偏重于割口部分。边加热边弯曲，使之与校核过的内侧逐段合拢。每合拢一段后，随即把合拢部分焊好，直至合拢焊完。

续上表

项目	内　　容
弯管	铅管剖割弯制,中心线长度不变,但割开后弯制时割口线已不再是弯制部分的中心线,作为内侧的一半要伸长,于是当割口合拢后,就会出现错口现象,错口的长度在弯制90°弯头时大约等于弯制的管径。在弯制完成后,应把错口部分锯掉。 　　铅管剖开后分别弯制时,每一半各自的刚度都比整个圆管要差,因此在弯制内侧一半时可能会出现凹陷现象,应随时用木锤或橡胶锤在内壁进行整修。在弯制过程中,还应随时用湿布擦拭非加热区,防止变形。 　　(7)塑料管的揻弯。 　　弯曲塑料管的方法主要是热揻,加热的方法通常采用的是灌冷砂法与灌热砂法。 　　1)灌冷砂法。 　　将细的河砂晾干后,灌入塑料管内,然后用电烘箱或如图1—36所示的蒸气烘箱加热,常用塑料管的弯曲加热温度及其他参数见表1—36。为了缩短加热时间,也可在塑料管的待弯曲部位灌入温度约80℃的热砂,其他部位灌入冷砂。在加热时要使管子加热均匀,为此应经常将管子进行转动,若管子较长,从烘箱两侧转动管子时动作要协调,防止将已加热部分的管段扭伤。 　　2)灌热砂法。 　　将细砂加热到表1—41所要求的温度,直接将热砂灌入塑料管内,用热砂将塑料管加热,管子加热的温度可凭手感,当用手按在管壁上有柔软的感觉时就可以揻制了。 　　由于加热后的塑料管较柔软,内部又灌有细砂,将其放在图1—37模具上,靠自重即可弯曲成形。这种弯制方法只有管子的内侧受压,对于口径较大的塑料管极易产生凹瘪,为此,可采用如图1—38三面受限的木模进行弯制。由于受力较均匀,揻管的质量较好,操作也比较方便。对于需批量加工的弯头,也可用图1—39模压法弯制。 　　揻制塑料管的模具一般用硬木制作,这样可避免因钢模吸热,使塑料管局部骤冷而影响弯管质量

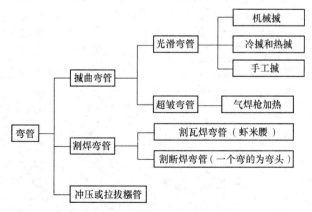

图1—14　弯管按形成方式分类

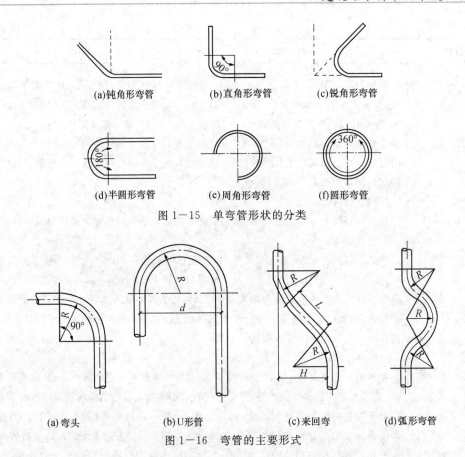

图 1—15　单弯管形状的分类

(a)钝角形弯管　　(b)直角形弯管　　(c)锐角形弯管

(d)半圆形弯管　　(e)周角形弯管　　(f)圆形弯管

(a)弯头　　(b)U形管　　(c)来回弯　　(d)弧形弯管

图 1—16　弯管的主要形式

表 1—32　弯管最小弯曲半径

管子类别	弯管制作方式	最小弯曲半径	
中、低压钢管	热弯	3.5 D_w	
	冷弯	4.0 D_w	
	褶皱弯	2.5 D_w	
	压制	1.0 D_w	
	热推弯	1.5 D_w	
	焊制	$DN \leqslant 250$	1.0 D_w
		$DN > 250$	0.75 D_w
高压钢管	冷、热弯	5.0 D_w	
	压制	1.5 D_w	
有色金属管	冷、热弯	3.5 D_w	

注:DN 为公称直径,D_w 为外径。

表 1—33　弯曲半径与管径关系表

管径 DN(mm)	弯曲半径 R	
	冷撼	热撼
25 以下	3 DN	
32~50	3.5 DN	
65~80	4 DN	3.5 DN
100 以上	(4~4.5) DN	4 DN

注:机械撼弯弯曲半径可适当减小。

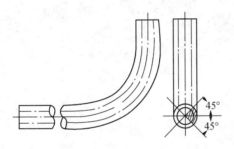

图 1—17　纵向焊缝布置区域

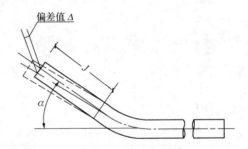

图 1—18　弯曲角度及管端轴线偏差

表 1—34　管子弯曲部分波浪度 H 的允许值　　　　　（单位:mm）

管道种类 \ 管道外径	≤108	133	159	219	273	325	377	≥426
钢管	4	5	6		7		8	
有色金属管	2	3	4	5	6			

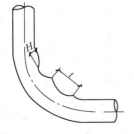

图 1—19　弯曲部分波浪度

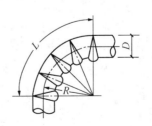

图 1—20　褶皱弯头

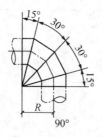 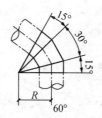

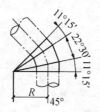

图 1—21　焊制弯头

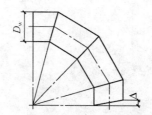

图 1—22　焊制弯头端面垂直偏差

表 1—35　压制弯头加工主要尺寸允许偏差　　　　　　（单位：mm）

管件名称	管件形式	公称直径 检查项目	25～70	80～100	125～200	250～400	
						无缝	有缝
弯头		外径偏差	±1.1	±1.5	±2	±2.5	±2.5
		外径椭圆	不超过外径偏差值				

表1－36　常用钢管冷弯后热处理条件

钢号	壁厚 (mm)	弯曲半径 (mm)	热处理条件			
			回火温度 (℃)	保温时间 (min/mm)	升温速度 (℃/h)	冷却方式
20	≥36	任意	600～650	3	＜200	炉冷至300℃后空冷
	25～36	≤3 D_w				
	＜25	任意	不处理			
12CrMo 15CrMo	＞20	任意	600～700	3	＜150	炉冷至300℃后空冷
	10～20	≤3.5 D_w				
	＜10	任意	不处理			
12Cr1MoV	＞20	任意	720～760	5	＜150	炉冷至300℃后空冷
	10～20	≤3.5 DN				
	＜10	任意	不处理			
1Cr18Ni9Ti Cr18Ni12Mo2Ti	任意	任意	不处理			

表1－37　钢管充填砂的粒度

管子公称直径(mm)	＜80	80～150	＞150
砂子粒度(mm)	1～2	3～4	5～6

表1－38　粒径配合比

公称直径 (mm)	粒径(mm)						
	φ1～φ2	φ2～φ3	φ4～φ5	φ5～φ10	φ10～φ15	φ15～φ20	φ20～φ25
	百分比(%)						
25～32	70	—	30	—	—	—	—
40～50	—	70	30	—	—	—	—
80～150	—	—	20	60	20	—	—
200～300	—	—	—	40	30	30	—
350～400	—	—	—	30	20	20	30

注：不锈钢管、铝管及铜管弯管时，不论管径大小，其填充用砂均采用细砂。

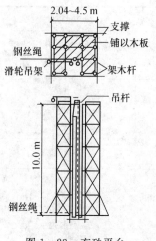

图 1—23 充砂平台

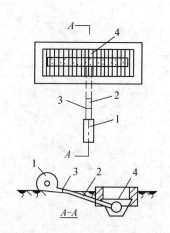

图 1—24 地炉示意图

1—鼓风机；2—鼓风管；3—插板；4—炉算子

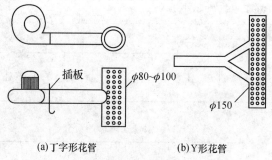

(a)丁字形花管   (b)Y形花管

图 1—25 鼓风管

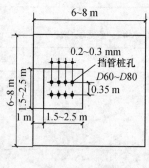

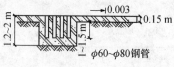

图 1—26 揻管台

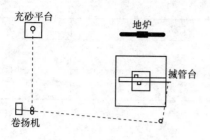

图 1—27　搲管场布置图

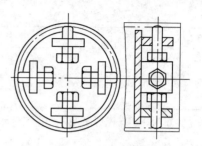

图 1—28　活动钢堵板

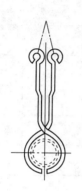

图 1—29　抬管夹钳

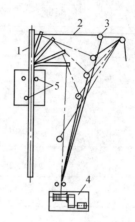

图 1—30　卷扬机弯管示意图

1—管子；2—绳索；3—开口滑轮；4—卷扬机；5—插管

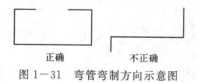

图 1—31　弯管弯制方向示意图

表 1—39　酚醛塑料芯棒尺寸　　　　　　　　　　（单位：mm）

管子外径×壁厚($D_w \times S$)	D	l	L
30×2.5	24	125	200
32×2.5	26	140	215
38×3	32	160	240
45×2.5	39	205	300
57×3.5	49	405	355
76×3	68.5	300	
89×4.5	78.5	360	
108×5	96.5	400	500
114×7	98.5		
133×5	121.5		

续上表

管子外径×壁厚($D_w×S$)	D	l	L
194×8	176	500	615
245×12	218	625	

注：每个夹布酚醛塑料圈的厚度 $\delta=15\sim25$ mm

表1—40　不锈钢管弯管参数

$D_w×S$(mm×mm)	耗用功率[①](kW)	纵向顶进速度(mm/s)	加热温度(℃)
89×4.5	30～40	1.8～2	1 100～1 150
108×5.5	10～30	1.2～1.4	1 100～1 150
133×6	40～50	1～1.2	1 100～1 150
159×6	50～60	0.8～1	1 100～1 150
68×13	70～80	0.8～1	1 130～1 180
102×17	80～90	0.6～0.8	1 130～1 180

①指加热的功率消耗。

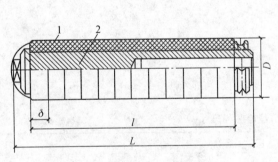

图1—32　酚醛塑料芯棒
1—酚醛塑料圈；2—金属棒

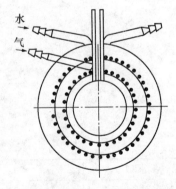

图1—33　将惰性气体送到加热区的保护装置

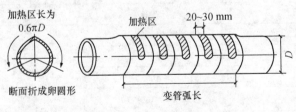

图1—34　铅管的空心弯制

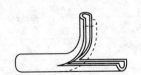

图1—35　铅管的剖割弯制

表 1-41 塑料管弯曲参数

管材材料		最小冷弯曲半径(mm)	最小热弯曲半径(mm)	热弯温度(℃)
聚乙烯	低密度	管径×12	管径×5(管径<DN50)	95~105
			管径×10(管径>DN50)	
	高密度	管径×20	管径×10(管径>DN50)	140~160
搋增塑聚氯乙烯		—	管径×(3~6)	120~130

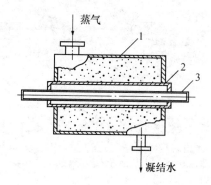

图 1-36 蒸气加热烘箱示意图

1—烘箱外壳；2—套管；3—硬聚氯乙烯塑料管

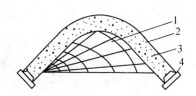

图 1-37 塑料管弯制

1—木胎架；2—塑料管；3—充填物；4—管封头

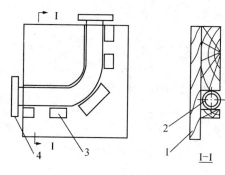

图 1-38 弯管木模

1—木模底板；2—塑料管；3—定位木块；4—封盖

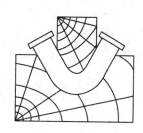

图 1-39 模压法弯管

2)管道螺纹连接方法见表 1-42。

表 1-42 管道螺纹连接方法

项目	内 容
螺纹分类及选择	管螺纹与管件相连有三种情况,如图 1-40 所示。 (1)圆柱形管螺纹与圆柱形管件内螺纹连接,简称"柱接柱"。这种连接方式的结合面严密性最差,如图 1-40(a)所示。螺栓与螺母的螺纹连接属于这种类型。因为螺栓与螺母连接在于压紧而不要求严密。

续上表

项目	内 容
螺纹分类及选择	(2)圆锥形管螺纹与圆柱形管件的内螺纹连接,简称"锥接柱"。管子螺纹连接主要采用这种。管件与管子的圆锥形外螺纹连接时,整个连接间隙偏大,如图1—40(b)所示。因此尤其要注意填料密实,确保其严密性。 (3)圆锥形管螺纹与圆锥形管件的内螺纹连接,简称"锥接锥"。这种连接结合最严密,如图1—40(c)所示。但加工锥形内螺纹管件困难多,在施工现场应用的局限很大 (a)圆柱形接圆柱形　　(b)圆锥形接圆柱形　　(c)圆锥形接圆锥形 图1—40　螺纹连接的三种情况
螺纹尺寸	加工螺纹之前,必须将管子与其所连接的管件螺纹测量准确,螺纹加工长度既不可过长,也不能缺扣,应使管子与管件连接后露出螺尾2~3扣为宜。管子与管件的螺纹连接构造,如图1—41所示。常见的螺纹管件及其用法如图1—43、图1—44所示 螺尾 基面　90°　管子中心线 l　ϕ 图1—41　管子与管件的螺纹连接构造
螺纹连接	(1)螺纹连接中几种接头。 1)短丝连接,属于固定连接。连接时将带有外螺纹的管头(或管件)涂上铅油缠上麻丝或聚四氯乙烯生料带,用手拧入带内螺纹的管件中两三扣左右,此过程称为戴扣;当用手拧不动时,再用管钳拧紧管子或管件,直到拧紧为止。管件若是阀门,拧劲不可过大,否则很容易撑裂管件与阀门上的内螺纹。 2)长丝、油任、锁母连接,都属于活连接。一般用在阀门附近,当阀门损坏,从活接头拆开很方便,如果阀门不安装活接头,就得从头拆起,直到阀门,换好阀门,再从头装起,这样十分费工,有时由于某种障碍,拆和装都难以进行。 (2)塑料管螺纹连接。 1)采用管端带有牙螺纹的管件;带有螺纹、塑料垫圈和橡胶密封的螺母;注塑螺纹管件。 2)清除管口上油污和杂物,使接口处洁净。 3)将管插入管件,使插入处留有5~7 mm间隙,然后检查插入管件深度,在管子表面划好标记,则试口完毕。

续上表

项 目	内 容
螺纹连接	4) 在管端先依次套上螺母、垫圈和密封圈，再插入管件，用于旋紧螺母，并用链条扳手或专用扳手拧紧，螺纹外露 2～3 扣为好。 (3) 铜管的螺纹连接。 　　螺纹连接的螺纹必须有与焊接钢管的标准螺纹相当的外径，才能得到完整的标准螺纹。但用于高压铜管的螺纹，必须在车床上加工，按高压管道要求施工。连接时，其螺纹部分须涂以石、甘油作密封填料。 　　1) 铜管的螺纹与钢管的标准螺纹相同，铜管的螺纹多在车床上加工成形，连接时，先在螺纹上涂以石墨、甘油。不得涂铅油缠麻丝。 　　2) 铜管螺纹连接有两种形式，一种是全接头连接，即两端都用螺纹连接；另一种是半接头连接，即左面铜管用螺纹连接，右面铜管则与接头焊接，如图 1—42 所示。 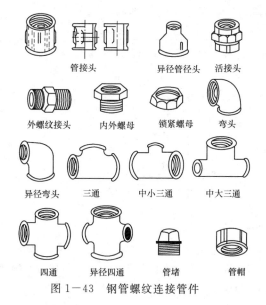 图 1—42　紫铜管的螺纹连接 1—接扣；2—接头；3—铜管；4—喇叭 　　3) 铜管连接时，先在铜管上套好接扣后，管口用扩口工具夹住，再把管口胀成喇叭口，在铜管螺纹处涂上氧化铝与甘油的调和料（通常用 1 kg 氧化铝配上 0.7 L 的甘油）作为密封填料，然后将接扣阴螺纹与接头的阳螺纹进行连接

图 1—43　钢管螺纹连接管件

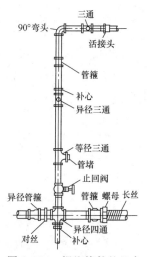

图 1—44　螺纹管件的组合

3)金属管焊接方法见表1—43。

表1—43 金属管焊接方法

项 目	内 容
管道焊接要求	(1)工作压力在0.1 MPa以上的蒸气管道、管径在32 mm以上的采暖管道、采用非镀锌钢管的雨水管道以及消火栓系统管道均可采用电、气焊连接。 (2)管道焊接时应有防风、雨雪措施。焊接时的环境温度低于—20℃时,应先预热焊口,预热温度为100℃～200℃,预热长度为200～250 mm。 (3)管道在焊接前应清除接口处的浮锈、污垢及油脂。 (4)壁厚不大于4 mm、直径不大于50 mm的管道应采用气焊;壁厚不小于4 mm、直径不小于70 mm的管道应采用电焊。 (5)不同管径的管道焊接时,如两管径相差不超过小管径的15%,可将大管端部缩口与小管对焊;如果两管径相差超过小管径的15%,应加工异径短管焊接。 (6)管道对口焊缝上不得开口焊接支管,焊口不得安装在支吊架位置上或套管内。 (7)碳素钢管开口焊接支管时要错开焊缝,并使焊缝朝向易观察和维修的方向。 (8)一般管道的焊接对口形式,如设计无要求,电焊应符合表1—44的规定,气焊应符合表1—45的规定。 (9)管材壁厚在5 mm以上者应对管端焊口部位铲坡口,如用气焊加工管道坡口,必须除去坡口表面的氧化皮,并将影响焊接质量的凹凸不平处打磨平整(图1—45)。 (10)管材与法兰盘焊接,应先将管材插入法兰盘内,先点焊2～3点再用角尺找正找平后方可焊接,法兰盘应两面焊接,其内侧焊接不得凸出法兰盘密封面(图1—46)。 图1—45 管道焊接V形坡口 图1—46 管材与法兰盘焊接 (11)焊接前要将两管轴线对中,先将两管端部点焊牢,管径在100 mm及以下可点焊三个点,管径在100 mm以上以点焊四个点为宜。检查预留口位置、方向、变径等无误后,找直、找正,再焊接到位(满焊);坚固卡件、拆掉临时固定件

续上表

项目	内　容
焊接坡口的加工	刨边——用刨边机对直边可加工任何形式的坡口。 车削——无法移动的管子应采用可移式坡口机或手动砂轮加工坡口。 铲削——用风铲铲坡口。 氧气切割——是应用较广的焊件边缘坡口加工方法，有手工切割、半自动切割、自动切割三种。 碳弧气刨——利用碳弧气刨枪加工坡口。 　　对加工好的坡口边缘尚须进行清洁工作，要把坡口上的油、锈、水垢等脏物清除干净，以利于获得质量合格的焊缝。清理时根据脏物种类及现场条件可选用钢丝刷、气焊火焰、铲刀、锉刀及除油剂清洗
焊接对口	焊件对口时执行表1—44、表1—45中技术标准，并保证对口的平直度。 　　水平固定管对口时，管子轴线必须对正，不得出现中心线偏斜，由于先焊管子下部，为了补偿这部分焊接所造成的收缩，除按技术标准留出对口间隙外，还应将上部间隙稍放大0.5～2.0 mm(对于小管径可取下限，对于大管径可选上限)。 　　为了保证根部第一层单面焊双面成形良好，对于薄壁小管无坡口的管子，对口间隙可为母材厚度的一半。带坡口的管子采用酸性焊条时，对口的间隙等于焊芯直径为宜。采用碱性焊条"不灭弧"焊法时，对口间隙应等于焊芯直径的一半为宜
施焊定位	对工件施焊前先定位，根据工作纵横向焊缝收缩引起的变形，应事先选用夹角紧工具，拉紧工具、压紧工具等进行固定。 　　不同管径所选择定位焊的数目、位置也不相同，如图1—47所示。 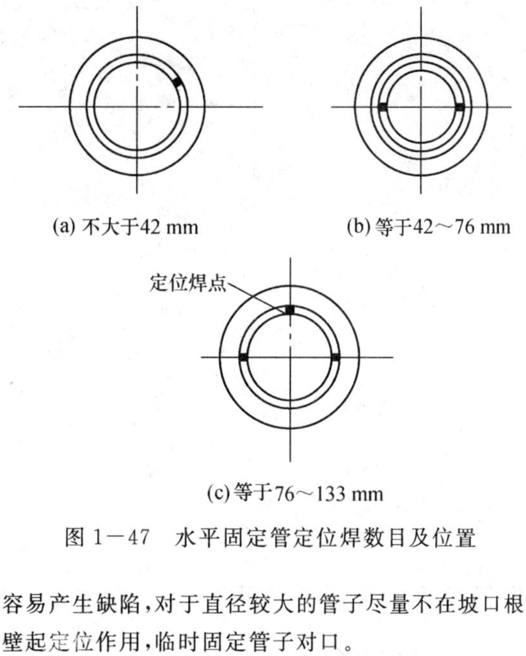 (a) 不大于42 mm　　(b) 等于42～76 mm (c) 等于76～133 mm 图1—47　水平固定管定位焊数目及位置 　　由于定位焊点容易产生缺陷，对于直径较大的管子尽量不在坡口根部定位焊，可利用钢筋焊到管子外壁起定位作用，临时固定管子对口。 　　定位焊缝的参考尺寸见表1—46

项目	内 容
管道焊接中常见的问题	(1)不准有焊缝的部位:管道对口焊缝或弯曲部位不得焊接支管;弯曲部位不得有焊缝,接口焊缝距起点不小于一个管径,且不小于 100 mm;接口焊缝距管道支架吊架边缘应不小于 50 mm,如图 1—48 所示。 (2)两根管子对口焊接应保证焊口处不得出弯,组对时不应错口。点焊定位根据管径大小选择,点焊后须检查,尽可能用转动方法焊接。 焊口 >50 mm 图 1—48 管道上焊口距支架点的位置 (3)不同管径管道间的焊接,应根据不同介质的不同流向决定焊前组对方式。如热水供暖干管是抬头运行,两管应上平下变径收口;蒸气供暖干管为低头运行,两管焊接时是下平上变径收口。其他一般情况两管径差不应超过小管径的 15%,若超过 15%,须将大管抽条加工或另做异径管方许焊接

表 1—44 手工电弧焊对口形式及组对要求

接头名称	对口形式	接头尺寸(mm)				备注
		壁厚	间隙	钝边	坡口角度(°)	
		T	C	P	α	
管子对接 V 形坡口		5~8	1.5~2.5	1~1.5	60~70	$\delta \leqslant 4$ mm 管子对接如能保证焊透可不开坡口
		8~12	2~3	1~1.5	60~65	

表 1—45 氧—乙炔焊对口形式及相对要求

接头名称	对口形式	厚度	间隙	钝边	坡口角度(°)
		S	C	P	α
对接不开坡口		<3	1~2	—	—
对接 V 型坡口		3~6	2~3	0.5~1.5	70~90

表 1—46　定位焊缝的参考尺寸　　　　　　　　　（单位：mm）

焊件厚度	焊缝高度	焊缝长度	间距
≤4	<4	5～10	50～100
4～12	3～6	10～20	100～200
>12	<6	15～30	100～300

4)法兰连接方法见表 1—47。

表 1—47　法兰连接方法

项目	内　容
类　型	法兰类型可分为平焊法兰、对焊法兰、平焊松套法兰、对焊松套法兰、翻边松套法兰、螺纹法兰、凸凹法兰及风管法兰等。 　　用于给水铸铁盘形管的法兰盘管的管子与法兰是铸成一体的。 　　在圆翼形散热器接管、疏水阀、减压阀组装的法兰连接中,法兰的材质多为铸铁,并加工为内螺纹。 　　在暖卫工程里普遍应用的是钢制的焊接法兰、直接和钢管焊接连接。常说的法兰连接多是指焊接法兰连接
选　用	法兰可采用成品,选购后进入现场。也可根据施工图加工制作。法兰螺栓孔加工时要求光滑等距,法兰接触面平整,保证密闭性,止水沟线的几何尺寸准确
装　配	法兰装配时,应使管子与法兰端面相互垂直,可用钢卷尺和法兰弯尺或拐尺在管子圆周至少三个点上进行检测,如图 1—49 所示,不准超过±1 mm,采用成品平焊法兰时,可点焊定位。插入法兰的管子端部、距法兰密封面应该留出一定的距离,一般为管壁厚度的 1.3～1.5 倍,最多不超过法兰厚度的 2/3,以便于内口焊接,如选用双面焊接管道法兰,法兰内侧焊缝不得凸出法兰密封面。 　　法兰装配施焊时,如管径较大,要对称和对应地分段施焊,防止热应力集中而变形。法兰装配完成后应再次检测法兰端面与连接管子中心线的垂直度,其偏差值用角尺和钢卷尺或板尺检测。以保证两法兰间的平行度并确保法兰连接后与管道同心。 　　选用铸铁螺纹法兰与管子相连时,不应超过法兰密封面,距离密封面不少于 5 mm
衬　垫	法兰衬垫根据管道输送介质选定(各工艺中均已明确包括)。制垫时,将法兰放平,光滑密封面朝上,将垫片原材盖在密封面上,用手锤轻轻敲打,刻出轮廓印,用剪刀或凿刀裁制成形,注意留下安装把柄,如图 1—50 所示。加垫前,须将两片法兰的密封面刮干净,凡是高出密封面的焊料须用凿子除掉后锉平。法兰面要始终保持垂直于管道的中心线,以保证螺栓自由穿入。加工后的软垫片,周边应整齐,垫片尺寸应与法兰密封面一致。 　　加垫时应放正,不使垫圈穿入管内,其外圆至法兰螺孔为宜,不妨碍螺栓穿入。禁止加双垫、偏垫、斜垫。当大口径的垫片需要拼接时,应采用斜口搭接或迷宫形式,不允许平口对接,如图 1—51 所示,且按衬垫材质及介质选定在其两侧涂抹的铅油、石墨粉、二硫化钼油脂、石墨机油等涂料。

项　目	内　　容
衬　垫	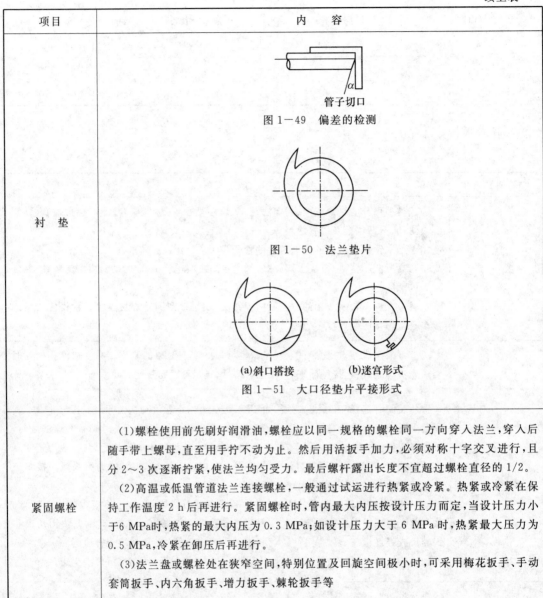 管子切口 图 1—49　偏差的检测 图 1—50　法兰垫片 (a)斜口搭接　　　　(b)迷宫形式 图 1—51　大口径垫片平接形式
紧固螺栓	(1)螺栓使用前先刷好润滑油,螺栓应以同一规格的螺栓同一方向穿入法兰,穿入后随手带上螺母,直至用手拧不动为止。然后用活扳手加力,必须对称十字交叉进行,且分 2～3 次逐渐拧紧,使法兰均匀受力。最后螺杆露出长度不宜超过螺栓直径的1/2。 (2)高温或低温管道法兰连接螺栓,一般通过试运进行热紧或冷紧。热紧或冷紧在保持工作温度 2 h 后再进行。紧固螺栓时,管内最大内压按设计压力而定,当设计压力小于 6 MPa 时,热紧的最大内压为 0.3 MPa;如设计压力大于 6 MPa 时,热紧最大压力为 0.5 MPa,冷紧在卸压后再进行。 (3)法兰盘或螺栓处在狭窄空间,特别位置及回旋空间极小时,可采用梅花扳手、手动套筒扳手、内六角扳手、增力扳手、棘轮扳手等

(2)管道安装方法(表 1—48)。

表 1—48　管道安装方法

项　目	内　　容
干管安装	(1)按照设计图纸上的管道布置,确定标高并放线,经复核无误后,开挖管沟至设计要求深度;检查并贯通各预留孔洞。 (2)安装时一般从进水口处开始。总进水口端头封闭堵严以备试压用。管道应在预制后、安装前按设计要求做好防腐。

续上表

项 目	内 容
干管安装	(3)把预制完的管道运到安装部位按编号依次排开,从进水方向顺序依次安装。在挖好的管沟或房心土回填到管底标高处铺设管道时,干管安装前应清扫管腔。 (4)挖好工作坑,将预制好的管段缓慢放入管沟内,总进水口及各甩口,做好临时支撑。按施工图纸的坐标、标高找好位置和坡度,以及各预留管口的方向和中心线,在合格的基础上铺设埋地管道。将管段接口相连,找平找直后,将管道固定。管道拐弯和始端处应支撑顶牢,防止连接时轴向移动,所有管口随时封堵好。 (5)给水铸铁管道安装。 1)在进行管道连接前,先将承口内侧插口及外侧端头的沥青除掉,承口朝来水方向顺序排列,连接的对口间隙应不小于 3 mm。进行连接时要先清除承口内的污物。 2)捻麻时将油麻绳拧成麻花状,用麻钎捻入承口内,一般捻两圈以上,约为承口深度的 1/3,使承口周围间隙保持均匀,将油麻捻实后进行捻灰,用强度等级 32.5 级以上水泥加水拌匀(水灰比为 1:9),用捻凿将灰填入承口,随填随捣,填满后用手锤打实,直至将承口打满,灰口表面有光泽。承口捻完后应进行养护,用湿土覆盖或用麻绳等物缠住接口,定时浇水养护,一般养护 2~5 d。冬季应采取防冻措施。 3)采用青铅接口的给水铸铁管在承口油麻打实后,用定型卡箍或包有胶泥的麻绳紧贴承口,缝隙用胶泥抹严,用化铅锅加热铅锭至 500℃ 左右(液面呈紫红颜色),水平管灌铅口位于上方,将熔铅缓慢灌入承口内,使空气排出,对于大管径管道灌铅速度应适当加快,防止熔铅中途凝固。每个接口应一次灌满,凝固后立即拆除卡箍或泥模,用捻凿将铅口打实(铅接口也可采用捻铅条的方式)。 4)给水铸铁管与镀锌钢管或给水钢塑复合管连接时应按图 1-52 所示的几种方式安装。 5)热水管道的穿墙处均按设计要求加好套管及固定支架,安装补偿器按规定做好预拉伸,待管道固定卡件安装完毕后,除去预拉伸的支撑物。调整好坡度,翻身处高点要有放风装置,低点要有泄水装置。 6)给水大管径管道使用无镀锌碳素钢管时,应采用焊接法兰连接,管材和法兰根据设计压力选用焊接钢管或无缝钢管,管道安装完毕先做水压试验,无渗漏编号后再拆开法兰进行镀锌加工。加工镀锌的管道不得刷漆及污染,管道镀锌后按编号进行二次安装
立管安装	(1)根据工程现场实际情况,重新布置、合理安排管井内各种管道的排列,按图纸要求检查确认各层预留孔洞、预埋套管的坐标、标高。确定管井内各类管道的安装顺序。 (2)按照确定的顺序,从干管甩口处开始向立管末端顺序安装。各种管材的连接应符合相应的管材连接的要求,连接牢固、甩口准确、到位、朝向正确,角度合适。 (3)立管明装:每层每趟立管从上至下统一吊线安装卡件,高度一致;竖井内立管安装时其卡件宜设置型钢卡架,将预制好的立管按编号分层排开,顺序安装,对好调直时的印记。校核预留甩口的高度、方向是否正确。支管甩口均加好临时丝堵。立管阀门安装朝向应便于操作和修理。安装完后用线坠吊直找正,配合土建堵好楼板洞。

续上表

项目	内　　容
立管安装	（4）立管暗装。安装在墙内的立管应在结构施工中预留管槽。立管安装后吊直找正，校核预留甩口的高度、方向是否正确。确认无误后进行防腐处理并用卡件固定牢固。支管的甩口应明露并加好临时丝堵。管道安装完毕应及时进行水压试验，试压合格后进行隐蔽工程检查，通过隐蔽工程验收后应配合土建填堵管槽。 （5）热水立管除应满足上述要求外，一般情况下立管与干管连接应采用 2 个弯头，如图 1—53 所示。 （6）给水立管上应安装可拆卸的连接件。 （7）如设计要求立管采取热补偿措施，其安装方法同干管。 （8）管道安装完成后，按照施工图对安装好的管道坐标、标高、坡度及预留管口尺寸进行自检，确认准确无误后调整所有支吊架固定管道，并进行水压试验。 （9）试验合格后对镀锌钢管或钢塑复合管外露螺纹和镀锌层破损处刷好防锈漆。对保温或在吊顶内等需隐蔽的管道进行隐检，并填写隐蔽工程验收记录，办理隐蔽工程验收手续
支管安装	（1）支管明装。 将预制好的支管从立管或横干管甩口依次逐段进行安装，有阀门应将阀门盖卸下再安装，根据管道长度适当加好临时固定卡，核定不同卫生器具的冷热水预留口高度、位置是否正确，找平找正后栽支管卡，去掉临时固定卡，上好临时丝堵。支管如装有水表先装上连接管，试压后在交工前拆下连接管，安装水表。 （2）支管暗装。 确定支管高度后画线定位，剔出管槽，将预制好的支管敷在槽内，找平找正定位后用勾钉固定。卫生器具的冷热水预留口要做在明处，加好丝堵
给水硬聚氯乙烯管道安装	（1）室内明敷管道应在土建粉饰完毕后进行安装。安装前应首先复核预留孔洞的位置是否正确。 （2）管道安装前，宜按要求先设置管卡。其位置应准确，埋设应平整、牢固。管卡与管道接触应紧密，但不得损伤管道表面。 （3）若采用金属管卡固定管道时，金属管卡与塑料管间采用塑料带或橡胶物隔垫，不得使用硬物隔垫。 （4）在金属管配件与塑料管连接部位，管卡应设置在金属管配件一端，并尽量靠近金属配件。 （5）塑料管道的立管和水平管的支撑间距不得大于表 1—49 的规定。 （6）塑料管穿越楼板时，必须设置套管，套管可采用塑料管；穿越屋面时必须采用金属套管。套管应高出地面或屋面不小于 100 mm，并采取严格的防水措施。 （7）管道敷设严禁有轴向扭曲。穿越墙或楼板时不得强制校正。 （8）塑料管道与其他金属管道并行时，应留有一定的保护距离。若设计无规定时，净距不宜小于 100 mm。并行时，塑料管道宜在金属管道的内侧。 （9）室内暗敷的塑料管道墙槽必须采用 1：2 水泥砂浆填补。 （10）在塑料管道的各配水点、受力点处，必须采取可靠的固定措施。

续上表

项目	内 容
给水硬聚氯乙烯管道安装	(11)室内地坪±0.000以下塑料管道铺设宜分为两段进行。先进行地坪±0.000以下至基础墙外壁管段的铺设,待土建施工结束后,再进行户外连接管的铺设。 (12)室内地坪以下管道铺设应在土建工程回填土夯实以后,重新开挖进行。严禁在回填土之前或未经夯实的土层中铺设。 (13)铺设管道的沟底不得有突出的坚硬物体。土的颗粒粒径不宜大于12 mm,必要时可铺100 mm厚的砂垫层。 (14)埋地管道回填时,管周回填土不得夹杂坚硬物直接与塑料管壁接触。应先用砂土或颗粒粒径不大于12 mm的土回填至管顶上侧300 mm处,经夯实后方可回填原土。室内埋地管道的埋置深度不宜小于300 mm。 (15)塑料管出地坪处应设置护管,其高度应高出地坪100 mm。 (16)塑料管在穿基础墙时,设置金属套管。套管与基础墙预留孔上方的净空高度,若设计无规定时不应小于100 mm
给水铝塑复合管安装	(1)直埋敷设管道的管槽,宜在土建施工时预留,管槽的底和壁应平整无凸出的尖锐物。管槽宽度宜比管道公称外径大40~50 mm,管槽深度宜比管道公称外径大20~25 mm。 1)铺设管道后,应用管卡(或鞍形卡片),将管道固定牢固,水压试验后方可填塞管槽。 2)管槽的填塞应采用M7.5水泥砂浆。冷水管管槽的填塞宜分两层进行,第一层填塞至3/4管高,砂浆初凝时应将管道略作左右摇动,使管壁与砂浆之间形成缝隙,再进行第二层填塞,填满管槽与地(墙)面抹平,砂浆必须密实饱满。 3)热水管直线管段的管槽填塞操作与冷水管相同,但在转弯段应在水泥砂浆堵塞前沿转弯管外侧插嵌宽度等于管外径厚度为5~10 mm的质地松软板条,再按上述操作填塞。 (2)管道穿越混凝土屋面,楼板、墙体等部位,应按设计要求配合土建预留孔洞或预埋套管,孔洞或套管的内径宜比管道公称外径大30~40 mm。 (3)管道穿越屋面、楼板部位,应做防渗措施,可按下列规定施工。 1)贴近屋面或楼板的底部,应设置管道固定支承件。 2)预留孔或套管与管道之间的环形缝隙,用C15细石混凝土或M15膨胀水泥砂浆分两次嵌缝,第一次嵌缝至板厚的2/3,待达到50%强度后进行第二次嵌缝至板平面,并用M10水泥砂浆抹高、宽不小于25 mm的三角灰。 (4)管道穿越地下室外壁或混凝土水池壁时,必须配合土建预埋带有止水翼环的金属套管,套管长度不应小于200 mm,套管内径宜比管道公称外径大20~40 mm。 管道安装完毕后,对套管与管道之间的环形缝隙进行嵌缝;先在套管中部塞3圈以上油麻,再用M10膨胀水泥砂浆嵌缝至平套管口。 (5)管道穿越无防水要求的墙体、梁、板的做法应符合下列规定。 1)靠近穿越孔洞的一端应设固定支承件将管道固定。 2)管道与套管或孔洞之间的环形缝隙应用阻燃材料填实。

项目	内容
给水铝塑复合管安装	(6)管道的最大支承间距应符合表1—50的规定。 (7)管道支承和支承件应符合下列规定。 1)无伸缩补偿装置的直线管段,固定支承件的最大间距:冷水管不宜大于6.0 m,热水管不宜大于6.0 m,且应设置在管道配件附近。 2)采用管道伸缩补偿器的直线管段,固定支承件的间距应经计算确定,管道伸缩补偿器应在两个固定支承件的中间部位。 3)采用管道折角进行伸缩补偿时,悬臂长度不应大于3.0 m,自由臂长不应小于300 mm。 4)固定支承件的管卡与管道表面应全面接触,管卡的宽度宜为管道公称外径的1/2,收紧管卡时不得损坏管壁。 5)滑动支承件的管卡应卡住管道,可允许管道轴向滑动,但不允许管道产生横向位移,管道不得从管卡中弹出
阀门及水表等附件安装	(1)阀门安装。 1)安装前应仔细检查,核对阀门的型号、规格是否符合设计要求。 2)根据阀门的型号和出厂说明书,检查它们是否可以在所要求的条件下应用,并且按设计和规范规定进行试压,请甲方或监理验收并填写试验记录。 3)检查填料及压盖螺栓,必须有足够的节余量,并要检查阀杆是否转动灵活,有无卡涩现象和歪斜情况。法兰和螺栓连接的阀门应加以关闭。 4)不合格的阀门不准安装。 5)阀门在安装时应根据管道介质流向确定其安装方向 6)安装一般的截止阀时,使介质自阀盘下面流向上面,简称"低进高出"。安装闸阀、旋塞时,允许介质从任意一端流入流出。 7)安装止回阀时,必须特别注意使阀体上箭头指向与介质的流向相一致,才能保证阀盘自由开启。对于升降式止回阀,应保证阀盘中心线与水平面相互垂直。对于旋启式止回阀,应保证其摇板的旋转枢轴装成水平。 8)安装杠杆式安装阀和减压阀时,必须使阀盘中心线与水平面互相垂直,发现斜倾时应予以校正。 9)安装法兰阀门时,应保证两法兰端面相互平行和同心。尤其是安装铸铁等材质较脆弱的阀门时,应避免因强力连接或受力不均引起的损坏。拧螺栓应对称或十字交叉进行。 10)螺纹阀门应保证螺纹完整无缺,并按不同介质要求选择密封填料物。拧紧时,必须用扳手咬牢拧入管道一端的六棱体上,以保证阀体不致变形或损坏。 (2)水表安装。 1)水表应安装在查看方便、不受暴晒、不受污染和不易损坏的地方,引入管上的水表装在室外水表井、地下室或专用的房间内。 2)水表安装到管道上以前,应先除去管道中的污物(用水冲洗),以免造成水表堵塞。 3)水表应水平安装,并使水表外壳上的箭头方向与水流方向一致,切勿装反。水表前后应装设阀门。

续上表

项 目	内 容
阀门及水表等附件安装	4)对于不允许停水或设有消防管道的建筑,还应设旁通管道。此时水表后侧要装止回阀,旁通管上的阀门应设有铅封。 5)为保证水表计量准确,水表前面应装有大于水表口径 10 倍的直管段,水表前面的阀门在水表使用时全部打开。 6)家庭独用小水表,明装于每户进水总管上,水表前应有阀门,水表外壳距墙面不得大于 30 mm,水表中心距一墙面(端面)的距离为 450~500 mm,安装高度为 600~1 200 mm。水表前后直管段长度大于 300 mm 时,其超出管段应用弯头引靠到墙面,沿墙面敷设,管中心距离墙面 20~25 mm
填堵孔洞	(1)管道安装完毕后,必须及时用不低于结构强度等级的混凝土或水泥砂浆把孔洞堵严、抹平,为了不致因堵洞而将管道移位,造成立管不垂直,应派专人配合土建堵孔洞。 (2)堵楼板孔洞宜用定型模具或用木板支搭牢固后,往洞内浇点水再用 C20 以上的细石混凝土或 M50 水泥砂浆填平捣实,不许向洞内填塞砖头等杂物
管道试压与管道冲洗	(1)管道试压。 1)管道试压一般分单项试压和系统试压两种。单项试压是在干管敷设完毕或隐蔽部位的管道安装完毕后按设计和规范要求进行水压试验。系统试压是在全部干、立、支管安装完毕,按设计或施工规范要求进行水压试验。 2)连接试压泵一般设在首层或室外管道入口处。 3)试压前应将预留口堵严,关闭入口总阀门和所有泄水阀门及低处放风阀门,打开各分路及主管阀门和系统最高处的放风阀门。 4)打开水源阀门,往系统内充水,满水后放净空气,并将阀门关闭。 5)检查全部系统,如有漏水处应做好标记,并进行修理,修好后再充满水进行加压,而后复查,如管道不渗漏,并持续到规定时间,压力降在允许范围内,应通知有关单位验收并办理验收记录。 6)拆除试压水泵和水源,把管道系统内水泄净。 7)冬季施工期间竣工而又不能及时供暖的工程进行系统试压时,必须采取可靠措施把水泄净,以防冻坏管道和设备。 (2)管道系统冲洗。 1)管道系统的冲洗应在管道试压合格后,调试、运行前进行。 2)管道冲洗进水口及排水口应选择适当位置,以保证将管道系统内的杂物冲洗干净为宜。排水管截面积不应小于被冲洗管道截面的 60%,排水管应接至排水井或排水沟内。 3)冲洗时,应采用设计提供的最大流量或不小于 1.0 m/s 的流速连续进行,直至出水口处浊度、色度与入水口处冲洗水浊度、色度相同为止。冲洗时应保证排水管路畅通安全

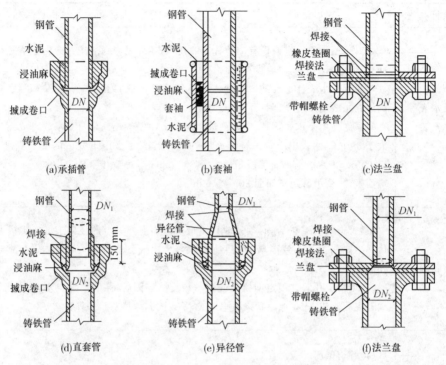

图 1—52 铸铁管与钢管的连接方式

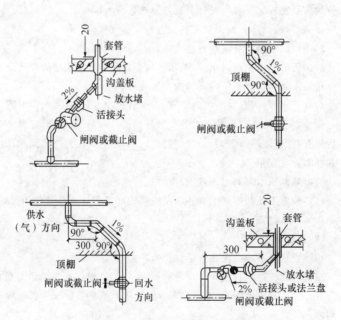

图 1—53 热水立管与干管连接

表1－49　建筑给水硬聚氯乙烯管的最大支撑间距　　　　（单位:mm）

外径	20	25	32	40	50	65	75	90	100
水平管	500	550	650	800	950	1 100	1 200	1 350	1 550
立管	900	1 000	1 200	1 400	1 600	1 800	2 000	2 200	2 400

表1－50　铝塑复合管管道最大支承间距　　　　（单位:mm）

公称外径	12	14	16	18	20	25	32	40	50	63	75
立管间距	500	600	700	800	900	1 000	1 100	1 300	1 600	1 800	2 000
横管间距	400	400	500	500	600	700	800	1 000	1 200	1 400	1 600

第二节　室内消火栓系统安装

一、验收条文

室内消火栓系统安装工程施工质量验收标准见表1－51。

表1－51　室内消火栓系统安装工程施工质量验收标准

项目	内　　容
主控项目	室内消火栓系统安装完成后应取屋顶层(或水箱间内)试验消火栓和首层取二处消火栓做试射试验。达到设计要求为合格。 检验方法:实地试射检查
一般项目	(1)安装消火栓水龙带,水龙带与水枪和快速接头绑扎好后,应根据箱内构造将水龙带挂放在箱内的挂钉、托盘或支架上。 检验方法:观察检查。 (2)箱式消火栓的安装应符合下列规定。 1)栓口应朝外,并不应安装在门轴侧。 2)栓口中心距地面为1.1 m,允许偏差±20 mm。 3)阀门中心距箱侧面为140 mm,距箱后内表面为100 mm,允许偏差±5 mm。 4)消火栓箱体安装的垂直度允许偏差为3 mm。 检验方法:观察和尺量检查

二、施工材料要求

（1）室内消防管道及设备安装施工材料要求见表1—52。

表1—52　室内消防管道及设备安装施工材料要求

项目	内　　容
碳素钢管	常用的碳素钢管材有无缝钢管与焊接钢管两类，无缝钢管一般采用优质碳素钢制造；焊接钢管可用普通碳素钢制造，也可用优质碳素钢制造
室内消防设备	（1）水枪。 室内消火栓消防系统均采用直流水枪作为灭火的主要工具。它由枪筒和喷嘴组成，如图1—54所示，其规格见表1—53。 图1—54　直流水枪 （2）水龙带。 室内消防水龙带一般为帆布或麻织的衬胶软管，其长度一般有10 m、15 m、20 m、25 m几种，常用口径为50 mm、65 mm。 （3）消火栓。 消火栓是具有内扣式接口的球形阀式龙头，其一端与水龙带连接，另一端与消防立管连接。常用的消火栓直径有50 mm和65 mm两种；当射流量小于4 L/s时，采用直径50 mm；当射流量大于4 L/s，则采用直径65 mm的。消火栓、水龙带、水枪之间均采用内扣式快速接头连接。消火栓外形如图1—55及图1—56所示，规格及性能参数参考表1—54。 （4）消火栓箱。 室内消火栓箱是包括消火栓、水龙带、水枪和与消防泵串联的电器控制设备等的成组消防装置，供固定消防设施用。室内消火栓箱外形及安装尺寸如图1—57、图1—58所示，室内消火栓箱外形尺寸及预留孔位置尺寸见表1—55
水泵接合器	消防车向室内消防管网供水的接口是水泵接合器，当室内消防水泵发生故障或消防水量不足时。消防车从室外消火栓、消防水池或天然水源取水，通过水泵接合器将水送往室内管网。 水泵接合器分3种类型：地上式、地下式和墙壁式，其规格及性能可参考表1—56。各类接合器外形及安装尺寸见表1—57，消防水泵接合器示意图，如图1—59～图1—61所示，配套阀门规格见表1—58

表 1－53　消防水枪的规格

名称	型号	进水管径(mm)	出水管径(mm)	外形尺寸(mm)		质量(kg)	最大射程		说明
				L	D		射口压力(MPa)	射程(m)	
直流水枪	QZ16	50	13/16	295	95	0.85	588.6(6)	>32	直流水枪起增加水流速度,产生射流作用,用于扑灭一般物质的火灾。每种水枪的喷嘴有两个不同口径连接在一起,用大口径时,只需将小的一节拆下即可
	QZ19	65	16/19	340	110	1.35	588.6(6)	>36	

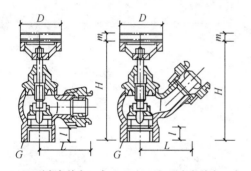

(a)SN型直角单出口式　(b)SNA45°型直角单出口式

图 1－55　室内单出口消火栓外形示意

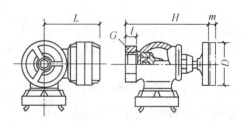

图 1－56　SNS型直角双出口室内消火栓

表 1－54　室内消火栓规格及性能

名称	型号	外形尺寸(mm)					进水管			出水管		工作压力(MPa)	质量(kg)
		L	l	H	m	D	形式	管径(mm)	数量(个)	形式	管径(mm)	数量(个)		
室内消火栓(直角单出口式)	SN25	80	18	135	13	89	管牙螺纹	R_p1	1	内扣式	25	1	1.6	37
	SN40	98	20	160	15	100		$R_p1\frac{1}{2}$	1		40	1		40
	SN50	108	22	190	22	120		R_p2	1		50	1		46
	SN65	118	25	210	27	140		$R_p2\frac{1}{2}$	1		65	1		52

续上表

名称	型号	外形尺寸(mm)					进水管			出水管			工作压力(MPa)	质量(kg)
		L	l	H	m	D	形式	管径(mm)	数量(个)	形式	管径(mm)	数量(个)		
室内消火栓(45°单出口式)	SN25	100	18	135	13	80	管牙螺纹	$R_p 1$	1	内扣式	25	1	1.6	37
	SN40	128	20	160	15	100		$R_p 1\frac{1}{2}$	1		40	1		40
	SN50	140	22	190	22	120		$R_p 2$	1		50	1		46
	SN65	158	25	210	27	140		$R_p 2\frac{1}{2}$	1		65	1		52
室内消火栓(直角双出口式)	SN50	160	25	205	27	140	管牙螺纹	$R_p 2\frac{1}{2}$	1	内扣式	50	2	1.6	78
	SN65	168	25	230	35	140		$R_p 3$	1		65	2		89

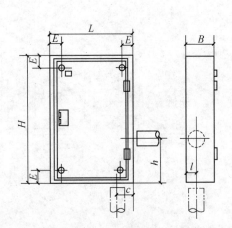

图1—57 室内消火栓箱外形及安装尺寸

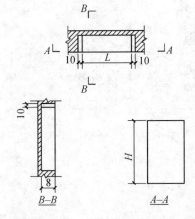

图1—58 消火栓箱留洞尺寸

表1—55 室内消火栓箱外形尺寸及预留孔位置尺寸 （单位:mm）

箱体尺寸			预留孔位置			
L	H	B	E	h	l	c
650	800	200 240 320	50	350	100	140
700	1 000		50	350	100	140
1 000	700		50	350	100	140
750	1 200		50	350	100	140

注:1. 预留孔大小根据室内消火栓要求定。

2. 固定螺钉孔出厂时一般不予钻孔。

表 1—56　消防水泵接合器规格及性能

型号	形式	公称直径（mm）	进水口		耐压（MPa）			质量（kg）
			接口	直径（mm）	强度实验压力	密封实验压力	工作压力	
SQ100	地上式	100	KWS65	65×65				175
SQX100	地下式	100	KWX65	65×65				155
SQB100	墙壁式	100	KWS65	65×65	2.4	1.6	1.6	195
SQ150	地上式	150	KWS80	80×80				
SQX150	地下式	150	KWX80	80×80				
SQB150	墙壁式	150	KWS80	80×80				

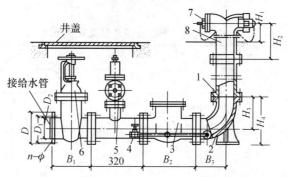

图 1—59　地上式消防水泵接合器（单位：mm）

1—法兰接管；2—弯管；3—止回阀；

4—放水阀；5—安全阀；6—闸阀；

7—消防接口；8—接合器本体

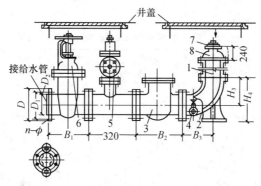

图 1—60　地下式消防水泵接合器（单位：mm）

1—法兰接管；2—弯管；3—止回阀；4—放水阀；5—安全阀；

6—闸阀；7—消防接口；8—接合器本体

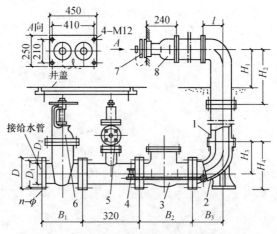

图1－61　墙壁式消防水泵接合器(单位:mm)

1—法兰接管;2—弯管;3—止回阀;4—放水阀;5—安全阀;
6—闸阀;7—消防接口;8—接合器本体

表1－57　消防水泵接合器外形及安装尺寸

型号	公称直径 DN(mm)	各部尺寸(mm)								法兰尺寸(mm)				
		B_1	B_2	B_3	H_1	H_2	H_3	H_4	l	D	D_1	D_2	m	n
SQ100 SQX100 SQB100	100	300	350	220	700 — 700	800 — 800	210	318	130	220	180	158	17.5	8个
SQ150 SQX150 SQB150	150	350	480	310	700 — 700	800 — 800	325	465	160	285	240	212	22	8个

注:法兰接管出厂规定340 mm长,用户也可根据所在地区的土层冰冻厚度,另行选择适当长度由厂家制造。

表1－58　消防水泵接合器配套阀门型号及规格

水泵结合器型号	暗杆楔式闸阀	弹簧封闭微启式安全阀	升降式止回阀	内螺纹截止阀
	型号和规格			
SQ100 SQX100 SQB100	Z40H-16Q DN100	A41H-16 DN32	H41T-16 DN100	J11T-16 DN20
SQ150 SQX150 SQB150	Z40H-16Q DN150	A41H-16 DN32	H41T-16 DN150	J11T-16 DN25

(2)室内消防气体灭火系统管道及设备安装施工材料。

1)卤代烷灭火系统见表1—59。

表1—59　卤代烷灭火系统

项目	内　　　容
卤代烷1211灭火剂	(1)卤代烷1211灭火剂的物理和化学性能。 二氟一氯一溴甲烷(CF_2ClBr)的简称代号是卤代烷1211(英文为Halon1211)。在标准状态下,它是略带芳香味的无色气体,加压或制冷后可在压力容器内液化储存,液体无色透明。其主要物理性能参考表1—60。 对于卤代烷1211作为灭火剂其质量应符合表1—61。 卤代烷1211在常温下达到国家标准中规定的质量要求(表1—62)时,其化学稳定性相当好,不易与其他物质发生化学反应。在使用、储存过程中,卤代烷1211要与储存容器中的金属材料和非金属材料长时间接触,会对这些材料产生一定的腐蚀或溶胀作用。试验证明,其腐蚀性取决于两个方面:一是卤代烷1211的含水率,二是与其接触的金属材质。含水的卤代烷1211对金属的腐蚀性要增加数十倍,尤以黄铜最为严重(表1—62)。卤代烷1211对高腈橡胶和氟橡胶的溶胀作用较小,对聚氯乙烯、尼龙等可在灭火设备中使用的材料的溶胀作用也较小。 (2)卤代烷1211灭火管道系统的工作原理。 防护区发生火灾后,感烟、感温或感光火灾探测器接收到因燃烧产生的烟雾、高温或光辐射火灾信号,并把它们变成电信号输入到火灾报警控制器。对火灾信号进行鉴别判断后,火灾报警控制器马上启动火灾报警装置,发出声、光火灾报警信号;同时将信号传递到灭火控制盘。当系统处于自动工作状态时,控制盘接到火灾信号延时30 s左右,发出指令性动作信号,关闭防护区与外界的开口、通风排风机械、防排烟设备等需与灭火系统联动的设备,启动灭火剂瓶组(对于组合分配系统,还要先打开选择阀),通过阀门、管道和喷嘴喷入防护区中,用灭火剂进行灭火。在灭火剂进入主管道的同时,灭火剂的压力使压力信号器工作,通过控制器发出灭火剂施放的光报警信号。若当系统处于手动工作状态时,操作人员接到火灾报警后,应先确认火灾情况,对确需使用灭火系统时,操作人员可以启动手动操作按钮,通过控制盘发出灭火指令,释放灭火剂,或直接在灭火剂储瓶上打开容器阀,将灭火剂喷入防护区内。这种情况下,也应通过控制盘或人员直接关闭与灭火系统联动的设备。卤代烷1211灭火系统的工作原理如图1—68所示
卤代烷1301灭火剂	(1)卤代烷1301灭火剂的物理和化学性能。 三氟一溴甲烷(CF3Br)的简称代号的是卤代烷1301。在标准状态下,它是无色气体,经加压或制冷后,可在压力容器内液化储存,液体无色透明。其主要物理性能参考表1—63。 作为灭火剂的卤代烷1301,其质量应满足表1—64中的要求。 对聚合物的溶胀作用,卤代烷1301要比1211低。对氯丁橡胶卤代烷1301没有溶胀作用。对聚苯乙烯、聚氯乙烯和聚乙烯等塑料的线性溶胀系数在1%以下,对丁腈橡胶、丁钠橡胶和天然橡胶的线性溶胀系数为1%。其对某些金属的腐蚀性参考表1—65。 (2)卤代烷1301灭火管道系统的工作原理。 该系统的工作原理同于前面所述的卤代烷1211灭火管道系统
卤代烷气体灭火系统组件	(1)灭火剂容器。 1)贮瓶。一般贮瓶内外均经防锈处理。在使用条件下,钢瓶上部装容器阀,内部安装虹吸管,虹吸管的内径一般与阀直径相同,虹吸管的下端应有30°斜口,且棱边倒圆角,减少阻力损失。一般使管端距离瓶底5~8 mm,以避免沉积的污物进入管道。

续上表

项目	内 容
卤代烷气体灭火系统组件	我国目前应用于 1301 灭火系统的钢瓶有三种:40 kg、85 kg、155 kg 级,均按照美国 DOT 标准及我国《压力容器焊接规程》(NB/T 47015—2011)制造,每只钢瓶均经过 6.894 MPa 的压力试验,最低爆破压力为 13.789 MPa。钢瓶上均装有安全泄压阀,其安全泄压压力为 5.6~6.5 MPa。钢瓶内充装液态卤代烷灭火剂,要用干燥氮气加压到 2.5 MPa(在 20℃时)。有关增压为 2.5 MPa 的低压系统用的钢瓶尺寸参考表 1—66 及图 1—62。 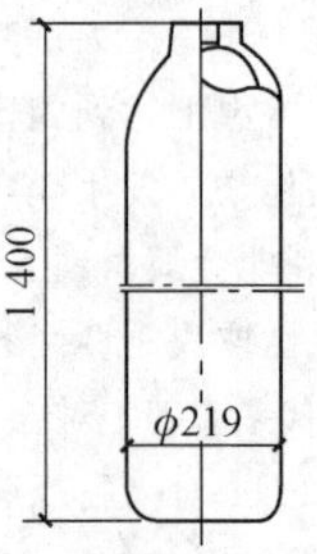 图 1—62 低压系统用钢瓶(单位:mm) 对于 4.2 MPa 卤代烷高压灭火系统,一般采用一种类似 40 L 氧气瓶的贮瓶,其尺寸可参考图 1—69,瓶上尺寸可分为两种:ZG1 $\frac{1}{4}$ 和 ZG1 $\frac{1}{2}$。水压试验压力为 22.1 MPa,工作压力为 14.7 MPa。在我国卤代烷高低压灭火系统中这种贮瓶应用比较广泛。 2)椭球形容器。如图 1—70 所示椭球形容器是专为 BL-40 型壁装式灭火装置配套生产的,直径为 500 mm。安装在危险区内,大多用这种容器所组装的迁移式灭火系统。喷嘴一般直接装在容器阀口上。压力损失小,球内可充装液态的 1301 或 1211,用氮气加压到 2.5 MPa。容器的水压试验压力为 4.9 MPa,允许的最大工作压力不得超过 3.9 MPa。 (2)瓶头阀。 灭火系统的重要部件之一瓶头阀,在贮瓶出口端安装,用于封存和释放灭火剂。对瓶头阀性能的起码要求是密封性好,火灾发生时开启可靠,灭火剂排放顺利。 瓶头阀的结构有多种形式,但多由四部分组成:充装部分、释放部分、安全片和启动机构。阀上装有压力表是为了监视容器内的充装压力。考虑到紧急启动的需要,瓶头阀一般备有手动启动装置。 此外,为保证瓶内灭火剂能在规定的时间(一般为 10 s)内喷放出去,瓶头阀应具有与配装的钢瓶容量相适应的通过能力。因而,1301 灭火系统的阀直径较大,一般为 25 mm,32 mm 和 55 mm。对于充装 40 kg 以下的钢瓶,多采用 25 mm 直径的瓶头阀,选用 32 mm 直径瓶头阀的较少。1211 灭火系统,也一般采用 25 mm 直径的瓶头阀。 就瓶头阀密封结构方式而言,目前的瓶头阀应用成功的主要有三种类型:差动背压式、金属膜片密封式和摇臂式(图 1—71~图 1—73)。 (3)分配阀。 分配阀结构形式如图 1—74 所示。它是每个保护区灭火系统的释放阀门,安装在灭火剂贮瓶出口外的汇流管上,组合分配灭火系统才需设置此阀。该阀平时处于关闭位置,由压臂锁住;释放时,用压力气体推动活塞,活塞联动转臂,转臂带动转轴开启压臂,从而活门在管道中压力的推动下自行打开。按配管管径的不同,分配阀有 8 个规格,其公称直径分别为 20 mm、25 mm、32 mm、40 mm、50 mm、65 mm、80 mm、100 mm 等。

项　目	内　　　容
卤代烷气体灭火系统组件	图1—75是另一种结构形式的分配阀，其结构较小，但阻力损失稍大。阀门可由启动管通入压力气体打开。 　　带气动—手动操作装置的1301分配阀结构如图1—76所示。火灾时，启动用气钢瓶，放出压力气体，先经操作管引入分配阀的气动缸，推动活塞杆使球阀开启。然后压力气体再打开1301储瓶瓶头阀，从而保证此阀能在无背压(空载)状态下启动。在紧急情况下，还可转动手柄实现手动启动。 　　由于主阀部分采用法兰式连接，同时球阀开启后具有与主管道大致相同的流通能力，阻力损失较小，被广泛应用于1301灭火系统中。 　　(4)单向阀。 　　为控制液流的方向，保证灭火系统的使用功能，在许多卤代烷灭火装置贮瓶组合系统中，常需要安装管路单向阀和操作气路单向阀。 　　1)管路单向阀。它的结构形式有多种。一般在灭火系统中直接安装于瓶头阀排放软管与集合管之间。 　　当某个钢瓶拿掉或喷完灭火剂后，如防护区发生火灾需喷放灭火剂时，采用本阀可防止灭火剂从这个集合管流失或流到已喷完的钢瓶中。 　　如图1—77所示的轴向调节式单向阀，可根据钢瓶高度尺寸进行轴向调节，调节量约为19 mm。这种补偿式结构对钢瓶的现场安装带来很大方便。 　　2)操作气路单向阀。本阀用于组合分配系统的操作气路中。引导启动用气的方向，有选择地打开钢瓶的容器阀是其基本功能。但应注意的是，由于单向阀可能有微小的漏气，积少成多，有可能导致不该开放的钢瓶排放灭火剂，因此气路单向阀要求密封性可靠，应作气密性试验。其结构如图1—78所示。 　　(5)喷嘴。 　　喷嘴直接关系到灭火系统的应用效果，是卤代烷灭火系统中主要部件之一。卤代烷灭火系统有多种类型射流喷嘴，主要归结为液流型、雾化型和"开花"型三种形式。 　　喷嘴根据性能分为液流型和雾化型。液流型是指由喷口直接形成射流。其喷口结构一般有管嘴型与孔口型。它们所产生的射流的中心部分为液柱流，围绕液柱的表面浮腾着厚厚的一层微小的液珠，离喷口越远，液珠层越厚，而中心液柱逐渐消失。液流型喷嘴射程较远，分布较广。因为它能形成液柱流，局部施用灭火系统多使用这种喷嘴。 　　雾化型是指喷嘴内部含有离心器或涡流器。它的射流呈微小液珠与气雾，有利于加快灭火剂在保护区空间分布浓度的均化速度，因此1211全淹没系统常采用这种类型的喷嘴。 　　另有一种在喷嘴外部构成射流，射流间相互撞击形成液滴的"开花"型喷嘴，它的性能介于液流型和雾化型喷嘴之间。1301全淹没灭火系统多采用这种形式的喷嘴。 　　(6)气启动器。 　　为便于供给启动气源，在使用气动式瓶头阀的独立单元系统或组合分配灭火系统中，一般应有气启动器。一般由启动容器、启动容器瓶头阀、操纵管等组成启动器，启动容器一般均使用1～2 L的二氧化碳钢瓶。 　　气启动装置如图1—79所示。它所用的启动容器瓶头为先导式闸刀电磁阀。其结构可参考图1—80，其动作程序如下。

项　目	内　　容
卤代烷气体灭火系统组件	电磁阀电路通电,电磁铁芯吸合推动闸破针 1 下移,闸破密封膜片 2,高压启动气体(常为氮气)经由 A 导孔放出进入左端的空腔推动闸刀活塞 3 右移,闸破左侧的密封膜片 4,启动容器内高压气体经 B 孔排放至操纵管启动灭火剂容器的气动瓶头阀。 　　用小电流、低电压即可开启灭火系统是先导式闸刀电磁阀的主要优点。 　　图 1−63 是另一种气启动器用的电爆管启动闸刀阀。这种阀使用电点火管作动力源,动闸破针下移,扎破金属密封膜片,放出启动用气。结构比较简单,可靠性较高,这是它的主要优点。当环境较恶劣时,此阀应优先采用。 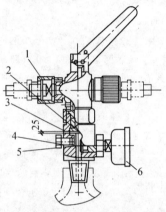 图 1−63　电爆管启动式闸刀阀(单位:mm) 1—电爆启动头;2—密封膜片;3—阀体;4—出口塞;5—单向阀;6—压力表 　　在安装和使用过程中各种气启动器均应达到以下要求: 　　1)启动容器周围温度应在 0℃～50℃范围。 　　2)所有接合部位应有良好的密封,特别是容器阀部分,应做到"0"位泄漏。 　　3)启动容器应有可靠的固定支架,如图 1−64 所示。 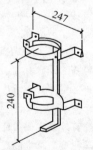 图 1−64　气启动小钢瓶固定支架(单位:mm) 　　4)启动容器箱上应有该启动器的功能标记。 　　(7)配管系统。 　　典型容器组配管系统是连接各组件的管系,构成主要有三部分(图 1−81)。 　　1)连接管。把从瓶头阀释放出的灭火剂送到总管(集合管)的管路,通常是挠性管。

续上表

项　目	内　　容
卤代烷气体灭火系统组件	2)总管。集中各连接管释放出的灭火剂,向释放阀处输送的管路,通常是无缝钢管。在管道的中间或端部设有安全阀。 3)气动操作管。输送启动瓶释放出的驱动气体的配管,通常是纯铜管或挠性管。 　为使火灾时钢瓶组瓶头阀按预定程序开启,一般采用下列管接件组成气动操作管路系统
输送管道及管道连接件	(1)管道。 1)材质钢管在一般环境下使用,腐蚀性较强的环境选用不锈钢或钢管,可按承压条件做以下选择钢管: 　①储存压力为 $16×10^5$ Pa,采用 YB234-63 水煤气加厚管内外镀锌。 　②储存压力为 $25×10^5$ Pa 及 $42×10^5$ Pa,采用 YB231-70 无缝钢管,内外镀锌。 　2)规格。根据卤代烷灭火系统应用范围的大小,目前我国选用 $DN20$ mm、$DN25$ mm、$DN32$ mm、$DN40$ mm、$DN50$ mm、$DN65$ mm、$DN80$ mm 及 $DN100$ mm 等八个规格的管道。 　①选用水煤气加厚管的规格尺寸见表1-67。 　②可参考表1-68选用无缝钢管的规格尺寸。 (2)管道连接件。 　卤代烷灭火系统根据布管要求来选择管道连接件。连接方式一般多采用螺纹连接,$DN80$ mm 以上的采用法兰连接。现介绍几种常用连接件。 　1)弯头连接件。弯头连接件(图1-65)的材质为25号、30号钢,内外镀锌,并需进行 $60×10^5$ Pa 的水压强度试验。其规格尺寸见表1-69。 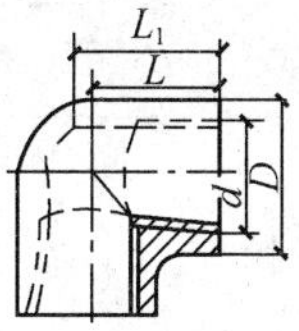 图1-65　弯头连接件 　2)三通连接件。三通连接件(图1-66)的材质为25号、30号钢,内外镀锌,并需进行 $60×10^5$ Pa 的水压强度试验,三通连接件的规格尺寸见表1-70。 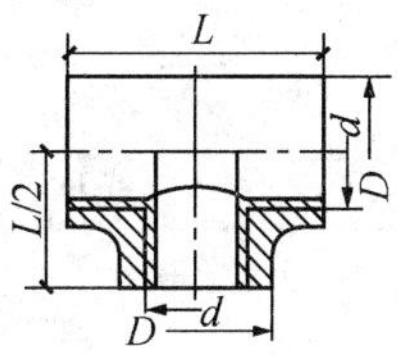 图1-66　三通连接件 　3)变径连接件。变径连接件的材质为30号钢、内外镀锌,并需进行 $60×10^5$ Pa 的水压强度试验,如图1-67所示。其规格尺寸参考表1-71。

续上表

项　目	内　　容
输送管道及 管道连接件	图 1—67　变径连接件 4)直通连接件。直通连接件的材质为 25 号、30 号钢,内外镀锌,规格尺寸见表 1—72

表 1—60　卤代烷 1211 的物理性能

物理性能	数据	物理性能	数据
分子量	165.83	气体潜热(沸点)	132.6 kJ/(kg·K)
沸点(101.3 kPa)	−4.0℃	蒸气的黏度(25℃)	1.3×10^{-5} Pa·S
临界温度	153.8℃	液体的热传导	0.115 W/(m·K)
临界密度	0.713 g/cm³	液体的黏度(25℃)	3.1×10^{4} Pa·S
临界压力	4100 kPa	在水中的溶解度 (25℃,101.3 kPa)	—
临界体积	1.40 cm³/g	液体的表面张力(25℃)	0.016 5 N/m
气体密度(沸点)	0.006 9 g/cm³	液体的折光系数(25℃)	—
液体密度	1.85 g/cm³	相对介电强度 (氮=1.0,101.3 kPa)	—
液体的比热	775 J/(kg·K)	在海水中的溶解度 (21℃,101.3 kPa)	—
蒸气的比热 (25℃,101.3 kPa)	452 J/(kg·K)	凝固点	−165.5℃

表 1—61　卤代烷 1211 的质量要求

指标名称	指标	指标名称	指标
卤代烷 1211 含量(质量计)(%)	≥99.9	卤离子	合格
水分(mg/kg)	≤20	蒸发残留物(mg/kg)	≤80
酸性物(以 HBr 计)(mg/kg)	≤3	色度	不深于 15 号

表 1—62 卤代烷 1211 对一些金属的年腐蚀量

条件	无水			潮湿		
金属名称	钢	黄铜	铝	钢	黄铜	铝
年平均腐蚀量(10⁻⁴ mm/年)	3.4	18.3	2.4	250	1326	165

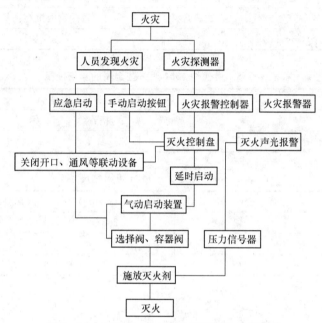

图 1—68 卤代烷 1211 灭火管道系统工作原理

表 1—63 卤代烷 1301 的物理性能

物理性能	数据	物理性能	数据
分子量	148.93	液体密度	1.538 g/cm³
沸点(101.3 kPa)	−57.75	在海水中的溶解度(21℃,101.3 kPa)	0.009 5%
临界温度	67℃	临界体积	1.34 cm³/g
临界压力	3960 kPa	液体的热传导	0.85 W/(m·K)
临界密度	0.745 g/cm³	气体密度(沸点)	0.008 71 g/cm³
液体的表面张力(25℃)	0.004 N/m	蒸气的黏度(25℃)	1.63×10⁻⁵ Pa·s
液体的比热	870 J/(kg·K)	液体的折光系数(25℃)	1.238
蒸气的比热(25℃,101.3 kPa)	469 J/(kg·K)	相对介电强度(氮=1.0,101.3 kPa)	1.83
汽化潜热(沸点)	118.8 kJ/(kg·K)	在水中的溶解度(25℃,101.3 kPa)	0.03%
液体的黏度(25℃)	1.59×10⁻⁴ Pa·S	凝固点	−160.5℃

表 1－64　卤代烷 1301 的质量要求

指标名称	指标	指标名称	指标
纯度(%)	≥99.6	蒸发残渣(%)质量分数	0.005
水分(mg/kg)	≤10	原灌装容器蒸气相中永久性 (以空气表示)(%)	≤1.5
卤离子	试验合格	悬浮物或沉淀	试验合格
酸度(以 HBr 计)(mg/kg)	≤3		

表 1－65　卤代烷 1301 对一些金属的年腐蚀量

条件	干燥			潮湿		
金属名称	钢	黄铜	铝	钢	黄铜	铝
年平均腐蚀量(10⁻⁴ mm/年)	2.7	4.6	2.1	277	107	180

表 1－66　增压 2.5 MPa 用钢瓶尺寸

钢瓶规格(kg)	容瓶质量(近似)(kg)	直径口(mm)	底部到阀出口高度 H(mm)
40	42	255	191
85	78	325	1 168
155	105	408	1 313

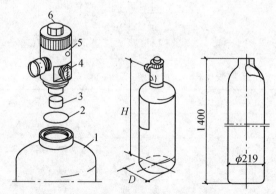

图 1－69　高压系统用钢瓶尺寸(单位:mm)

1—钢瓶;2—密封圈;3—虹吸管;4—压力表;5—阀本体;6—保护帽

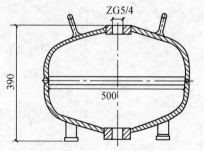

图 1－70　BL-40 型灭火装置容器(单位:mm)

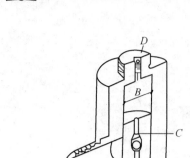

图1—71 差动背压式瓶头阀示意图

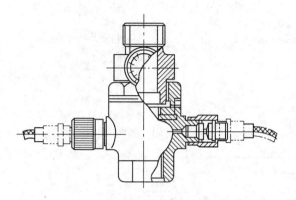

图1—72 金属膜片密封式电爆瓶头阀

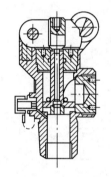

图1—73 摇臂式瓶头阀

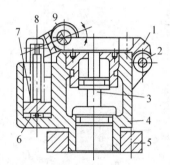

图1—74 分配阀结构形式之一

1—压臂;2—轴;3—活门轴;
4—阀体;5—法兰;6—活塞;
7—弹簧;8—销;9—转臂

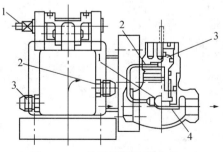

图1—75 分配阀结构形式之二

1—手轮;2—启动管;3—活塞;4—圆盘

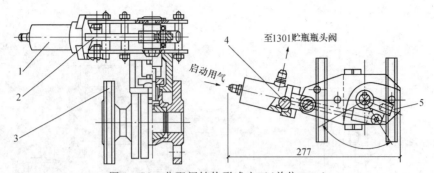

图1—76　分配阀结构形式之三(单位:mm)

1—气动缸;2—开阀机构;3—球阀;4—活塞杆;5—手动杆插孔

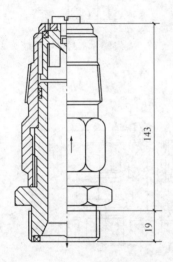

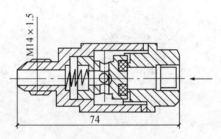

图1—77　轴向调节式单向阀(单位:mm)　　　图1—78　操作气路单向阀(单位:mm)

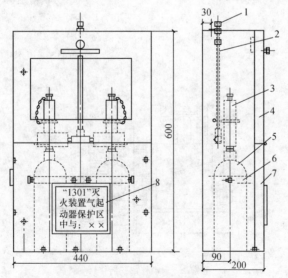

图1—79　气启动装置(单位:mm)

1—外接嘴;2—排放管;3—先导式闸刀电磁阀;4—上门;

5—钢瓶;6—固定板;7—下门;8—标志牌

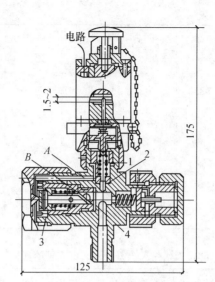

图1-80　先导式闸刀电磁阀结构图(单位:mm)

1—闸破针;2—密封膜片;3—闸刀活塞;4—密封膜片

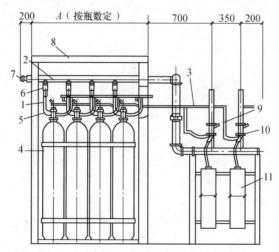

图1-81　典型容器组配管系统示意图(单位:mm)

1—连接软管;2—集合管(总管);3—操作管;4—钢瓶;5—气动手动式容器阀;

6—管路单向阀;7—安全阀;8—支架;9—操作管路单向阀;10—选择分配阀;11—气启动装置

表1-67　卤代烷灭火系统用水煤气加厚管的规格尺寸

| 公称直径 DN | | 外径 | 壁厚 | 工作压力 | 水压试验 | 连接 | 内径 | 容积 | 重量 |
(mm)	(in)	(mm)	(mm)	(MPa)	(MPa)	形式	(mm)	(dm³/m)	(kg/m)
20	3/4	26.75	3.5	20	30	ZG $\frac{3}{4}''$	19.75	0.31	2.01
25	1	33.5	4	20	30	ZG1″	25.3	0.51	2.91
32	1 $\frac{1}{4}$	42.25	4	20	30	ZG1 $\frac{1}{4}''$	34.25	0.92	3.77

续上表

公称直径 DN (mm)	(in)	外径 (mm)	壁厚 (mm)	工作压力 (MPa)	水压试验 (MPa)	连接形式	内径 (mm)	容积 (dm³/m)	重量 (kg/m)
40	$1\frac{1}{2}$	48	4.25	20	30	$ZG1\frac{1}{2}''$	39.5	1.23	4.38
50	2	60	4.5	20	30	$ZG2''$	51	2.01	6.16
65	$2\frac{1}{2}$	75.5	4.5	20	30	$ZG2\frac{1}{2}''$	66.5	3.47	7.38
80	3	88.5	4.75	20	30	$ZG3''$	79	4.9	9.81
100	4	114	5	20	30	$ZG4''$	101	8.5	13.44

表 1－68　卤代烷灭火系统用无缝钢管的规格尺寸

公称直径 DN	外径 (mm)	壁厚 (mm)	工作压力 (MPa)	连接形式	内径 (mm)	容积 (dm³/m)	重量 (kg/m)
20	27	3.5	40	$ZG\frac{3}{4}''$	20	0.31	2.03
25	34	4.5	40	$ZG1''$	25	0.49	3.27
32	42	5	40	$ZG1\frac{1}{4}''$	32	0.80	4.56
40	48	4	40	$ZG1\frac{1}{2}''$	40	1.26	4.34
50	60	5	40	$ZG2''$	50	1.96	6.78
65	76	5.5	40	$ZG2\frac{1}{2}''$	65	3.32	9.56
80	89	4.5	40	$ZG3''$	80	5.03	9.38
100	114	7	40	$ZG4''$	100	7.85	18.47

表 1－69　卤代烷灭火系统用弯头连接件规格尺寸

公称直径 DN (mm)	(in)	外径 D (mm)	螺纹直径 d(in)	长度 L_1(mm)	长度 L(mm)	公称压力 (MPa)	当量长度 (m)
20	3/4	36	$ZG\frac{3}{4}$	20	22	40	1.5
25	1	43	$ZG1$	35	37	40	1.8

续上表

公称直径 DN		外径 D	螺纹直径	长度	长度	公称压力	当量长度
(mm)	(in)	(mm)	d(in)	L_1(mm)	L(mm)	(MPa)	(m)
32	$1\frac{1}{4}$	54	ZG1$\frac{1}{4}$	42	44	40	2.2
40	$1\frac{1}{2}$	62	ZG1$\frac{1}{2}$	46	44	40	2.8
50	2	72	ZG2	55	58	40	3.5
65	$2\frac{1}{2}$	92	ZG2$\frac{1}{2}$	67	70	40	4.5
80	3	108	ZG3	75	78	40	5.2

表 1—70 卤代烷灭火系统用三通连接件的规格尺寸

公称直径 DN		外径 D	螺纹直径	长度	公称压力	当量长度(m)	
(mm)	(in)	(mm)	d(in)	L(mm)	(MPa)	直路	公支路
20	3/4	36	ZG$\frac{3}{4}$	40	40	0.5	1.7
25	1	43	ZG1	70	40	0.6	2.0
32	$1\frac{1}{4}$	54	ZG1$\frac{1}{4}$	84	40	0.7	2.5
40	$1\frac{1}{2}$	62	ZG1$\frac{1}{2}$	92	40	0.9	3.2
50	2	72	ZG2	110	40	1.1	4.0
65	$2\frac{1}{2}$	92	ZG2$\frac{1}{2}$	134	40	1.4	5.0
80	3	108	ZG3	150	40	1.7	5.8

表 1—71　卤代烷灭火系统用变径连接件规格尺寸

公称直径 DN		螺纹 $d_1 \times d_2$(in)	长度 L (mm)	扳手钳口 S(mm)	公称压力 (MPa)	当量长度(m)	
(mm)	(in)					缩	扩
25×20	$1 \times \frac{3}{4}$	$ZG1 \times \frac{3}{4}$	32	六方36	40	0.2	0.2
30×20 25	$1\frac{1}{4} \times \frac{3}{4}$ 1	$ZG1\frac{1}{4} \times \frac{3}{4}$ 1	35	六方46	10	0.4 0.2	0.6 0.2
25 40×25 32	$\frac{3}{4}$ $1\frac{1}{2} \times 1$ $1\frac{1}{2}$	$\frac{3}{4}$ $ZG1\frac{1}{2} \times 1$ $1\frac{1}{4}$	38	六方55	40	0.5 0.4 0.3	0.9 0.6 0.3
25 50×32 40	1 $2 \times 1\frac{1}{4}$ $\frac{1}{2}$	1 $ZG2 \times 1\frac{1}{4}$ $1\frac{1}{2}$	40	六方65	40	0.6 0.5 0.3	1.0 0.7 0.3
32 65×40 50	$1\frac{1}{4}$ $2\frac{1}{2} \times 1\frac{1}{2}$ 2	$1\frac{1}{4}$ $ZG2\frac{1}{2} \times 1\frac{1}{2}$ 2	45	八方80	40	0.7 0.6 0.4	1.3 0.9 0.4
40 80×50 65	$1\frac{1}{2}$ 3×2 $2\frac{1}{2}$	$1\frac{1}{2}$ $ZG3 \times 2$ $2\frac{1}{4}$	50	八方95	40	0.9 0.7 0.5	1.0 1.1 0.5

表 1—72　卤代烷灭火系统用直通连接件

公称直径 DN		外径 D (mm)	螺纹直径 d(in)	长度 L(mm)	公称压力 (MPa)	当量长度(m)
(mm)	(in)					
20	$\frac{3}{4}$	36	$ZG\frac{3}{4}$	42	40	0.2
25	1	43	$ZG1$	48	40	0.2

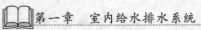

续上表

公称直径 DN		外径 D	螺纹直径	长度	公称压力	当量长度(m)
(mm)	(in)	(mm)	d(in)	L(mm)	(MPa)	
32	$1\frac{1}{4}$	54	ZG$1\frac{1}{4}$	52	40	0.3
40	$1\frac{1}{2}$	62	ZG$1\frac{1}{2}$	56	40	0.3
50	2	72	ZG2	60	40	0.4
65	$2\frac{1}{2}$	92	ZG$2\frac{1}{2}$	66	40	0.5
80	3	108	ZG3	70	40	0.6

2)二氧化碳灭火系统见表1-73。

表1-73 二氧化碳灭火系统

项目	内　容
二氧化碳灭火剂	(1)二氧化碳灭火剂的物理和化学性能。 在标准状态下,二氧化碳(CO_2)是一种气体,无色无味。二氧化碳是以液、气两相共存于密封容器中,其压力随着温度的升高而增加。二氧化碳灭火系统设计就选择了液、气两相来储存二氧化碳灭火剂。二氧化碳的主要物理性能见表1-74。 用于二氧化碳灭火系统中的二氧化碳,其质量应达到国家标准一级品要求(表1-75)。 二氧化碳在常温和高温下均不会与一般的物质发生化学反应,但在高温下可以与强还原剂发生反应,二氧化碳是一种稳定性能很高的惰性化合物。例如,燃烧着的碱金属和轻金属,可还原二氧化碳。另外,二氧化碳与赤热的焦炭发生反应是一个可逆反应,产生有毒的一氧化碳,在不同的温度下它会达到不同的平衡,温度越高,生成的一氧化碳比例越大。二氧化碳能溶于水,部分生成酸性很弱的碳酸,并形成化学平衡。在灭火时,二氧化碳与水相遇后,溶解的二氧化碳很少,对一般物质不会构成腐蚀。实际上在灭火过程中不会产生任何腐蚀作用,因为在无水情况下,二氧化碳会迅速挥发。 (2)二氧化碳灭火管道系统的工作原理。 该系统的工作原理同于卤代烷1211灭火管道系统
二氧化碳气体灭火系统组件	(1)启动瓶和储气瓶。 启动瓶与储气瓶采用无缝钢管热旋压或钢锭冲拉制成,它们是用压缩的方法把二氧化碳(启动瓶也可使用其他驱动气体如氮气)储存起来的高压容器。 储气瓶容积一般不小于40 L,启动瓶可采用与储气瓶同样规格的钢瓶,也可根据需要采用容积较小的钢瓶。

续上表

项目	内　　容
二氧化碳气体灭火系统组件	启动瓶和储气瓶设置瓶头阀,灭火系统采用气动瓶头阀。瓶头阀平时封闭容器,发生火灾时排放容器内储存的驱动气体和灭火剂。还通过它充装驱动气体和灭火剂,安装超压保护装置和虹吸管。 启动瓶设置先导阀和电磁阀。电磁阀结构和启动瓶阀组结构如图1—82和图1—83所示。电磁阀的先导阀配合,平时密封启动瓶的高压气体。电磁阀启动时,启动瓶内的高压气体通过电磁阀和先导阀释放。 先导阀和电磁阀的主要技术性能指标是开阀能力。先导阀的开阀能力是在阀门进口端通入压力为14.7 MPa的气体时,开启阀门的气体压力不大于1.57 MPa。电磁阀开阀能力是在电源电压为85%额定电压值的条件下,电磁阀进口端进入气体压力14.7 MPa时,应能正常开启。 储气瓶配制气动阀。由启动瓶释放出的高压气体能以气动方式开启储气瓶气动阀,以达到施放二氧化碳灭火剂的目的。图1—84是气动阀结构图。 (2)二氧化碳喷嘴。 在规定压力下喷嘴的结构应能使二氧化碳灭火剂雾化良好,喷嘴出口尺寸应能保证喷嘴喷射时不会被冻结。图1—85是二氧化碳灭火系统常用的喷嘴结构图。 (3)选择阀。 参考卤代烷灭火系统有关内容
二氧化碳管道	(1)集气管。是集中各连管放出的二氧化碳灭火剂向选择阀输送的管道,一般为无缝钢管。在钢管的中间或端部设置安全阀。集气管水压试验压力为17.7 MPa。 (2)连接管。是把从瓶头阀释放出的二氧化碳送到集气瓶的管路,一般为挠性管。其设计压力、水压试验压力与储气瓶相同。 (3)操作管。是输送启动瓶放出的驱动气体的配管,一般为挠性管或纯铜管。其设计压力、水压试验压力与储气瓶相同。 (4)配气管。是选择阀至保护区喷嘴间的输气管道,一般为无缝钢管。水压试验压力为7.4 MPa

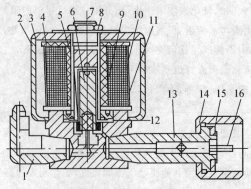

图1—82　电磁阀结构图

1—两通接头;2—壳体;3—壳盖;4—线圈组;5—固定铁芯组;6—活动铁芯组;7—螺母;8—铭牌;
9—弹簧;10—阀体组;11—绝缘体;12—矩形密封圈;13—接头;14—六角螺母;15—矩形密封圈;16—顶杆

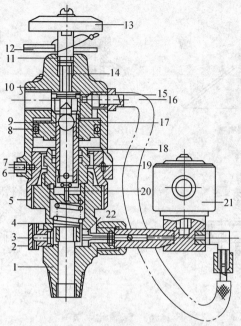

图 1—83　启动瓶阀组结构图

1—下阀体；2—安全阀；3—挡圈；4—弹簧；5—连接阀体；6—螺钉；7—钢球；
8—密封圈；9—钢球；10—上阀体；11—密封圈；12—销；13—手轮；
14—手轮轴；15—轴销；16—金属软管；17—活塞；18—活塞杆；
19—阀垫；20—配气阀组件；21—电磁阀；22—单向阀

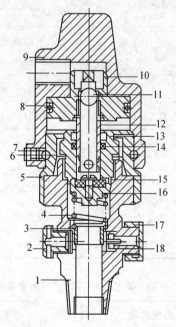

图 1—84　气动阀结构图

1—下阀体；2—安全阀；3—挡圈；4—弹簧；5—连接阀体；6—紧定螺钉；7—钢球；
8—O形密封圈；9—上阀体；10—活塞；11—钢球；12—活塞杆；13—阀座；
14—O形密封圈；15—垫圈；16—配气阀；17—端盖；18—单向阀

78

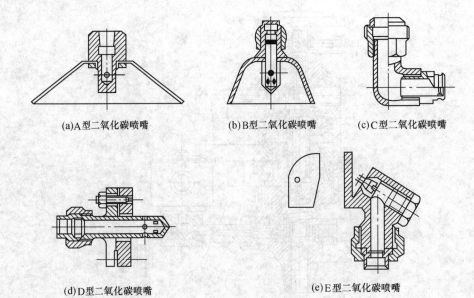

(a)A型二氧化碳喷嘴　(b)B型二氧化碳喷嘴　(c)C型二氧化碳喷嘴

(d)D型二氧化碳喷嘴　(e)E型二氧化碳喷嘴

图 1-85　二氧化碳喷嘴

表 1-74　二氧化碳的物理性能

物理性能	数据	物理性能	数据
分子量	44.01	折射率[气体,(N-1)×10^6,D线,0℃,101.3 kPa]	448.1
熔点(526.9 kPa)	-56.6℃	表面张力(液体,-52.2℃)	0.012 65 N/m
沸点(101.3 kPa,升华)	-78.5℃	临界温度	31.35℃
密度(0℃,液态)	0.914 g/m³	熔解热(熔点)	189.7 kJ/kg
密度(0℃,气体)	1.977 g/L	临界压力	7 395 kPa
相对密度(气体,空气=1)	1.529	比热容(气体,15℃,恒压)	0.833 kJ/kg
临界密度	0.46 g/cm³	蒸发热(沸点)	577 kJ/kg
黏度(气体,20℃)	$1.47×10^{-5}$ Pa·S	导热率(气体,0℃)	0.147 J/(kg·K)

表 1-75　二氧化碳灭火剂的质量要求

指标	指标名称	指标	指标名称
纯度(体积)	≥99.5	油含量	无油斑
水含量(质量百分比)	≤0.015	乙醇等其他有机物	无

三、施工机械要求

室内消火栓系统安装工程施工机械要求见表1—76。

表1—76　室内消防管道及设备安装施工机械要求

项目	内　　容
施工机具设备	(1)套丝机、开槽机、开孔机、砂轮机、台钻、电锤、手砂轮、手电钻、电焊机、电动试压泵等机械。 (2)套丝板、管钳、台钳、压力钳、链钳、手锤、钢锯、扳手、捌链、电气焊等工具
主要机具设备选用要求	(1)开槽机。 开槽机适用于在混凝土、砖墙面上开出端正、清洁、均匀的沟槽来，以埋设电器的暗配管。开槽机在5 min内能开出1 m的沟槽，操作比较方便，并具有独特的三片开槽锯片。开槽宽度、深度由30 mm至50 mm，长度由20 m至50 m。当切口开启后，可进行简单的敲凿、修整和扩槽。开槽机技术参数见表1—77。 (2)链条管钳。 链条管钳的规格见表1—78。 (3)试压泵。 试压泵有手动(图1—86)和电动(图1—87)两种，主要技术参数见表1—79和表1—80，主要用来进行压力试验。 图1—86　手动试压泵　　　　　　图1—87　弯管制作电动试压泵 使用试压泵应注意下列事项： 1)试压泵应放平稳，其连接管不宜过长。 2)试压用水应洁净，吸水管端部应装带网的底阀；加压时，要待被试压的管道或容器灌满水后进行。 3)在试压泵出口管上接压力表时，压力表下应有缓冲管。 4)用手动泵试压时，手揿速度要均匀，不得猛揿。如装有高低压活塞，用低压活塞打压费力时，应换高压活塞进行加压。 5)当被试的管道或容器的压力达到要求时，应关闭与泵相连的阀门，试验完毕后应排尽试压泵中的水。 6)搬运试压泵时，应将压力表和易损件暂时卸下，运到目的地后重新安装好

续上表

项目	内 容
消防气体灭火系统管道及设备	(1)电动套丝机 参见本章第一节中施工机械要求的相关内容。 (2)砂轮切割机 参见本章第一节中施工机械要求的相关内容。 (3)管钳 管钳规格与特性见表1—81

表1—77　开槽机技术参数

型号	DTC-50		D3L-50
切割宽度(mm)	30、40、50(调节自由)		30、40、50(调节自由)
切割深度(mm)	20、30、40、50(调节自由)		20、30、40、50(调节自由)
电源电流	单箱 220 V、14 A		单箱 220 V、14 A
回转数(r/min)	4 000(无负荷时)		4 000(无负荷时)
体积($L \times W \times H$)(mm)	350×250×300		350×250×300
质量(kg)	10		8
切割速度($W \times L$)(mm×mm)	50×1 000		
混凝土	干切		5 min 12 s
	湿切		3 min 15 s
水泥	干切		3 min 13 s
	湿切		2 min 37 s
碳渣石块	干切		1 min 45 s
	湿切		1 min 22 s
砖	干切		2 min 31 s
	湿切		1 min 51 s

表1—78　链条管钳的规格　　　　　　　　　　　　(单位:mm)

特点及应用范围	规格				示意图
用来安装和拆卸管子和附件。使用时须夹持和旋扭管件。适用于暖、卫、燃气工程	全长	900	1 000	1 200	(a)管钳 (b)链条管钳
	夹持管子外径范围	50～150	50～200	50～250	

表 1-79 手动试压泵主要技术参数

型号	压力（MPa）	流量（mL/次）	型号	压力（MPa）	流量（mL/次）
SB-1.6	1.6	32	SB-10	10	38
SB-2.5	2.5	32	SB-16	16	46
SB-4.0	4.0	32	2SB-25	25	6（高）、40（低）
SB-6.3	6.3	45	2SB-40	40	6（高）、40（低）

表 1-80 电动试压泵主要技术参数

型号	工作压力（MPa）	高压流量（L/h）	电压（V）	电机功率（kW）
4DSB-2.5	2.5	760	380	1.5
4DSB-4.0	4.0	610	380	1.5
4DSB-6.0	6.0	557	380	1.5
4DSB-10	10	507	380	1.5
4DSB-16	16	474	380	1.5
4DSB-25	25	449	380	1.5
4DSB-40	40	450	380	1.5
4DSB-60	60	440	380	1.5
4DSB-80	80	432	380	1.5

表 1-81 管钳规格与特性 （单位：mm）

名称	使用方法及说明									特点及应用范围	示意图
管钳	全长	150	200	250	300	350	450	600	900	1 200	用来安装和拆卸管子和附件。使用时须夹持和旋扭管件。适用于暖、卫、燃气工程	(a)管钳 (b)链条管钳
	夹持管子最大外径	20	25	30	45	45	60	75	85	100		
链条管钳	全长	900			1 000			1 200				
	夹持管子外径范围	50～150			50～200			50～250				

四、施工工艺解析

(1)室内消防管道及设备安装工程工艺解析见表1—82。

表 1—82　室内消防管道及设备安装工程工艺解析

项目		内　容
安装准备		(1)认真熟悉图纸,根据施工方案、技术交底、安全交底的具体措施合理选用材料、安排施工工序,避免工种交叉作业干扰,影响施工。 (2)核对有关专业图纸,查看各种管道的坐标、标高是否有交叉或排列位置不当,及时与设计人员研究解决,办理洽商手续。 (3)按照设计图纸,检查、核对预埋件和预留洞是否准确,将管道坐标、标高位置画线定位。 (4)检查管材、管件、阀门、设备及组件等是否符合设计要求和质量标准。 (5)经预先排列各部位尺寸都能达到设计和技术交底的要求后,方可绘制施工草图,测量尺寸。根据管材及管件的预排尺寸,画好标记,下料,预制加工。 (6)安装喷头前应认真熟悉装修图纸,尤其是吊顶部分,及时与设计人员沟通合理安排,确认喷头的排列、布局及准确的位置
管道安装	管道预制加工、卡架安装	(1)按设计图纸根据施工具体部位情况画出相应的施工草图,包括管道走向、分支、变径、管件、附件、系统组件、预留口位置、预定喷头位置等。 (2)根据施工草图在实际安装的结构位置上做好标记(必须充分考虑管道附件、系统组件、设备等安装位置及尺寸),按标记分段量出实际安装的准确尺寸,详细记录在施工草图上。 (3)按照施工草图上的尺寸进行预制加工,包括断管、取结管子及管件、校对等。加工完成的按管段及部位分组编号,码放在平坦的场地上,管段下面用木方垫平、垫实
	干管安装	(1)根据图纸要求检查确认预留孔洞、预埋套管的坐标、标高。 (2)安装在管道设备层内的干管应根据设计要求做托、吊支架或砌砖墩架设。沟槽式连接的管道应每段均设置管道支吊架,且与沟槽件的距离宜为300 mm,必须部位应设置固定支架。 (3)从总进水口开始,按水流方向将预制加工好的管段按照编号运放至相应的位置上,排列整齐。按照排列顺序依次、逐段吊至规定的标高、位置上,用钢丝等临时支承各管段。 (4)将吊装到位的管段按顺序依次连接牢固,各种管材的连接应符合相应的管材连接的要求。连接牢固、甩口准确、到位、朝向正确,角度合适。 (5)安装完后找正,复核甩口的位置、方向及变径,无误后清除多余辅料,做好防腐处理,所有管口要加好临时封堵。 (6)管道水平安装时,应用0.2%～0.5%的坡度坡向泄水处,且管道坡度均匀。管道翻身处低点应设置泄水装置

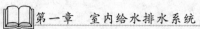

续上表

项目		内　　容
管道 安装	主立管 安装	(1)根据工程现场实际情况,合理安排、重新布置管井内各种管道的排列,按图纸要求检查确认各层预留孔洞、预埋套管的坐标、标高。确定管井内各类管道的安装顺序。 (2)按照确定的顺序,从干管甩口处开始向立管末端顺序安装。各种管材的连接应符合相应的管材连接的要求,连接牢固、甩口准确、到位、朝向正确,角度合适。 (3)立管暗装在竖井内时,在管井内预埋件上安装卡件固定,立管底部的支架要牢固,防止立管下坠。立管明装时每层楼板要预留孔洞,立管可随结构穿入,以减少立管接口。 (4)每层每趟立管从上至下统一吊线安装卡件,高度一致;竖井内立管安装的卡件宜在管井口设置型钢。将预制好的立管按编号方向安装正确。支管甩口均加好临时丝堵。立管阀门安装朝向应便于操作和修理。安装完后用线坠吊直找正,配合土建施工人员堵好楼板洞。 (5)管道的穿墙、穿楼板处均按设计要求加好套管,并做好封堵
	消防喷洒 分层干、 支管安装	(1)先安装分层干管。各管道的分支预留口在吊装前应先预制好,所有预留口均加好临时丝堵,调直后核对预留口位置准确无误后,从立管的甩口处依次、分级进行分层干管、支管吊装。 (2)各级支管起吊后,装配前必须用小线拉线,找正找直预留口的位置,不合适的及时调整。 (3)走廊吊顶内、车库的管道安装要与通风道的位置协调好。 (4)喷洒管道不同管径连接不宜采用补心,应采用异径管箍;弯头上不得用补心,应采用异径弯头。三通上最多用一个补心,四通上最多用两个补心。 (5)喷洒分支水流指示器后不得连接其他用水设施,每路分支均应设置测压装置。 (6)管道穿过建筑物的变形缝时,应设置柔性短管。穿过墙体应加设套管,套管长度不得小于墙体厚度,套管与管道的间隙应采用不燃烧材料填塞密实
	喷头支管 安装	(1)指安装喷头的末端一段支管,这段管不能与分支于管同时顺序完成。 (2)喷头安装在吊顶上的要与吊顶装修同步进行。吊顶龙骨装完,根据吊顶材料厚度定出喷头的预留口标高,按吊顶装修图确定喷头的坐标。使支管预留口做到位置准确。非安装在吊顶上的喷头的支管应用吊线安装,下料必须准确,保证安装后喷头支立管垂直向上或向下,且喷头横竖成线。 (3)喷头管管径一律为 25 mm,末端用 25 mm×15 mm 的异径管箍连接喷头,管箍口应与吊顶装修层平齐,可采用拉网格线的方式下料、安装。支管末端的弯头处 100 mm 以内应加卡件固定,防止喷头与吊顶接触不牢,上下错动。支管安装完毕,管箍口须用丝堵拧紧封堵严密,准确系统试压
室内消火栓安装		应根据设计图纸规定的消火栓箱材质、尺寸大小,栓阀口径,单栓或双栓,有无自救栓,有无消防泵启动按钮;水龙带,水枪口径、材质,暗装箱必须在墙体内预留孔洞,箱门应预留在装饰墙面的外部。不论明装、暗装均须固定牢固,横平竖直。若箱体安装在轻质墙上,应有加固措施。消火栓的标准规格应符合图 1—89～图 1—91 和表 1—83～表1—86 的要求。

续上表

项　目	内　　　容
室内消火栓安装	消火栓安装位置平面坐标应符合设计要求,其箱底标高以栓阀出口中心距地面1.10 m为准,栓阀装在箱门开启的一侧,栓口朝下或与设置消火栓的墙面成90°角。 在交工前,消防水龙带应折好放在挂架上或卷实、盘紧放在箱内,消防水枪要竖放在箱体内侧。水龙带与水枪、快速接头的连接一般用14号钢丝或铜丝绑扎两道,每道不少于两圈,使用卡箍时,在里侧加一道钢丝。同一建筑物内应采用统一规格的消火栓
消防水泵接合器安装	消防水泵接合器应按设计规定的规格($DN100$ mm、$DN150$ mm)、类型(墙壁式、地上式、地下式)进行安装。其安装位置应有明显的标志,附近不能有障碍物。其止回阀应注意水流方向,即水流只能由室外向室内流,不能装反。其安全阀应按系统的工作压力定压,防止消防车加压过高破坏室内管网及部件。 水泵接合器应安装在接近主楼外墙的一侧;附近40 m以内有可取水的室外消火栓或贮水池
高位水箱安装	消防水箱不论是消防水专用,还是与生产生活水合用,都必须确保能够提供10 min消防总用水量,故其容量较大。施工时必须考虑水箱材料的垂直运输问题,现场制作钢板水箱用的钢板、装配式水箱的装配板片必须在建筑结构施工期间进场,利用施工垂直运输机械吊至安装层。水箱制作或组装好后应及时做满水试验。如果水箱接管管头在现场开口焊接,应在水箱上焊加强板。 (1)水箱一般用钢板焊制而成,内外表面进行除锈、防腐处理,要求水箱内的涂料不影响水质。水箱下的垫木刷沥青防腐,垫木的根数、断面尺寸、安装距离必须符合设计规定和要求。 (2)金属水箱的安装是用工字梁或钢筋混凝土支墩支承,安装时中间垫上石棉橡胶板、橡胶板或塑料板等绝缘材料,能抗振和隔声,如图1-88所示。 图1-88　水箱的安装图(单位:mm) (3)水箱底距地面保持不小于400 mm净空,便于检修管道。水箱的容积、安装高度不得乱改。 (4)水箱管网压力进水时,要安装液压水位控制阀或浮球阀。水箱出水管上应安装内螺纹(小口径)或法兰(大口径)闸阀,不允许安装阻力大的截止阀。止回阀要采用阻力小的旋启式止回阀,标高且应低于水箱最低水位1 m。生活和消防合用时,消防出水管上止回

图中文字:钢制水管　绝缘垫片　>400

续上表

项目	内　容
高位水箱安装	阀应低于生活出水虹吸管顶 2 m。如图1—92、图1—93所示。为了防止消防泵启动时，水由消防出水管进入水箱，必须在水箱消防出水管上安装止回阀。 （5）泄水管从水箱最低处接出，可与溢水管相接，但不能与排水系统直接连接。溢水管安装时不得安装阀门，不得直接与排水系统相接。不得在通气管上安装阀门和水封。液位计一般在水箱侧壁上安装。一个液位计长度不够时，可上下安装 2～3 个，安装时应错位垂直安装，其错位尺寸如图1—94所示。管道安装全部完成后，进行试压、冲洗。合格后方能进行消火栓配件安装
报警阀组安装	报警阀及其组件应在交工前进行。其组件应包括控制阀、水力警铃、系统检验装置、压力表及水流指标器、压力开关等辅助电动报警装置。报警阀宜设在明显地点，且便于操作，距离地面高度宜为 1 m。水力警铃宜装在报警阀附近，与其报警阀的连接管道应采用镀锌钢管，长度不大于 6 m 时，管径为 DN15 mm；大于 6 m 时，管径为 DN20 mm，但最大长度不应大于 20 m，其上宜设置过滤器。 先安装水源总控制阀门、报警阀，再进行报警阀辅助管道及其他组件安装。 （1）总控制阀安装。安装前检查其规格、型号应符合设计，检验阀件的严密性，且有明显开闭标志、水流方向标志。应清理干净阀件内外污垢，阀内应清洁无堵塞，不渗漏。再根据阀门水流方向的标志、安装位置、接口方式、标高，按本工艺标准连接工艺进行组装、连接。当采用螺纹连接时，用聚四氟乙烯生料带作填料；法兰盘连接时，用 2.5～4.2 MPa 压力法兰盘（由设计定）。当用凸凹法兰时，采用 δ=1.6 mm 的金属片作为垫片。自动喷水灭火系统中的阀件均参照此工艺进行。总控制阀上应加设启闭指示标志装置和可靠锁定设施。隐蔽安装主控制阀时，应有指示标志。 （2）湿式报警阀组安装如图1—95所示。湿式报警阀组的安装应符合下列要求。 1）报警阀安装在明显且易于操作的位置上，距地面高度宜为 1.2 m，确保两侧距墙不小于 0.5 m，正面距墙不小于 1.2 m。在 0.8～1.5 m 范围内必须没有冰冻，易于管理维护，地面应有排水装置。警铃安装在报警阀附近。 2）报警阀安装前应逐个进行渗漏试验，试验压力为 2 倍工作压力，即 $P_s=2P$，试压时间为 5 min，阀瓣处无渗漏为合格，方可进行安装。安装完水源控制阀后，安装报警阀再与配水总干管进行连接，其安装后水流方向必须一致。 3）水力警铃安装在报警阀附近，尽量选择公共通道或值班室附近的墙上并应安装检修和测试用的阀门。连接水力警铃与报警阀之间的管道采用镀锌钢管，螺纹连接，用聚四氟乙烯生料带作填料。当连接管的长度不超过 6 m 时，管径 DN 为 15 mm，超过 6 m 时，DN 为 20 mm。连接水力警铃的总长度不得超过 20 m。应设置延迟器，安装在报警阀与水力警铃之间的信号管路上，以防止供水压力的波动，产生水锤及管网漏失时，少量压力从报警通道流出，造成警铃的误动作。水力警铃的启动压力不应小于 4.9×10^4 Pa。 （3）干式报警阀的安装。如图1—96所示。干式报警阀的安装应满足以下要求。 1）干式报警阀组应安装在不发生冰冻的场所。 2）安装完成后，应向报警阀气室注入高度为 50～100 mm 的清水。 3）充气连接管接口应在报警阀气室充注水位以上部位，充气连接管的直径不应小于 15 mm；止回阀、截止阀应安装在充气连接管上。

项目	内　　容
报警阀组安装	4)气源设备的安装应符合设计要求和国家现行有关标准的规定。 5)安全排气阀应安装在气源与报警阀之间,且应靠近报警阀。 6)加速排气装置应安装在靠近报警阀的位置,且应有防止水进入加速排气装置的措施。 7)低压预报警装置应安装在配水干管一侧。 8)下列部位应安装压力表:报警阀充水一侧;空气压缩机的气泵和储气罐上;加速排气装置上
喷洒头安装	喷洒头的规格、类型、动作温度必须符合设计要求。厨房或其他温度高的房间内的喷头动作温度要高于一般房间的喷头,不能装错。 喷头有开式喷头、闭式喷头和特殊喷头三大类,常用的有悬壁支撑型易熔元件闭式喷头、玻璃球洒水喷头、开式雨淋式喷头。其中闭式喷头用于湿式、干式、预作用式三种系统中。 (1)喷头安装必须在管道系统试压、冲洗合格后方可进行。 (2)喷头的连接短管在闭式喷头系统中管径 $DN=25$ mm,在开式喷头连接中 $DN=32$ mm。与喷头连接一律采用异径管箍(同心大小头)。 (3)安装喷头不得对喷头进行拆装、改动,不准给喷头加任何涂抹层。 (4)安装过程中用的三通、四通、弯头要采用专用件,弯头安装后须在其两侧设支吊架。 (5)标准喷头及边墙型喷头安装间距、喷头与梁边距离应符合表1—87、表1—88、表1—89的规定。 (6)喷头溅水盘与吊顶、楼板、屋面板的距离不宜小于75 mm,不宜大于150 mm,如图1—97、图1—98所示。当楼板、屋面板耐火极限不小于0.5 h的难燃烧体,其距离不大于300 mm。吊顶型喷头不受此限。吊顶处喷淋头必须成排成行,排列整齐,护口盘要贴紧吊顶。 (7)在门窗洞口安装喷头时,喷头距洞口上表面的距离不大于150 mm;距墙面距离宜在75~150 mm之间。 (8)在吊顶、屋面板、楼板下安装边墙型喷头时,其两侧1 m范围内和墙面垂直方向2 m范围内,均不应设有障碍物。 (9)喷头距吊顶、楼板、屋面板的距离应在50~100 mm之间,距边墙的距离应在50~100 mm之间。 (10)安装喷头应用厂家供给的专用扳手或自制扳手。严禁利用喷头的框架拧紧喷头。 (11)螺纹填实料宜采用聚四氟乙烯带,防止污染吊顶,喷洒头安装应注意朝向被保护对象。 (12)若设计图未标明喷洒头为普通型和边墙型时,应按下列原则确定。 宽度不大于3.6 m的房间,可沿房间长向布置一排喷头;宽度介于3.6~7.2 m的房间,应沿房间长向的两侧各布置一排边墙型喷头;宽度大于7.2 m的房间,除两侧各布置一排边墙型喷头外,还应在房间中间布置标准喷头。 水幕喷洒头安装应注意朝向被保护的对象,在同一配水管上应安装相同口径的水幕喷洒头

项　目	内　　容
其他装置安装	（1）信号阀安装在水流指示器前的管道上，信号阀与水流指示器的间距不小于300 mm，信号阀是在蝶阀、闸阀、球阀上加设电气信号装置而组成，阀门开关由导线引至消防中心进行电气信号显示。 （2）排气阀应在系统试压和冲洗合格后安装，安装在配水干管顶部，配水干支管的末端。 （3）减压孔板安在管道内水流转弯处下游一侧直管段上，且与转弯处的距离不小于 $2DN$。 （4）压力开关应竖直安装在通往水力警铃的管道上，不得在安装中拆卸改动。 （5）延迟器应安装在报警阀与水力警铃之间的信号管路上，防止水压波动造成警铃误动作。 （6）试验阀安装。采用闭式喷头时，喷头出水时不能做试验，在每个设有水流检测装置配管中，在距检测装置最远的位置上安装末端试验阀。通过末端试验阀放水由排水漏斗（管）排走。同时可检查装置是否在正常状态下动作，还能试验出水压力，如图1—97所示。 在试验阀组装中，其前方安设压力表，其后安装试验放水口，一般将末端接在排水管上。 （7）有多层喷水管网时，低层喷头的流量大于高层喷头的流量，造成不必要的浪费，采用减压孔板或节流管等措施，如图1—98所示。 安装减压孔板时，要安在公称直径 $DN \geqslant 50$ mm 的水平管道上，减压板孔口直径不小于安装管段直径的 50%；孔板安装在水流转弯处下游一侧的直管段上，距转弯处不小于安装管段 $2DN$，若安装节流管，则节流管内流速不超过 20 m/s，节流管长度不小于 1 m。 （8）水流指示器安装 一般安装在每层的水平配水干管上。应水平安装，以保证叶片活动灵敏，水流指示器前后应保持有 5 倍安装管长长度的直管段，安装时应注意水流方向与指示器的箭头一致。国产水流指示器可直接安装在螺纹三通上，进口产品可在干管开口用定型卡箍紧固，如图1—99所示
系统试验与验收	（1）管道系统强度及严密性试验（水压试验）可分层、分区、分段进行。埋地、吊顶内、保温等暗装管道在隐蔽前应做好单项水压试验。管道系统安装完后进行综合水压试验。 （2）向管道内进水时最高点要有排气装置。试验部位的最高、最低点应各装一块压力表，精度不应低于 1.5 级，量程应为试验压力值的 1.5～2 倍。上满水后检查管路有无渗漏，如有法兰、阀门、卡箍等处渗漏，应在加压前紧固；升压后出现渗漏的部位应做好标记，在卸压后处理，必要时泄水处理。冬季试压环境温度不宜低于 5℃，且水压试验时应采取防冻措施；夏季试压最好不直接用外线上水防止结露。 （3）有吊顶的部位的自动喷洒灭火系统应在封吊顶前进行系统试压，为了不影响吊顶装修进度可分层分段试压，试压完后冲洗管道，合格后可封闭吊顶。封闭吊顶时应把吊顶材料在管箍口处开一个 30 mm 的孔，把预留口露出，吊顶装修完后把丝堵卸下安装喷头。试压合格后及时办理验收手续。

续上表

项 目	内　　　容
系统试验与验收	(4)试验要求。 1)消火栓系统干、立、支管道的水压试验应按设计要求进行,可执行给水系统金属管道的要求。当设计无要求时消火栓系统试验宜符合试验压力为1.4 MPa,稳压时间2 h管道及连接点应无泄漏的要求。 2)自动喷洒灭火系统强度水压试验要求:当系统设计工作压力等于或小于1.0 MPa时,水压试验压力为设计工作压力的1.5倍,并不应低于1.4 MPa;当系统设计工作压力大于1.0 MPa时,水压试验压力为设计工作压力加0.4 MPa。当系统试验达到试验压力后,稳压30 min,压力降不大于0.05 MPa,目测管网应无泄漏和变形。 3)自动喷水灭火系统水压严密性试验要求:水压严密性试验应在水压强度试验和管网冲洗合格后进行。试验压力应为设计工作压力,稳定24 h,无渗漏为合格。 4)自动喷水灭火系统气压试验要求:对于干式喷水灭火系统、预作用喷水灭火系统,准工作状态下,报警阀后充满有压气体时还应作气压试验,介质宜采用空气或氮气。试验压力应为0.28 MPa,且稳压24 h,压力降不大于0.01 MPa,管道接口无渗漏为合格。 (5)管道冲洗。管道系统试压完毕后安装喷头前应对管网进行冲洗,冲洗可与试压连续进行。冲洗的水流流速、流量不应小于系统设计流速、流量。管网冲洗应连续进行,冲洗前先将系统中的流量减压孔板、过滤装置拆除,冲洗水质合格后重新装好,冲洗出的水要有排放去向,不得损坏其他成品。 (6)室内消火栓系统安装完好后应取屋顶层(或水箱间内)试验消火栓(一处)和首层取二处消火栓做实地试射试验,栓口压力、充实水柱、水枪喷射距离等均达到设计要求为合格。 (7)水泵单机试运转以及水箱严密性等试验要求水泵应接通电源并已试运转,测试最不利点的喷头和消火栓的压力和流量能满足设计要求。 1)消火栓系统调试应具备下列条件。 ①消防水池、消防水箱已贮备有设计水量。 ②系统供电正常;消防给水设备单机试车已完毕并符合设计要求。 ③消火栓系统管网内已充满水;压力符合设计要求;全部系统部件均无泄漏现象。与系统配套的火灾自动报警装置处于准工作状态。 2)系统调试内容与要求。 ①水源测试。 检查和核实消防水池的水位高度、蓄水量以及按设计要求核实水泵接合器的数量和水源供水能力,并通过移动式消防泵或消防车做供水试验进行验证。 ②排水装置试验。 全开排水装置的主排水阀,按系统最大设计喷水量作排水试验,并使压力达到稳定;整个试验过程中,从系统放出来的水,应全部通过室内排水系统排水,不得造成其他水体污染。 ③消防水泵测试。 分别用自动和手动方式启动消防水泵,消防水泵应在5 min内投入运行,电源切换时消防水泵应在1.5 min内投入正常运行。模拟设计要求的稳压泵启动、停止条件,当压力不足时稳压泵立即启动,并正常运行至系统设计压力时,稳压泵自动停止。

项目	内　容
系统试验与验收	④报警阀调试。 a. 湿式报警阀。 开启试水装置阀门放水,报警阀及时动作,同时水力警铃发出报警信号,水流指示器输出电信号,压力开关接通电力报警,及时反映在消防控制室,并立即启动相应消防水泵。 b. 干式报警阀。 开启系统试验阀门,检查并核实报警阀的启动时间、启动压力、水流到试验装置出口所需时间均应满足设计要求。当管网空气压力下降至供水压力的12.5%以下时,试水装置连续出水,水力警铃发出报警信号。 ⑤消火栓系统调试。 消火栓(箱)设置位置应符合消防验收要求,标志明显,消火栓水龙带取用方便,消火栓开启灵活无渗漏。开启消火栓系统最高点与最低点的消火栓,进行消火栓喷射试验,当消火栓口喷水时,信号能及时传送至消防中心并启动系统水泵,消火栓栓口压力不大于0.5 MPa,水枪的充实水柱应符合设计及验收规范要求。且按下消防按钮后消防水泵准确动作。 ⑥喷洒系统调试。 启动最不利点的一支喷头或打开末端试水装置处阀门以0.94~1.5 L/s的流量放水,水流指示器、压力开关、水力警铃和消防水泵等及时动作,并发出准确的信号

表 1-83　消火栓箱尺寸表(一)　　　　　　　　(单位:mm)

消火栓箱型尺寸 $L \times H$	650×800	700×1 100	1 100×700
E	50	50	250

表 1-84　消火栓箱材料表(一)

序号	箱厚 C（mm）	支承角钢			螺栓		
		规格(mm)	件数	质量(kg)	规格(mm)	件数/套	质量(kg)
1	200	∟40×4 l=460	2	2.03	M6 长100	5	0.14
2	240	∟50×5 l=460	2	3.47	M6 长100	5	0.14
3	320	∟50×5 l=540	2	4.01	M8 长100	5	0.30

注:表1-83、表1-84对应于图1-89。

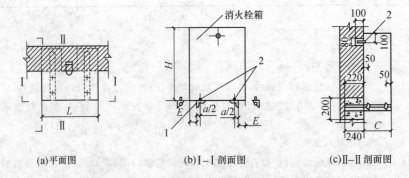

(a)平面图   (b)Ⅰ—Ⅰ剖面图   (c)Ⅱ—Ⅱ剖面图

图1—89   明装于砖墙上的消火栓箱安装固定图(单位:mm)

注:砖墙留洞或凿孔处用C15混凝土堵塞。

1—支承角钢;2—螺栓

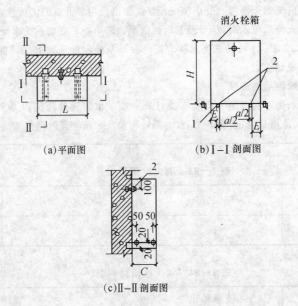

(a)平面图   (b)Ⅰ—Ⅰ剖面图

(c)Ⅱ—Ⅱ剖面图

图1—90   明装于混凝土墙、柱上的消火栓箱安装固定图(单位:mm)

注:1. 预埋件由设计确定;2. 预埋螺栓也可用M6规格YG型胀锚螺栓,由设计确定

1—支承角钢;2—螺栓

表1—85   消火栓箱尺寸表(二)   (单位:mm)

消火栓箱型尺寸 $L \times H$	E(螺栓孔中心与消火栓箱壁间距)
650×800	50
700×1 100	50
1 100×700	250

表 1—86　消火栓箱材料表(二)

序号	箱厚 C(mm)	螺栓		
		规格(mm)	件数(套)	质量(kg)
1	200	M6 长 100	4	0.11
2	240	M8 长 100	4	0.21
3	320	M8 长 100	4	0.24

注:表 1—85、表 1—86 对应于图 1—91。

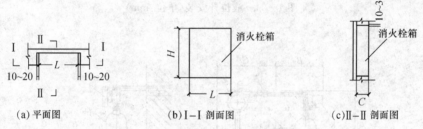

(a)平面图　　　　　(b)Ⅰ-Ⅰ剖面图　　　　　(c)Ⅱ-Ⅱ剖面图

图 1—91　暗装于砖墙上的消火栓箱安装固定图(单位:mm)

注:箱体与墙体间应用楔子填塞,使箱体稳固后再用 M5 水泥砂浆填充抹干

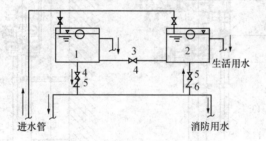

图 1—92　两个水箱储存消防水用的闸门布置

1、2—生活、生产、消防合用水箱;

3—连通管;4—常开阀门;5—止回阀

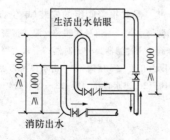

图 1—93　消防和生活合用水箱(单位:mm)

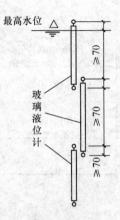

图 1—94 液位计安装(单位:mm)

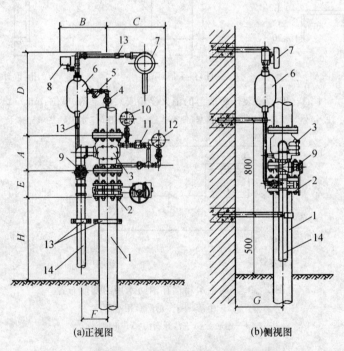

图 1—95 湿式报警阀组的安装(单位:mm)

1—消防给水管;2—信号蝶阀;3—湿式报警阀;

4—球阀;5—过滤器;6—延时器;7—水力警铃;

8—压力开关;9—球阀;10—出水口压力表;

11—止回阀;12—进水口压力表;13—管卡;14—排水法

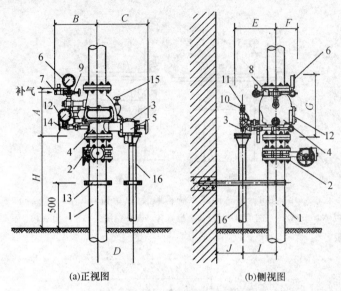

(a)正视图   (b)侧视图

图 1—96 干式报警阀的安装

1—消防给水管;2—信号蝶阀;3—自动滴水阀;4—干式报警阀;5—主排水阀;6—气压表;

7—补气接口;8—止回阀;9—补气截止阀;10—水力警铃接口;11—压力开关接口;

12—压力表;13—立式管卡;14—排水阀;15—复位按钮;16—排水管

表 1—87 标准喷头的间距   (单位:m)

建、构筑物危险等级分类		喷头最大水平间距	喷头与墙、柱面最大间距
严重危险级	生产建筑物	2.8	1.4
	储存建筑物	2.3	1.1
中危险级		3.6	1.8
轻危险级		4.6	2.3

表 1—88 边墙型喷头的间距   (单位:m)

建筑物危险等级	喷头最大间距
中危险级	3.6
轻危险级	4.6

表 1—89 喷头与梁边距离   (单位:mm)

喷头与梁边距离 a	喷头向上安装 b_1	喷头向下安装 b_2	喷头与梁边距离 a	喷头向上安装 b_1	喷头向下安装 b_2
200	17	40	120	135	460
400	34	100	140	200	460
600	51	200	160	265	460
800	68	300	180	340	460
1 000	92	410			

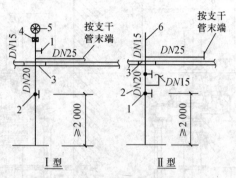

图 1-97 闭式系统检验装置(单位:mm)

1—阀门(DN15 mm);2—阀门(DN20);3—检修孔;4—自锁接头;5—压力表;6—手动跑风门

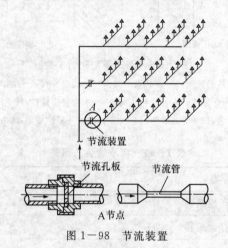

图 1-98 节流装置

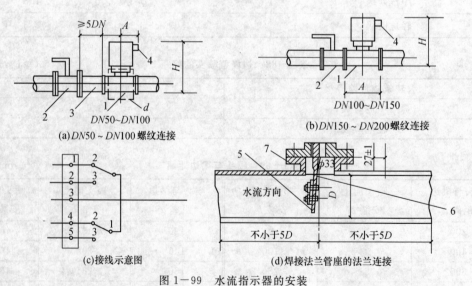

(a)DN50~DN100螺纹连接

(b)DN150~DN200螺纹连接

(c)接线示意图

(d)焊接法兰管座的法兰连接

图 1-99 水流指示器的安装

1—水流指示器;2—蝶阀;3—短管;4—接线柱;5—叶片;6—叶片杆;7—法兰管座

（2）室内消防气体灭火系统管道及设备安装施工工艺解析见表1-90。

表1-90　室内消防气体灭火系统管道及设备安装施工工艺解析

项目	内　容
施工前准备	（1）一般规定。 1）气体灭火系统施工前应具备下列技术资料。 ①设计施工图、设计说明书、系统及其主要组件的使用、维护说明书。 ②系统中采用的不能复验的产品,如安全膜片,必须有生产厂出具的同批产品检验报告与合格证。 ③国家质量监督检验测试中心出具的容器阀、单向阀、喷嘴和阀驱（启）动装置等主要组件的检验报告和产品出厂合格证,灭火剂输送管道及管道附件的出厂检验报告与合格证。 2）气体灭火系统的施工应具备下列条件。 ①系统组件与主要材料齐全,其品种、规格、型号和质量符合设计要求。 ②防护区和灭火剂贮瓶间设置条件与设计相符。 ③系统所需的预埋件和孔洞符合设计要求。 （2）系统组件检查。 1）气体灭火系统施工前应对灭火剂储存容器、容器阀、液体单向阀、选择阀、喷嘴和阀驱（启）动装置等系统组件进行检查。 ①组件外露非机械加工表面保护涂层完好。 ②系统组件无碰撞变形及其他机械性损伤。 ③组件所有外露接口均设有防护堵、盖,且封闭良好,接口螺纹和法兰密封面无损伤。 ④铭牌清晰,内容符合现行国家有关气体灭火系统设计规范的规定和设计要求。 ⑤保护同一防护区的灭火剂储存容器的高度相差不宜超过20 mm。 ⑥气动驱（启）动装置的气体储存容器规格尺寸应一致,容器高度相差不宜超过10 mm。 2）系统安装前应检查灭火剂储存容器内的灭火剂充装量与充装压力,且应符合下列规定。 ①储存容器内灭火剂充装量不应小于设计充装量,且不得超过设计充装量的1.5%。 ②卤代烷灭火系统储存容器内的实际压力不应低于相应温度下的储存压力,且不应超过该储存压力的5%。 按表1-91和表1-92确定不同温度下卤代烷灭火剂的储存压力。 注:本节中未注明的压力均指表压。 ③二氧化碳灭火系统储存容器的充装率应为0.6～0.67 kg/L;当储存容器工作压力不小于20 MPa时,其充装率可为0.75 kg/L。按表1-93确定不同温度下二氧化碳灭火剂的储存压力。 3）系统安装前应对选择阀、液体单向阀、高压软管和阀驱（启）动装置中的气体单向阀逐个进行水压强度试验和气压严密性试验。 ①水压强度试验压力为组件的设计工作压力的1.5倍,气压严密性试验压力为组件的设计工作压力。 ②进行水压强度试验时,水温不应低于5℃,达到试验压力后稳压不少于1 min,目测应无变形。

项目	内　　容
施工前准备	③气压严密性试验应在水压强度试验后进行。试验介质可采用空气或氮气。试验时宜将被试组件放入水槽中,达到试验压力后,稳压不少于 5 min,应无气泡产生。 ④组件试验合格后,应及时烘干,并封闭所有外露接口。 4)系统安装前应检查阀驱(启)动装置的下列项目。 ①检查电磁驱(启)动器的电源电压应符合系统设计要求。通电检查电磁铁芯,其行程应能满足系统启动要求,且动作灵活无卡阻现象。 ②检查气动驱(启)动装置,储存容器内气体压力不应低于设计压力,且不得超过设计压力的 5%。 储存容器内气体压力不应低于设计压力,且不得超过设计压力的 5%。 ③气动驱(启)动装置中的单向阀芯应启闭灵活,无卡阻现象
管道安装	管道安装一般包括主干管、支干管、支立管、分支管、集合管、导向管安装。安装时,由主管道开始,其他分支可依次进行。气体灭火安装示意系统如图 1—100 所示。 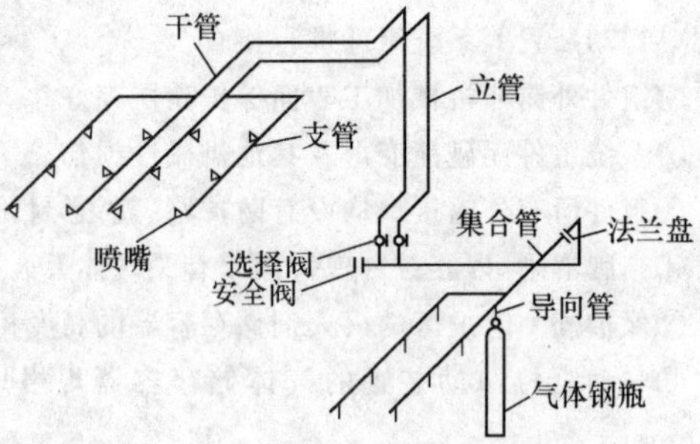 图 1—100　气体灭火系统安装示意 (1)干管安装。 1)将预制加工好的管道按环路核对编号、运到安装地点,按编号顺序散开放置就位。确定干管的位置、标高、坡度、管径及变径等,按照尺寸安装好支、吊架。 2)架设连接管道和管件可先在地面组装一部分,长度以便于吊装为宜。起吊后,轻落在支、吊架上,可用钢丝临时固定。 3)采用焊接的管道、管件,可全部吊装完毕后,再焊接,但焊口位置应在地面组装时就安排好,选定适当部位,以便焊工操作。正确地采用坡口角度及管子与管子连接,不能有错位焊接。 4)焊接后的管道应进行二次镀锌处理。管道预排列时应充分的考虑到管道进行二次镀锌时管道的拆卸,在合适的位置上设置可拆卸的连接方式。管道焊接连接完毕,对管道按照连接顺序进行编号,并在管道的确定位置上打上不会被磨灭掉的标识,按顺序拆卸后进行二次镀锌处理;然后按照编号进行二次安装,安装位置应与一次安装时一致。 5)采用螺纹连接管道、管件时,吊到支、吊架上后,螺纹上缠好连接填料,应采用封闭性能好的聚四氟乙烯带,不能用麻丝做填料。一切就绪后即可上紧管道。

项目	内　容
管道安装	6)法兰垫料采用耐热石棉,切忌采用高压橡胶垫,因为橡胶垫容易膨胀导致漏气。 7)干管安装后,还应拨正调直,从管端看过去,整根管道应在一条直线上。用水平尺在管段上复验,防止局部管段有"下垂"或"拱起"等现象。除去临时钢丝,紧固卡件。 (2)立、支管安装。 1)干管安装后即可准备安装立管。先检查各层预留孔、洞是否垂直位置是否合适。管道就位,进入预定地点,两管口对准,用线坠吊挂在立管一定高度上,找直、找正,并用电焊点固,复核后,方可施焊。 2)立管安装后,准备安装支管,因支管一般成排,安装时须先拉出位置线,以保证安装质量。 3)管道在各段局部安装后,按要求分段试压,及时办理验收手续。在焊口及接合部做防腐处理,使其做法符合设计图纸要求。 (3)安装后管道防护与保养。 1)埋设在混凝土墙内的管道,必须根据设计要求施工,须在埋设部位卷上聚乙烯胶带或同类产品。 2)在防火区域内,管道所穿过的间隙应填上不燃性材料,并考虑必要的伸缩,充分填实
系统设备与 配件安装	(1)设备支架安装 1)按照设计图纸要求,进行设备支架组装,组装时注意按照图纸顺序编号进行安装,安装后应再矫正。 2)各部件的组装应使用配套附件螺栓、螺母、垫圈、U形卡等,注意不要组装错位。外露螺栓长度为其直径的1/2为宜。 3)储藏容器支架组装完,经复核符合设计图纸要求后,用四根膨胀螺栓固定在储藏容器室的地面上。 (2)集合管及配管件、选择阀安装 1)集合管及配管件安装(图1—101)。 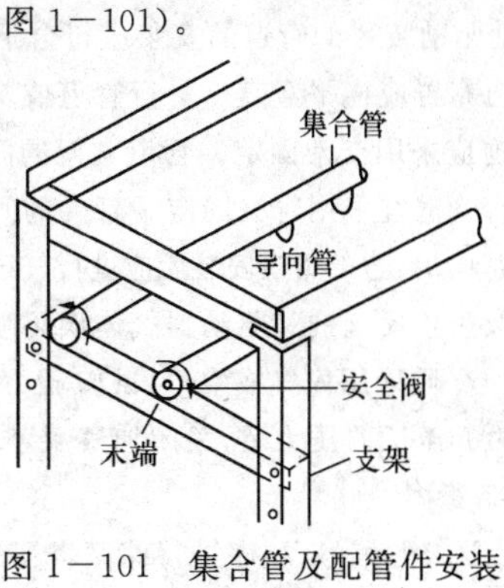 图1—101　集合管及配管件安装 ①把集合管设置在支架上面,将固定螺栓临时拧紧。连接口(导向管)垂直向下,将容器连接管安装后,使其扭曲度不产生附加应力,把所定方向调整到符合要求后,固定拧紧即可。 ②集合管是气体灭火剂汇集后,再输送到支路管中去的设备,应采用厚壁镀锌无缝钢管,其末端安装有安全阀,将其用螺栓固定在支架上。

项　目	内　　容
系统设备与配件安装	③导向管的两端是螺纹接头。先把紧固侧安装在集合管的位置上,然后把活动侧安装在储藏容器的配管件上。 ④连接软管是用钢丝编织而成。单向阀可防止管路中的灭火溶剂回流。多个储藏容器系统的容器阀与集合管之间应用软管和单向阀连接,软管可调整安装误差、减轻喷雾时的冲击力。 2)选择阀安装。 ①选择阀在手动开放杆上部,安装在容易用手操作的位置上。 ②一般选择阀为法兰连接。垫料采用耐热石棉,应使法兰上的螺栓孔与水平或垂直中心线对称分布。安装螺栓时注意对角拧固。安装后用直角尺和塞尺检查其垂直度及间隙数值。 ③选择阀平常处于关闭状态,当某一防护区域失火时。灭火控制器发出喷雾指令,此时通向该区域管网上的选择阀打开,向指令失火区域内喷雾。 3)阀驱动装置安装。 ①电磁驱动装置的电气连接线应沿固定灭火剂储存容器的支、框架或墙面固定。 ②拉索式的手动驱动装置的安装应符合下列规定。 a.拉索除必须外露部分外,采用经内外防腐处理的钢管防护。 b.拉索转弯处采用专用导向滑轮。 c.拉索末端拉手应设在专用的保护盒内。拉索套管和保护盒必须固定牢靠。 ③安装以物体重力为驱动力的机械驱动装置时,应保证重物在下落行程中无阻挡,其行程应超过阀开启所需行程 250 mm。 ④气动驱动装置的安装应符合下列规定。 a.驱动气瓶的支、框架和箱体应固定牢固,且应做防腐处理。 b.驱动气瓶正面应标明驱动介质的名称和对应防护区名称的编号。 ⑤气动驱动装置的管道的安装应符合下列要求。 a.管道布置应横平竖直。平行管道或交叉管道之间的间距应保持一致。 b.管道应采用支架固定。管道支架的间距不宜大于 0.6 m。 c.平行管道宜采用管夹固定。管夹的间距不宜大于 0.6 m,转弯处应增设一个管夹。 ⑥气动驱动装置的管道安装后应进行气压严密性试验。严密性试验应符合下列规定。 a.采取防止灭火剂和驱动器气体误码喷射的可靠措施。 b.加压介质采用氮气或空气,试验压力不低于驱动气体的储存压力。 c.压力升至试验压力后,关闭加气源,5 min 内被试管道的压力应无变化。 (3)设备稳固 按设计要求的编号、顺序进行储藏容器的稳固。安装时注意底盘不要发生弯曲下垂。安装容器框架拧紧地脚螺栓后,把储藏容器放入容器框架内,并用容器箍固定。 (4)装配设备附件及压力开关 首先将启动装置箱固定在框架上,拧紧螺栓,复核正直后,将小氮气瓶(启动气瓶)稳装在箱内的铁皮套里,再将压力开关固定在箱体内的正确位置上,如图 1—102 所示。 (5)喷嘴安装 1)安装时应根据设计图纸要求,对号入座,不得任意调换,装错。以免影响安装质量。

续上表

项目	内 容
系统设备与 配件安装	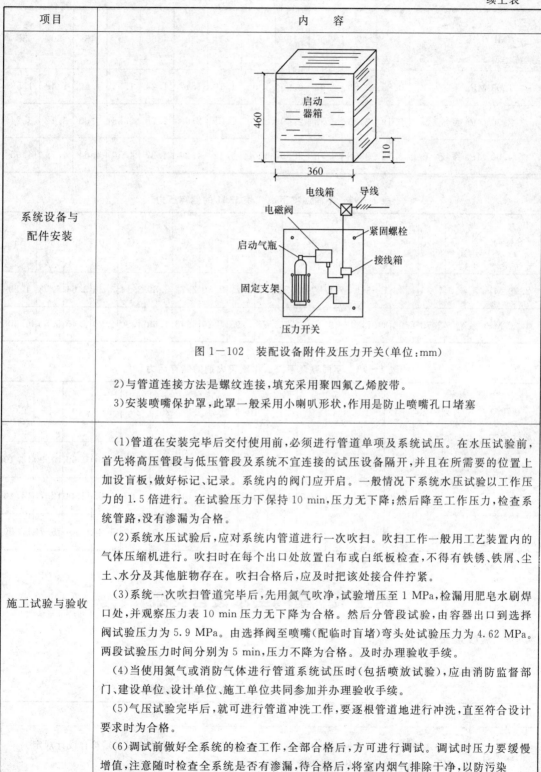 图1-102 装配设备附件及压力开关(单位:mm) 2)与管道连接方法是螺纹连接,填充采用聚四氟乙烯胶带。 3)安装喷嘴保护罩,此罩一般采用小喇叭形状,作用是防止喷嘴孔口堵塞
施工试验与验收	(1)管道在安装完毕后交付使用前,必须进行管道单项及系统试压。在水压试验前,首先将高压管段与低压管段及系统不宜连接的试压设备隔开,并且在所需要的位置上加设盲板,做好标记、记录。系统内的阀门应开启。一般情况下系统水压试验以工作压力的1.5倍进行。在试验压力下保持10 min,压力无下降;然后降至工作压力,检查系统管路,没有渗漏为合格。 (2)系统水压试验后,应对系统内管道进行一次吹扫。吹扫工作一般用工艺装置内的气体压缩机进行。吹扫在每个出口处放置白布或白纸板检查,不得有铁锈、铁屑、尘土、水分及其他脏物存在。吹扫合格后,应及时把该处接合件拧紧。 (3)系统一次吹扫管道完毕后,先用氮气吹净,试验增压至1 MPa,检漏用肥皂水刷焊口处,并观察压力表10 min压力无下降为合格。然后分管段试验,由容器出口到选择阀试验压力为5.9 MPa。由选择阀至喷嘴(配临时盲堵)弯头处试验压力为4.62 MPa。两段试验压力时间分别为5 min,压力不降为合格。及时办理验收手续。 (4)当使用氮气或消防气体进行管道系统试压时(包括喷放试验),应由消防监督部门、建设单位、设计单位、施工单位共同参加并办理验收手续。 (5)气压试验完毕后,就可进行管道冲洗工作,要逐根管道地进行冲洗,直至符合设计要求时为合格。 (6)调试前做好全系统的检查工作,全部合格后,方可进行调试。调试时压力要缓慢增值,注意随时检查全系统是否有渗漏,待合格后,将室内烟气排除干净,以防污染

表 1－91　不同温度下卤代烷 1211 的储存压力

压力(MPa) ＼ 温度(℃) 系统类型	0	5	10	15	20	25	30	35	40	45	50	55
1.05 MPa 系统	0.85	0.89	0.93	0.99	1.05	1.10	1.17	1.24	1.32	1.40	1.49	1.59
2.50 MPa 系统	2.19	2.26	2.33	2.40	2.50	2.58	2.68	2.78	2.88	3.00	3.12	3.24
4.00 MPa 系统	3.58	3.68	3.78	3.89	4.00	4.12	4.24	4.37	4.50	4.64	4.79	4.95

表 1－92　不同温度下卤代烷 1301 的储存压力

压力(MPa) ＼ 温度(℃) 系统类型	－20	－15	－10	－5	0	5	10	15	20	25	30	35	40	45	50	55
2.50 MPa 系统	1.32	1.43	1.55	1.67	1.80	1.93	2.11	2.29	2.50	2.72	2.89	3.14	3.36	3.64	3.93	4.29
4.20 MPa 系统	2.70	2.90	3.07	3.20	3.35	3.55	3.75	3.95	4.20	4.43	4.65	4.90	5.20	5.45	5.80	6.30

表 1－93　不同温度下二氧化碳灭火剂的储存压力

压力(MPa) ＼ 温度(℃) 系统类型	－20	－15	－10	－5	0	5	10	15	20	25	30	35	40	45	50
0.60										6.40	7.30	8.40	9.60	10.90	12.10
0.67	1.90	2.20	2.70	3.00	3.40	3.90	4.50	5.00	5.70	6.40	7.60	9.40	11.00	12.70	14.40
0.75										7.10	9.90	11.40	13.50	15.70	17.90

第三节　室内给水设备安装

一、验收条文

(1)室内给水设备安装工程施工质量验收标准见表 1－94。

表 1－94　室内给水设备安装工程施工质量验收标准

项目	内　容
主控项目	(1)水泵就位前的基础混凝土强度、坐标、标高、尺寸和螺栓孔位置必须符合设计规定。 检验方法:对照图纸用仪器和尺量检查。

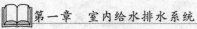

续上表

项目	内 容
主控项目	(2)水泵试运转的轴承温升必须符合设备说明书的规定。 检验方法:温度计实测检查。 (3)敞口水箱的满水试验和密闭水箱(罐)的水压试验必须符合设计与本规范的规定。 检验方法:满水试验静置 24 h 观察,不渗不漏;水压试验在试验压力下 10 min 压力不降,不渗不漏
一般项目	(1)水箱支架或底座安装,其尺寸及位置应符合设计规定,埋设平整牢固。 检验方法:对照图纸,尺量检查。 (2)水箱溢流管和泄放管应设置在排水地点附近但不得与排水管直接连接。 检验方法:观察检查。 (3)立式水泵的减振装置不应采用弹簧减振器。 检验方法:观察检查。 (3)室内给水设备安装的允许偏差应符合表 1—95 的规定。 (4)管道及设备保温层的厚度和平整度的允许偏差应符合表 1—96 的规定

(2)室内给水设备安装的允许偏差和检验方法见表 1—95。

表 1—95　室内给水设备安装的允许偏差和检验方法

项次	项目			允许偏差(mm)	检验方法
1	静置设备	坐标		15	经纬仪或拉线、尺量
		标高		±5	用水准仪、拉线和尺量检查
		垂直度(每米)		5	吊线和尺量检查
2	离心式水泵	立式泵体垂直度(每米)		0.1	水平尺和塞尺检查
		卧式泵体水平度(每米)		0.1	水平尺和塞尺检查
		联轴器同心度	轴向倾斜(每米)	0.8	在联轴器互相垂直的四个位置上用水准仪、百分表或测微螺钉和塞尺检查
			径向位移	0.1	

(3)管道及设备保温层的允许偏差和检验方法见表 1—96。

表 1—96　管道及设备保温层的允许偏差和检验方法

项次	项目		允许偏差(mm)	检验方法
1	厚度		$+0.1\delta$ -0.05δ	用钢针刺入
2	表面平整度	卷材	5	用 2 m 靠尺和楔形塞尺检查
		涂抹	10	

注:δ 为保温层厚度。

二、施工工艺解析

室内给水设备安装工程施工工艺解析见表1—97。

表1—97　室内给水设备安装工程施工工艺解析

项目	内　　容
水泵安装	(1)水泵安装基本规定。 1)水泵的扬程应满足最不利处的配水点或消火栓所需水压。 　水泵的出水量,给水系统无水箱时,应按设计秒流量确定;有水箱时,应按最大小时流量确定。 2)生活给水系统的水泵,宜设一台备用机组。生产给水系统的水泵备用机组,应按工艺要求确定。不允许断水的给水系统的水泵,应有不间断的动力供应。 3)每台水泵宜设置单独吸水管。水泵吸水管管内水流速度,宜采用1.0～1.2 m/s。 4)每台水泵的出水管上应装设阀门、止回阀和压力表。如水泵设计为自灌式充水或水泵直接从室外管网吸水时,吸水管上必须装设阀门,如图1—106所示。 (2)水泵隔振施工做法 当设计有隔振要求时,水泵应配有隔振设施,即在水泵基座下安装橡胶隔振垫或隔振器和在水泵进出口处管道上安装可曲挠橡胶接头(图1—107)。消防专用水泵一般不设隔振设施。 卧式水泵隔振安装如图1—108所示;立式水泵隔振安装如图1—109所示。 (3)水泵试运转的合格标准 1)管路系统运转正常,压力、流量、温度和其他要求应符合设备技术文件的规定。 2)运转中不应有不正常的声音,各密封部位不应泄漏,各紧固连接部位不应松动。 3)滚动轴承的温度不应高于75℃,滑动轴承的温度不应高于70℃,特殊轴承的温度应符合设备技术文件的规定。 4)轴封填料的温升应正常;普通软填料处宜有少量的泄漏(不超过10～20滴/min);机械密封的泄漏量不大于10 mL/h(约3滴/min)。 5)水泵原动机的功率和电动机的电流不应超过额定值。 6)水泵的安全、保护装置应灵活可靠。 7)水泵的振动应符合设备技术文件的规定,当设备技术文件无规定而又需测振动时,可参照表1—98执行
水箱安装	室内给水水箱有生活水箱、消防水箱和生活与消防合用水箱,其外形可分为方形、矩形和圆形。按水箱的材料不同,目前常用的有玻璃钢水箱、搪瓷钢板水箱、镀锌钢板水箱、复合钢板水箱及不锈钢板水箱等。 (1)水箱安装条件。 1)安装水箱的支座已按设计图纸要求制作完成,支座的尺寸、位置和标高经检查符合要求。当采用混凝土支座时,应检查其强度是否达到安装要求的60%以上,支座表面应平整、清洁;当采用型钢支座和方垫木时,按要求已作好刷漆和防腐处理。

续上表

项　目	内　　容
水箱安装	2)水箱材料进场时已进行检查验收,符合设计要求。对于非金属材料如玻璃钢板和衬塑复合钢板及组装用橡胶密封材料等,应具有卫生部门的检验证明文件,水质必须符合现行《生活饮用卫生标准》的要求。 3)水箱安装所在的房间的土建施工已完成,能满足水箱安装的条件。 (2)水箱安装做法。 水箱安装做法如图1—110所示。 (3)水箱附件布置。 1)给水水箱,一般设有进水管、出水管、溢流管、泄水管、通气管、液位计、人孔等附件,如图1—103所示。 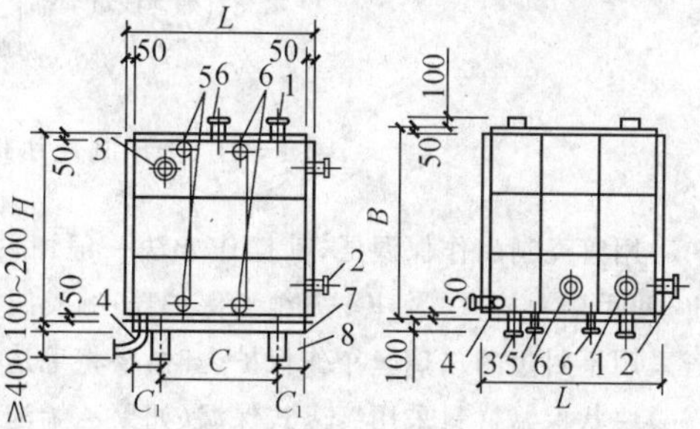 图1—103　水箱附件布置示意图(单位:mm) 1—进水管;2—出水管;3—溢流管;4—泄水管;5—玻璃管水位计; 6—液位传感器;7—槽钢支架;8—支座 2)溢水管不得与排水系统的管道直接连接,必须采用间接排水。溢水管出口应装设网罩(网罩构造可采用长200 mm短管,管壁开设孔径10 mm,孔距20 mm,且一端管口封堵,外用18目铜或不锈钢丝网包扎牢固),防止小动物爬进箱内。溢水管上不得装设阀门。 3)泄水管上应安设阀门,阀后可与溢水管相连接,但不得与排水系统管道直接连接。 4)通气管的末端可伸至室内或室外,但不允许伸至有有害气体的地方;管口朝下设置,并在管口末端应装设防昆虫、蚊蝇及其他杂物进入的过滤网;通气管上不得装设阀门;通气管不允许与排水系统的通气管和通风管道连接。 5)消防专用水箱或生活用水与消防用水合用水箱,其出水管上安装的止回阀距水箱最低水面不小于0.8 m,以确保消防用水时能打开止回阀。 6)水箱人孔盖应为加锁密封型,且高出水箱顶板面应不小于100 mm
管道及设备保温	(1)管道保温施工要求。 1)立管保温时,其层高小于或等于5 m,每层应设1个支撑托盘,层高大于5 m,每层应不少于两个,支撑托盘应焊在管壁上,其位置应在立管卡子上部200 mm处,托盘直径不大于保温层的厚度。 2)管道附件的保温除寒冷地区室外架空管道及室内防结露保温的法兰、阀门等附件按设计要求保温外,一般法兰、阀门、套管伸缩器等不应保温,并在其两侧应留70～80 mm的间隙,在保温端部抹60°～70°的斜坡。设备容器上的人孔、手孔及可拆卸部件的保温层端部应做成45°斜坡。

续上表

项目	内 容
管道及设备保温	3)保温管道的支架处应留膨胀伸缩缝,并用石棉绳或玻璃棉填塞。 4)用预制瓦块作管道保温层,在直线管段上每隔 5～7 m 应留 1 条间隙为 5 mm 的膨胀缝,在弯管处管径小于或等于 300 mm 应留 1 条间隙为 20～30 mm 膨胀缝,膨胀缝用石棉绳或玻璃棉填塞,其做法如图 1－104 所示。 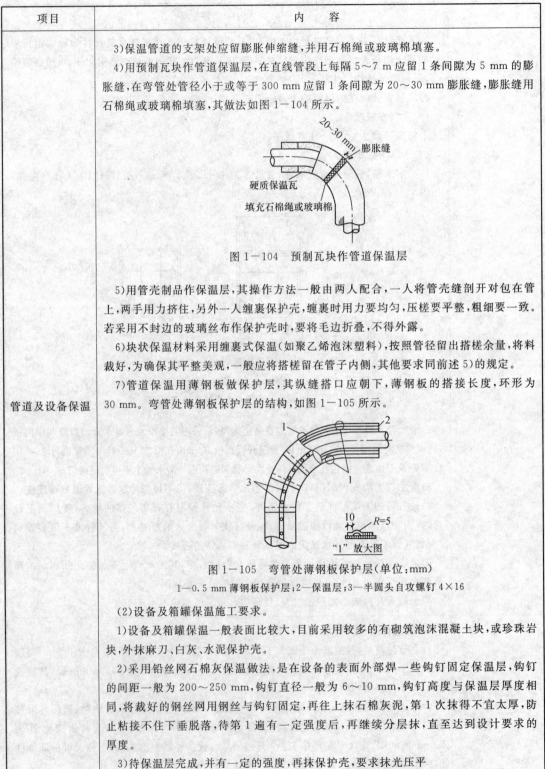 图 1－104　预制瓦块作管道保温层 5)用管壳制品作保温层,其操作方法一般由两人配合,一人将管壳缝剖开对包在管上,两手用力挤住,另外一人缠裹保护壳,缠裹时用力要均匀,压槎要平整,粗细要一致。若采用不封边的玻璃丝布作保护壳时,要将毛边折叠,不得外露。 6)块状保温材料采用缠裹式保温(如聚乙烯泡沫塑料),按照管径留出搭槎余量,将料裁好,为确保其平整美观,一般应将搭槎留在管子内侧,其他要求同前述 5)的规定。 7)管道保温用薄钢板做保护层,其纵缝搭口应朝下,薄钢板的搭接长度,环形为 30 mm。弯管处薄钢板保护层的结构,如图 1－105 所示。 图 1－105　弯管处薄钢板保护层(单位:mm) 1—0.5 mm 薄钢板保护层;2—保温层;3—半圆头自攻螺钉 4×16 (2)设备及箱罐保温施工要求。 1)设备及箱罐保温一般表面比较大,目前采用较多的有砌筑泡沫混凝土块,或珍珠岩块,外抹麻刀、白灰、水泥保护壳。 2)采用铅丝网石棉灰保温做法,是在设备的表面外部焊一些钩钉固定保温层,钩钉的间距一般为 200～250 mm,钩钉直径一般为 6～10 mm,钩钉高度与保温层厚度相同,将裁好的钢丝网用钢丝与钩钉固定,再往上抹石棉灰泥,第 1 次抹得不宜太厚,防止粘接不住下垂脱落,待第 1 遍有一定强度后,再继续分层抹,直至达到设计要求的厚度。 3)待保温层完成,并有一定的强度,再抹保护壳,要求抹光压平

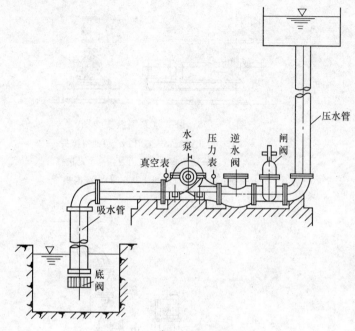

(a)离心水泵管路附件装置

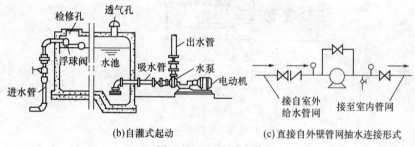

(b)自灌式起动　　　(c)直接自外壁管网抽水连接形式

图1—106　水泵安装

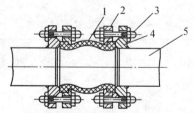

图1—107　可曲挠橡胶接头安装示意图

1—可曲挠橡胶接头;2—特制法兰;
3—螺杆;4—普通法兰;5—管道

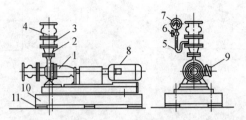

图 1—108　卧式水泵隔振安装图

1—水泵;2—吐出锥管;3—短管;4—可曲挠接头;

5—表弯管;6—表旋塞;7—压力表;8—电动机;

9—接线盒;10—钢筋混凝土基座;11—减振垫

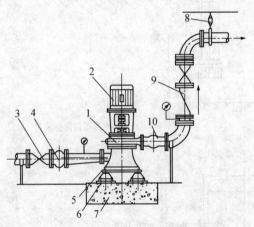

图 1—109　立式水泵隔振安装图

1—水泵;2—电动机;3—阀门;

4、10—可曲挠橡胶接头;5—钢板垫

6—JSD 型隔振器;7—混凝土基础;

8—弹性吊架;9—止回阀

表 1—98　水泵振动测试标准

转速 (r/min)	≤375	>375 ~ 600	>600 ~ 750	>750 ~ 1 000	>1 000 ~ 1 500	>1 500 ~ 3 000	>3 000 ~ 6 000	>6 000 ~ 12 000	>12 000 ~ 20 000
振幅不应 超过 (mm)	0.18	0.15	0.12	0.10	0.08	0.06	0.04	0.03	0.02

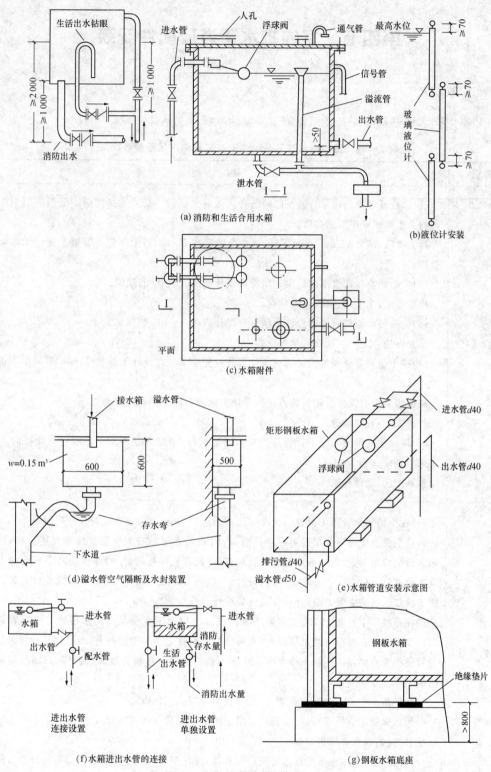

图 1—110　水箱安装(单位:mm)

第四节　室内排水管道及配件安装

一、验收条文

(1)室内排水管道及配件安装工程施工质量验收标准见表1—99。

表1—99　室内排水管道及配件安装工程施工质量验收标准

类别	内　　容
主控项目	(1)隐蔽或埋地的排水管道在隐蔽前必须做灌水试验。其灌水高度应不低于底层卫生器具的上边缘或底层地面高度。 检验方法:满水15 min水面下降后,再灌满观察5 min,液面不降。管道及接口无渗漏为合格。 (2)生活污水铸铁管道的坡度必须符合设计或表1—100的规定。 检验方法:水平尺、拉线尺量检查。 (3)生活污水塑料管道的坡度必须符合设计或表1—101的规定。 检验方法:水平尺、拉线尺量检查。 (4)排水塑料管必须按设计要求及位置装设伸缩节。如设计无要求时,伸缩节间距不得大于4 m。 高层建筑中明设排水塑料管道应按设计要求设置阻火圈或防火套管。 检验方法:观察检查。 (5)排水主立管及水平干管管道均应做通球试验,通球球径不小于排水管道管径的2/3,通球率必须达到100%。 检查方法:通球检查
一般项目	(1)在生活污水管道上设置的检查口或清扫口,当设计无要求时应符合下列规定。 1)在立管上应每隔一层设置一个检查口,但在最底层和有卫生器具的最高层必须设置。如为两层建筑时,可仅在底层设置立管检查口;如有乙字弯管时,则在该层乙字弯管的上部设置检查口。检查口中心高度距操作地面一般为1 m,允许偏差±20 mm;检查口的朝向应便于检修。暗装立管,在检查口处应安装检修门。 2)在连接2个及2个以上大便器或3个及3个以上卫生器具的污水横管上应设置清扫口。当污水管在楼板下悬吊敷设时,可将清扫口设在上一层楼地面上,污水管起点的清扫口与管道相垂直的墙面距离不得小于200 mm;若污水管起点设置堵头代替清扫口时,与墙面距离不得小于400 mm。 3)在转角小于135°的污水横管上,应设置检查口或清扫口。 4)污水横管的直线管段,应按设计要求的距离设置检查口或清扫口。 检验方法:观察和尺量检查。 (2)埋在地下或地板下的排水管道的检查口,设在检查井内。井底表面标高与检查口的法兰相平,井底表面应有5%坡度,坡向检查口。

续上表

类别	内 容
一般项目	检验方法：尺量检查。 (3)金属排水管道上的吊钩或卡箍应固定在承重结构上。固定件间距：横管不大于2 m；立管不大于3 m。楼层高度小于或等于4 m,立管可安装1个固定件。立管底部的弯管处应设支墩或采取固定措施。 检验方法：观察和尺量检查。 (4)排水塑料管道支、吊架间距应符合表1—102的规定。 检验方法：尺量检查。 (5)排水通气管不得与风道或烟道连接,且应符合下列规定。 1)通气管应高出屋面300 mm,但必须大于最大积雪厚度。 2)在通气管出口4 m以内有门、窗时,通气管应高出门、窗顶600 mm或引向无门、窗一侧。 3)在经常有人停留的平屋顶上,通气管应高出屋面2 m,并应根据防雷要求设置防雷装置。 4)屋顶有隔热层应从隔热层板面算起。 检验方法：观察和尺量检查。 (6)安装未经消毒处理的医院含菌污水管道,不得与其他排水管道直接连接。 检验方法：观察检查。 (7)饮食业工艺设备引出的排水管及饮用水水箱的溢流管,不得与污水管道直接连接,并应留出不小于100 mm的隔断空间。 检验方法：观察和尺量检查。 (8)通向室外的排水管,穿过墙壁或基础必须下返时,应采用45°三通和45°弯头连接,并应在垂直管段顶部设置清扫口。 检验方法：观察和尺量检查。 (9)由室内通向室外排水检查井的排水管,井内引入管应高于排出管或两管顶相平,并有不小于90°的水流转角,如跌落差大于300 mm可不受角度限制。 检验方法：观察和尺量检查。 (10)用于室内排水的水平管道与水平管道、水平管道与立管的连接,应采用45°三通或45°四通和90°斜三通或90°斜四通。立管与排出管端部的连接,应采用两个45°弯头或曲率半径不小于4倍管径的90°弯头。 检验方法：观察和尺量检查。 (11)室内排水管道安装的允许偏差应符合表1—103的相关规定

(2)生活污水铸铁管道的坡度见表1—100。

表1—100 生活污水铸铁管道的坡度

项次	管径(mm)	标准坡度(‰)	最小坡度(‰)
1	50	35	25
2	75	25	15
3	100	20	12
4	125	15	10

项次	管径(mm)	标准坡度(‰)	最小坡度(‰)
5	150	10	7
6	200	8	5

(3)生活污水塑料管道的坡度见表1—101。

表1—101　生活污水塑料管道的坡度

项次	管径(mm)	标准坡度(‰)	最小坡度(‰)
1	50	25	12
2	75	15	8
3	110	12	6
4	125	10	5
5	160	7	4

(4)排水塑料管道支吊架最大间距见表1—102。

表1—102　排水塑料管道支吊架最大间距　　　　　　　(单位:m)

管径(mm)	50	75	110	125	160
立管	1.2	1.5	2.0	2.0	2.0
横管	0.5	0.75	1.10	1.30	1.6

(5)室内排水和雨水管道安装的允许偏差和检验方法见表1—103。

表1—103　室内排水和雨水管道安装的允许偏差和检验方法

项次	项目			允许偏差(mm)	检验方法
1	坐标			15	
2	标高			±15	
3	横管纵横方向弯曲	铸铁管	每1 m	≤1	用水准仪(水平尺)、直尺、拉线和尺量检查
			全长(2 m以上)	≤25	
		钢管	管径小于或等于100 mm	1	
			管径大于100 mm	1.5	
			全长(2 m以上) 管径小于或等于100 mm	≤25	
			管径大于100 mm	≤30	
		塑料管	每1 m	1.5	
			全长(2 m以上)	≤38	
		钢筋混凝土管、混凝土管	每1 m	3	
			全长(2 m以上)	≤75	

续上表

项次	项目		允许偏差(mm)	检验方法
4	立管垂直度	铸铁管 每1m	3	吊线和尺量检查
		铸铁管 全长(5 m以上)	≤15	
		铁管 每1m	3	
		铁管 全长(5 m以上)	≤10	
		塑料管 每1m	3	
		塑料管 全长(5 m以上)	≤15	

二、施工材料要求

(1)室内铸铁排水管道安装工程施工材料要求见表1—104。

表1—104 室内铸铁排水管道安装工程施工材料要求

项目	内容
柔性机械接口灰口铸铁管	参见本章第一节施工材料要求的相关内容
灰口铸铁管件技术要求	(1)化学成分。 铸铁管件的磷含量不应大于0.30%,硫含量不应大于0.10%。 (2)力学性能。 1)铸铁管件的抗拉强度应不小于1.4 N/mm²。 2)管件表面硬度不大于HBW230,管件中心部分硬度不大于HBW215。 (3)工艺性能。 1)水压试验。 管件水压试验应符合表1—105的规定。 2)气密性试验。 管件用于输气管道时,需做气密性试验。 (4)组织。 管件应为灰口铸铁,组织应致密,易于切削、钻孔。 (5)表面质量。 管件内外表面应光洁,不允许有任何妨碍使用的明显缺陷。受铸造工艺的限制和影响,但又不影响使用的铸造缺陷允许存在。 管件上局部薄弱处应不多于2处。局部减薄后的厚度应不小于《连续铸铁管》(GB/T 3422—2008)中同口径离心直管G级的最小厚度。受减小壁厚影响的面积应小于内腔截面积的1/10。征得需方同意,局部缺陷可予修补。但修补后的管件应重新按本标准进行水压试验。

续上表

类别	内　容
灰口铸铁管件 技术要求	(6)涂覆。 1)管件内外表面可涂沥青质或其他防腐材料。若要求内表面不涂涂料时,由供需双方商定。 2)输水管与水接触的涂料应不溶于水,不得使水产生臭味,有害杂质含量应符合卫生部饮用水有关规定。 3)涂覆前,内外表面应光洁,并无铁锈、铁片。 4)涂覆后,内外表面应光洁,涂层均匀、黏附牢固,并不因气候冷热而发生异常
灰口铸铁管件 尺寸规格	(1)异型管件承插口断面,如图1—111所示,尺寸见表1—106。 （单位: mm） 表 | 公称口径	各部尺寸			
---	---	---	---	---
D_g	a	b	c	e
75~450	15	10	20	6
500~900	18	12	25	7
1000~1500	20	14	30	8	 图1—111　异型管件承插口断面 (2)异型管件法兰盘断面,如图1—112所示,尺寸见表1—107。 $S'=N+K+L'_2$ $T_1=T+a$ 图1—112　异型管件法兰盘断面 (3)承盘短管,如图1—113所示,尺寸见表1—108。

类别	内　容

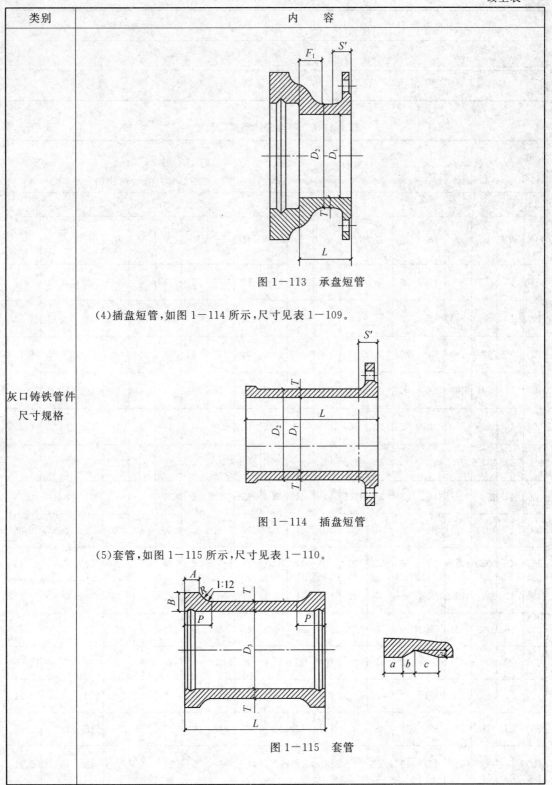

图 1-113　承盘短管

(4)插盘短管,如图 1-114 所示,尺寸见表 1-109。

图 1-114　插盘短管

灰口铸铁管件尺寸规格

(5)套管,如图 1-115 所示,尺寸见表 1-110。

图 1-115　套管

114 建筑给水排水及采暖工程

表1—105 管件水压实验压力

公称直径 DN(mm)	试验压力（MPa）
≤300	2.5
≥350	2.0

表1—106 异型管件承插口尺寸

公称直径	管厚	内径	外径	承口尺寸								插口尺寸						重量	
																		mm		kg
DN	T	D_1	D_2	D_3	A	B	C	P	E	F_1	R	D_4	R_3	X	R	R_1	R_2	承口凸部	插口凸部
75	10	73	93	113	36	28	14	90	10	41.6	24	103	5	15	4	14	10	6.83	0.17
100	10	98	118	138	36	28	14	95	10	41.6	24	128	5	15	4	14	10	8.49	0.21
(125)	10.5	122	143	163	36	28	14	95	10	41.6	24	153	5	15	4	14	10	9.85	0.25
150	11	147	169	189	36	28	14	100	10	41.6	24	179	5	15	4	14	10	11.70	0.30
200	12	196	220	240	38	30	15	100	10	43.3	25	230	5	15	4	15	10	15.90	0.38
250	13	245.6	271.6	293.6	38	32	16.5	105	11	47.6	27.5	281.6	5	20	4	16.5	11	21.98	0.63
300	14	294.8	322.8	344.8	38	33	17.5	105	11	49.4	28.5	332.8	5	20	4	17.5	11	26.94	0.74
(350)	15	344	374	396	40	34	19	110	11	52	30	384	5	20	4	19	11	34.07	0.86
400	16	393.6	425.6	447.6	40	36	20	110	11	53.7	31	435.6	5	25	5	20	11	40.670	1.46
(450)	17	442.8	476.8	498.8	40	37	21	115	11	55.4	32	486.8	5	25	5	21	11	48.69	1.64
500	18	492	528	552	40	38	22.5	115	12	59.8	34.5	540	6	25	5	22.5	12	57.08	1.81
600	20	590.8	630.8	654.8	42	41	25	120	12	64.1	37	642.8	6	25	5	25	12	77.39	2.16
700	22	689	733	757	42	44.5	27.5	125	12	68.4	39.5	745	6	25	5	27.5	12	101.5	2.51
800	24	788	836	860	45	48	30	130	12	72.7	42	848	6	25	5	30	12	130.3	2.86
900	26	887	939	963	45	51.5	32.5	135	12	77.1	44.5	951	6	25	5	32.5	12	163.0	3.21

续上表

公称直径	管厚	内径	外径	承口尺寸								插口尺寸						重量	
				mm														kg	
DN	T	D_1	D_2	D_3	A	B	C	P	E	F_1	R	D_4	R_3	X	R	R_1	R_2	承口凸部	插口凸部
1 000	28	985	1 041	1 067	50	55	35	140	13	83.1	48	1 053	6	25	6	35	13	202.8	3.55
1 200	32	1 182	1 246	1 272	52	62	40	150	13	91.8	53	1 258	6	25	6	40	13	294.5	4.25
1 500	38	1 478	1 554	1 580	57	72.5	47.5	165	13	104.8	60.5	1 566	6	25	6	47.5	13	474.4	4.29

注:公称直径 DN 中不带括号为第一系列,优先采用,带括号为第二系列,不推荐使用。以下各表相同。

表 1-107　异型管件法兰盘尺寸

公称直径	管厚	内径	外径	法兰盘尺寸						螺栓				重量
										中心圆	直径	孔径	数量	
				mm									个	kg
DN	T	D_1	D_2	D_5	D_3	K	M	a	L'_2	D_4	d	d'	N	法兰凸部
75	10	73	93	200	133	19	4	4	25	160	16	18	8	3.69
100	10	98	118	220	158	19	4.5	4	25	180	16	18	8	4.14
(125)	10.5	122	143	250	184	19	4.5	4	25	210	16	18	8	5.04
150	11	147	169	285	212	20	4.5	4	25	240	20	22	8	6.60
200	12	196	220	340	268	21	4.5	4	25	295	20	22	8	8.86
250	13	245.6	271.6	395	320	22	4.5	4	25	350	20	22	12	11.31
300	14	294.8	322.8	445	370	23	4.5	5	30	400	20	22	12	13.63
(350)	15	344	374	505	430	24	5	5	30	460	20	22	16	17.60
400	16	393.6	425.6	565	482	25	5	5	30	515	24	26	16	21.76
(450)	17	442.8	476.8	615	532	26	5	5	30	565	24	26	20	24.65
500	18	492	528	670	585	27	5	5	30	620	24	26	20	28.75
600	20	590.8	63.8	780	685	28	5	5	30	725	27	30	20	36.51
700	22	689	733	895	800	29	5	5	30	840	27	30	24	47.52
800	24	788	836	1 015	905	31	5	5	35	950	30	33	24	63.61
900	26	887	939	1 115	1 005	33	5	6	35	1 050	30	33	28	73.47
1 000	28	985	1 041	1 230	1 110	34	6	6	35	1 160	33	36	28	90.26
1 200	32	1 182	1 246	1 455	1 330	38	6	6	35	1 380	36	39	32	131.88
1 500	38	1 478	1 554	1 785	1 640	42	6	7	40	1 700	39	42	36	197.80

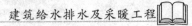

表 1—108 承盘短管尺寸

公称直径	管厚	外径	内径	管长	重量
		mm			kg
DN	T	D_2	D_1	L	
75	10	93	73	120	12.78
100	10	118	98	120	16.01
(125)	10.5	143	122	120	18.67
150	11	169	147	120	23.00
200	12	220	196	120	31.53
250	13	271.6	245.6	170	46.21
300	14	322.8	294.8	170	57.18
(350)	15	374	344	170	72.36
400	16	425.6	393.6	170	87.62
(450)	17	476.8	442.8	170	103.38
500	18	528	492	170	121.11
600	20	630.8	590.8	250	182.95
700	22	733	689	250	182.95
800	24	836	788	250	304.04
900	26	939	887	250	370.65
1 000	28	1 041	985	250	460.89
1 200	32	1 246	1 182	320	707.44
1 500	38	1 554	1 478	320	1 088.97

注:承口及法兰盘各部尺寸见图 1—111、表 1—106 和图 1—112、表 1—107。

表 1—109 插盘短管尺寸

公称直径	管厚	外径	内径	管长	重量
		mm			kg
DN	T	D_2	D_1	L	
75	10	93	73	400(700)	12.26(17.90)
100	10	118	98	400(700)	15.3(22.62)

续上表

公称直径	管厚	外径	内径	管长	重量
		mm			kg
DN	T	D_2	D_1	L	
(125)	10.5	143	122	400(700)	19.4(28.84)
150	11	169	147	400(700)	24.56(36.34)
200	12	220	196	500(700)	40.3(51.59)
250	13	271.6	245.6	500(700)	53.85(68.05)
300	14	322.8	294.8	500(700)	68.86(88.41)
(350)	15	374	344	500(700)	86.51(110.86)
400	16	425.6	393.6	500(750)	106.19(143.23)
(450)	17	476.8	442.8	500(750)	125.43(169.61)
500	18	528	492	500(750)	147.2(199.09)
600	20	630.8	590.8	600(750)	222.22(263.65)
700	22	733	689	600(750)	284.84(337.89)
800	24	836	788	600(750)	362.1(428.18)
900	26	939	887	600(800)	437.86(545.16)
1 000	28	1 041	985	600(800)	526.71(654.91)
1 200	32	1 246	1 182	700(800)	820.32(908.12)
1 500	38	1 554	1 478	700(800)	1 229.4(1 359.6)

注:1. 插口及法兰盘各部尺寸按图 1—111、表 1—106 和图 1—112、表 1—107。

2. 管长 L 括号内尺寸为加长管,供用户按不同接口工艺时选用。

表 1—110　套管尺寸

公称直径	套管直径	管厚	各部尺寸					重量
			mm					kg
DN	D_3	T	A	B	R	P	L	
75	113	14	36	28	14	90	300	15.84
100	138	14	36	28	14	95	300	18.97
(125)	163	14	36	28	14	95	300	22.00
150	189	14	36	28	14	100	300	25.38

续上表

公称直径	套管直径	管厚	各部尺寸					重量
			mm					kg
DN	D_3	T	A	B	R	P	L	
200	240	15	38	30	15	100	300	34.19
250	294	16.5	38	32	16.5	105	300	45.27
300	345	17.5	38	33	17.5	105	350	62.43
(350)	396	1940	34	19	110	350	76.89	—
400	448	20	40	36	20	110	350	91.26
(450)	499	2140	37	21	115	350	106.15	—
500	552	22.5	40	38	22.5	115	350	122.71
600	655	25	42	41	25	120	400	178.33
700	757	27.5	42	44.5	27.5	125	400	228.55
800	860	30	45	48	30	130	400	284.05
900	963	32.5	45	51.5	32.5	135	400	344.62
1 000	1 067	35	50	55	35	140	450	454.80
1 200	1 272	40	52	62	40	150	450	622.18
1 500	1 580	47.5	57	72.5	47.5	165	500	1 018.02

（2）室内 PVC-U 塑料排水管道安装工程施工材料要求见表 1—111。

表 1—111　室内 PVC-U 塑料排水管道安装工程施工材料要求

项　目	内　　　容
排水用硬聚氯乙烯管	建筑排水用硬聚氯乙烯管材是以聚氯乙烯树脂为主要原料，加入必需的添加剂，经挤出成型的硬聚氯乙烯管。适用于民用建筑物室内排水用管材。在考虑材料的耐化学性和耐热性的条件下，也可用于工业排水用管材。 建筑排水用硬聚氯乙烯管材用 $d_e \times e$（公称外径×壁厚）表示。建筑排水用硬聚氯乙烯管材的公称外径和壁厚见表 1—112
排水用硬聚氯乙烯管件	建筑排水用硬聚氯乙烯管件用于建筑物内排水系统，在考虑材料的耐化学性和耐温性的条件下，也可用作工业排水用管件，管件按《建筑排水用硬聚氯乙烯管件》（GB/T 5836.2—2006）规定选用。建筑排水用硬聚氯乙烯管件可与《建筑排水用硬聚氯乙烯（PVC-U 管材）》（GB 5836.1—2006）规定的管材配合使用。

类　别	内　　容
排水用硬聚氯乙烯管件	（1）外观要求。管材内外壁硬光滑,不允许有气泡、裂口和明显的裂纹、凹陷、色泽不均机分解变色线。管材两端面应切割平整,并与轴线垂直。 （2）分类。管材按连接形式的不同,分为胶粘剂连接型管材和弹性密封圈连接型管材。 （3）胶黏剂连接型承口和插口（图1－116）,其规格尺寸见表1－113。 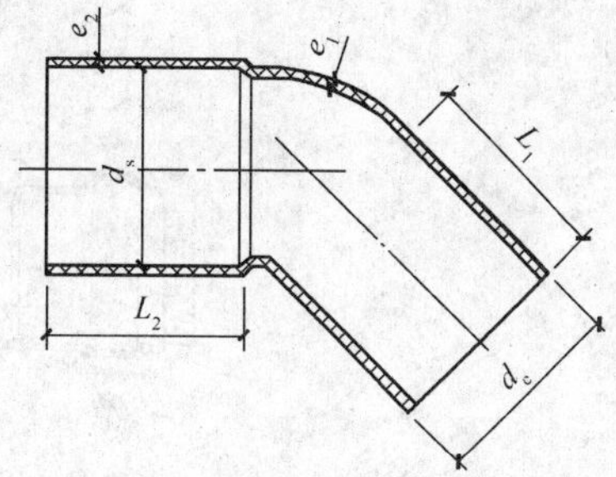 图1－116　胶黏剂连接型承口和插口 （4）弹性密封圈连接承口和插口（图1－117）。 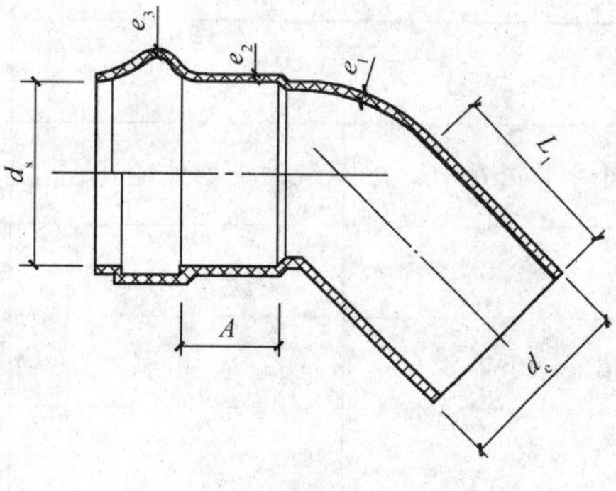 图1－117　弹性密封圈连接型承口和插口 （5）直通（图1－118）。 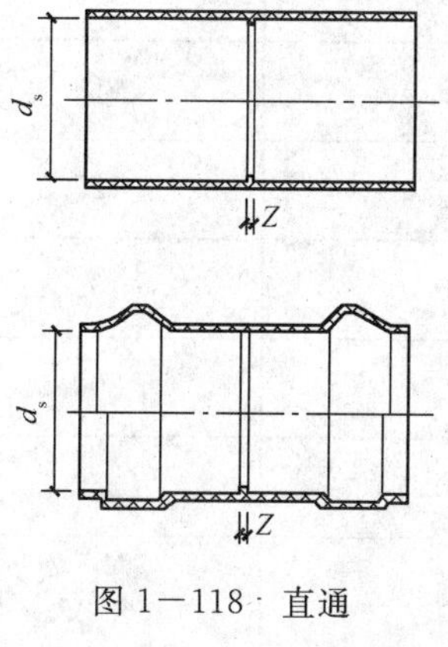 图1－118·直通

续上表

类别	内 容
排水用硬聚氯乙烯管件	(6)异径(图1—119)。 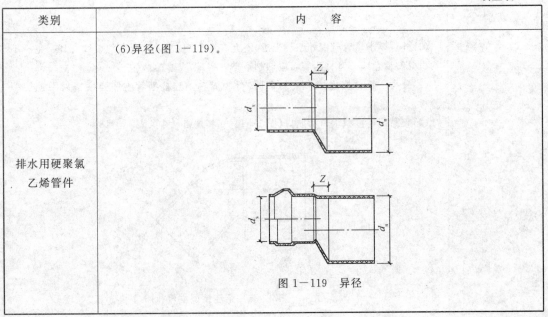 图1—119 异径

表1—112 建筑排水用聚氯乙烯管材平均外径、壁厚　　　　(单位:mm)

公称外径 d_n	平均外径		壁厚	
	最小平均外径 $d_{em,min}$	最大平均外径 $d_{em,max}$	最小壁厚 e_{min}	最大壁厚 e_{max}
32	32.0	32.2	2.0	2.4
40	40.0	40.2	2.0	2.4
50	50.0	50.2	2.0	2.4
75	75.0	75.3	2.3	2.7
90	90.0	90.3	3.0	3.5
110	110.0	110.3	3.2	3.8
125	125.0	125.3	3.2	3.8
160	160.0	160.4	4.0	4.6
200	200.0	200.5	4.9	5.6
250	250.0	250.5	6.2	7.0
315	315.0	315.6	7.8	8.6

表 1－113 管件承口规格尺寸 （单位：mm）

公称直径 d_e	承口中部内径 d_s		承口深度	公称直径 d_e	承口中部内径 d_s		承口深度
	最小尺寸	最大尺寸	（最小）L_{min}		最小尺寸	最大尺寸	（最小）L_{min}
40	40.1	40.4	25	110	110.2	110.6	48
50	50.1	50.4	25	125	125.2	125.6	51
75	75.1	75.5	40	160	160.2	160.7	58
90	90.1	90.5	46				

三、施工机械要求

（1）室内铸铁排水管道安装工程施工机械要求见表 1－114 。

表 1－114 室内铸铁排水管道安装工程施工机械要求

项目	内 容
弯管机	弯管机用于钢管的弯制加工（如图 1－120 所示见表 1－115 和表 1－116） (a)电动弯管机 (b)四导轮副机动弯管机 (c)液压弯管机 图 1－120 弯管机 1—顶胎；2—管托；3—液压缸
滚刀	滚刀规格见表 1－117,共四种,根据管径选择滚刀,安装好滚刀待用
台虎钳	台虎钳规格见表 1－118
手电钻、电动套丝机、砂轮切割机	参见本章第一节中施工机械要求的相关内容
管钳	参见本章第二节中施工机械要求的相关内容

表1-115　电动弯管机规格

四导轮弯管机	弯管直径(mm)	15	20	25	32
	曲率半径(mm)	49	63	87	114
	电动机功率(kW)	2.8			
加芯棒弯管机	弯管直径(mm)	32~85			
	管子弯曲半径(mm)	85~350			
	电动机功率(kW)	4.5			

表1-116　液压弯管机规格

型号　　　　　项目	CDW27Y				
	25×3	42×4	60×5	89×6	114×8
最大弯曲角度	195°	195°	190°	195°	195°
最大规格管材(mm)	75	126	180	270	350
最小弯曲半径(mm)	10~100	15~210	50~250	100~500	250~700
弯曲半径范围(mm)	10~100	15~210	50~250	100~500	250~700
标准芯棒长度(mm)	2 000	300	3 000	4 000	4 500
液压工作压力(MPa)	14	14	16	14	14
电动机功率(kW)	1.1	2.2	5.5	7.5	11

表1-117　滚刀规格

序号	1	2	3	4
割管范围(mm)	15~25	15~50	25~80	50~100

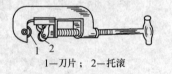

1—刀片；2—托滚

表1-118　台虎钳规格

特点及应用范围	使用方法及说明						示意图
安装在工作台上夹紧工作便于操作	全长(mm)	75	100	125	150	200	(a)固定式　　(b)转盘式
	开口宽度(mm)	100	125	150	175	225	

(2)室内PVC-U塑料排水管道安装工程施工机械要求见表1-119。

第一章 室内给水排水系统

表 1—119 室内 PVC-U 塑料排水管道安装工程施工机械要求

项目	内　容
施工机具设备	砂轮锯、手锯、铣口器、钢刮板、板锉、手电钻、冲击电钻、螺纹丝锥、活扳手、手锤、水平尺、毛刷、线坠、棉纱等
主要机具设备选用要求	(1)冲击电钻。 用途:安装冲击钻头即可在混凝土等脆性材料及结构上钻孔,一般在混凝土上钻孔直径在 30 mm 以下(图 1—121、图 1—122 和表 1—120)。 (a)冲击电钻　　(b)充电式冲击电钻 图 1—121　冲击电钻 (a)圆板牙扳手　　(b)圆板牙 (c)特殊套扳手 图 1—122　套丝板 (2)螺纹丝锥。 1)圆柱管螺纹(55°)丝锥规格见表 1—121。 2)圆锥管螺纹(55°、60°)丝锥规格见表 1—122

表 1—120　冲击钻规格

国产冲击钻	钻孔直径(mm)	钢	6	10	13	13	进口产品	10	13	13	16
		混凝土	10	16	16	18		10	11	20	20
	额定电压(V)		220			380		220			
进口充电式冲击钻	钻孔直径(mm)	钢		10		10		10			
		混凝土		10		10		10			
	定额电压(V)			9.6		12		12			

表 1—121 圆柱管螺纹(55°)丝锥

螺纹尺寸代号(in)	每25.4 mm牙数	丝锥螺纹外径(mm)	全长(mm)	螺纹长度(mm)
(1/8)[①]	28	9.728	55	25
1/4	19	13.157	65	30
3/8	19	16.662	70	30
1/2	14	20.955	80	35
(5/8)	14	22.911	80	35
3/4	14	26.441	85	35
(7/8)	14	30.201	85	35
1	11	33.249	95	40
$1\frac{1}{3}$	11	37.897	95	40
$1\frac{1}{4}$	11	41.910	100	40
$(1\frac{3}{8})$11	44.323	100	40	
$1\frac{1}{2}$	11	47.803	105	40
$(1\frac{3}{4})$	11	53.746	115	45
2	11	59.614	120	45
$(2\frac{1}{4})$	11	65.710	120	45
$2\frac{1}{2}$	11	75.184	130	50
$(2\frac{3}{4})$	11	81.531	130	50
3	11	87.884	140	50

①直径带括号的丝锥尽可能不采用。

表 1—122　圆锥管螺纹(55°、60°)丝锥

螺纹公称直径(in)	总长(mm)	55°圆锥管螺纹(mm)				60°圆锥管螺纹(mm)			
		基面处外径	每英寸牙数	工作部分长度	基面到端部距离	基面处外径	每英寸牙数	工作部分长度	基面到端部距离
1/6	50	—	—	—	—	7.895	27	16	10
1/8	55	9.729	28	18	12	10.272	27	18	11
1/4	65	13.158	19	24	16	13.572	18	24	15
3/8	75	16.663	19	26	18	17.055	18	36	16
1/2	85	20.956	14	32	22	21.223	14	30	21
3/4	90	26.442	14	36	24	26.568	14	32	21
1	110	33.250	11	42	28	33.228	$11\frac{1}{2}$	40	26
$1\frac{1}{4}$	120	41.912	11	45	30	41.985	$11\frac{1}{2}$	42	27
$1\frac{1}{2}$	140	47.805	11	48	32	48.054	$11\frac{1}{2}$	42	27
2	140	59.616	11	50	34	60.092	$11\frac{1}{2}$	45	28

四、施工工艺解析

(1)室内铸铁排水管道安装工程施工工艺解析见表 1—123。

表 1—123　室内铸铁排水管道安装工程施工工艺解析

项目	内　　　容
安装准备	(1)认真熟悉图纸,参看有关专业设备图和装修建筑图,核对各种管道的坐标、标高是否有交叉,管道排列所用空间是否合理。根据施工方案决定的施工方法技术交底的具体措施做好准备工作。 (2)按照设计图纸,检查、核对预留孔洞大小尺寸是否正确,将管道坐标、标高位置测线定位。经预先排列各部位尺寸都能达到设计和技术交底的要求后,方可下料。 (3)确定各部门采用的材料以及联结方式,并熟悉其性能。各种材料、施工机具等已按照施工进度及安装要求运输到指定地点。 有问题及时与设计和有关人员研究解决,办好变更洽商记录
管道预制加工	参见本章第一节中施工工艺要求的相关内容

类别	内　　　　容
排水横干管安装	排水横干管按其所处的位置不同,有两种情况:一种是建筑物底层的排水横干管直接铺设在底层的地下;另一种是各楼层中的排水横干管,可敷设在支吊架上。 　　直接铺设在地下的排水管道,在挖好的管沟或房心土回填到管底标高处时进行,将预制好的管段按照承口朝向水流的方向铺设,由出水口处向室内顺序排列,挖好打灰口用的工作坑,将预制好的管段慢慢地放入管沟内,封闭堵严总出水口,做好临时支承,按施工图纸的位置、标高找好位置和坡度,以及各预留管口的方向和中心线,将管段承插口相连。在管沟内打灰口前,先将管道调直、找正,用麻钎或捻凿将承口缝隙找均匀。将拌好的填料(水灰比为 1:9)由下而上,填满后用手锤打实,直到将灰口打满打平为止。再将首层立管及卫生器具的排水预留管口,按室内地坪线及轴线找好位置、尺寸,并接至规定高度,将预留的管口临时封堵。打好的灰口,用草绳缠好或回填湿润细土掩盖养护。各接口养护好后,就可按照施工图纸对铺好的管道位置、标高及预留分支管口进行检查,确认准确无误后即可进行灌水试验。 　　敷设在支、吊架上的管道安装,要先安装支吊架,将支架按设计坡度固定好或做好吊具、量好吊杆尺寸。将预制好的管道固定牢靠,并将立管预留管口及各层卫生器具的排水预留管口找好位置,接至规定高度,并将预留管口临时封堵
排水立管安装	排水立管应设在排水量最大、污水最脏、杂质最多的排水点处。排水立管一般在墙角明设,当建筑物有特殊要求时,可暗敷在管槽、管井内,考虑到检护、维修的需要,应在检查口处设检修门。 　　排水管道穿墙、穿楼板时应配合土建预留孔洞,洞口尺寸见表 1—124,连接卫生器具的排水支管的离墙距离及留洞尺寸应根据卫生器具的型号、规格确定,常用卫生器具排水支管预留孔洞的位置与尺寸见表 1—125。 　　安装立管应由两人上下配合,一人在上一层的楼板上,由管洞投下一个绳头,下面的施工人员将预制好的立管上部拴牢可上拉下托,将管道插口插入其下的管道承口内。在下层操作的人可把预留分支管口及立管检查口方向找正,上层的施工人员用木楔将管道在楼板洞处临时卡牢,并复核立管的垂直度,确认无误后,再在承口内充塞填料,并填灰打实。管口打实后,将立管固定。 　　立管安装完毕后,应配合土建在立管穿越楼层处支模,并采用 C20 细石混凝土分两次浇捣密实。浇筑结束后,结合地平层或面层施工,并在管道周围筑成厚度不小于20 mm、宽度不小于 30 mm 的阻水圈。 　　铸铁管立管、管件连接,如图 1—123 所示
排出管安装	排出管是指室内排水立管或横管与室外检查井之间的连接管道。排出管一般铺设在地下或敷设在地下室内。排出管穿过承重墙或地下构筑物的墙壁时,应加设防水套管。施工时,应配合土建预留孔洞,洞口尺寸,当 $DN \leqslant 80$ mm 时,洞口尺寸为 300 mm×300 mm;当 $DN \geqslant 100$ mm 时,洞口尺寸为(300 mm + DN)×(300 mm + DN)。敷设时,管顶上部净空不得小于建筑物的沉降量,且不宜小于 0.15 m。

续上表

类别	内 容
排出管安装	与室外排水管道连接时,排出管管顶标高不得低于室外排水管的管顶标高。其连接处的水流转角不得大于 90°,当跌落差大于 0.3 m 时,可不受角度的限制。 　　排出管与排水立管连接时,为防止堵塞应采用两个 45°弯头连接,也可采用弯曲半径大于 4 倍管外径的 90°弯头。 　　排出管是整个排水系统安装工程的起点,安装中必须严格保证质量、打好基础。安装时要确保管道的坡向和坡度。为检修方便,排水管的长度不宜太长,一般情况下,检查口中心至外墙的距离不小于 3 m,不大于 10 m。排出管安装如图 1—124 所示
无承口排水铸铁管安装要点	无承口排水铸铁管管道安装无承口排水铸铁管采用卡箍连接,安装要求如下。 　　(1)直线管段的每个卡箍处均应设置支吊架,支吊架距卡箍的距离应不大于 0.45 m,且支吊架间距不得超过 3 m,如图 1—125(a)所示。 　　(2)当横管较长且由多个管配件组对时,在每一个的配件处应设置支吊架,如图 1—125(b)所示。 　　(3)悬吊在楼板下的横管与楼板的距离大于 0.45 m 时,应在梁或楼板下设置刚性吊架,不能设置刚性支吊架时,应设置防晃支架,如图 1—125(c)所示。 　　(4)无承口排水铸铁管,在横管转弯处应设置拉杆装置,如图 1—126 所示,在立管转弯处应设置固定装置,固定装置可做成固定支墩,也可用型钢支承,立管固定装置如图 1—127 所示。 　　(5)无承口排水铸铁管施工临时中断时,应用麻袋、棉布等柔性物对管口予以封堵。 　　(6)无承口排水铸铁管施工完毕,应进行通球试验,通球试验的球径不得小于排水管径的2/3,通球率必须达到100%
灌水试验、通水试验和通球试验	(1)灌水试验 　　隐蔽或埋地的排水管道在隐蔽前必须做灌水试验。 　　1)封闭排出管口。 　　①标高低于各层地面的所有排水管管口,用短管暂时接至地面标高以上。对于横管上和地下甩出(或楼板下甩出)的管道清扫口须加垫、加盖,按工艺要求正式封闭好。 　　②通向室外的排出管管口,用不小于管径的橡胶胆堵,放进管口充气堵严。底层立管和地下管道灌水时,用胆堵从底层立管检查口放入,上部管道堵严。向上逐层灌水依次类推。 　　③高层建筑需分区、分段、再分层试验。 　　打开检查口,用卷尺在管外测量由检查口至被检查水平管的距离加斜三通以下500 mm左右,记上该总长,测量出胶囊到胶管的相应长度,并在胶管上做好标记,以便控制胶囊进入管内的位置。 　　将胶囊由检查口慢慢送入,一直放至测出的总长位。 　　向胶囊充气并观察压力表示值上升到 0.07 MPa 为止,最高不超过 0.12 MPa。

类别	内　　容
灌水试验、通水试验和通球试验	2)向管道内灌水。 ①用胶管从便于检查的管口向管道内灌水,一般选择出户排水管离地面近的管口灌水。当高层建筑排水系统灌水试验时,可从检查口向管内注水。边灌水边观察卫生设备的水位,直到符合规定为止。 ②灌水高度及水面位置控制。其灌水高度应不低于底层卫生器具的上边缘或底层地面的高度。大小便冲洗槽、水泥拖布池、水泥盥洗池灌水量不少于槽(池)深的 1/2;水泥洗涤池不少于池深的 2/3;坐式大便器的水箱,大便槽冲洗水箱水量应至控制水位;盥洗面盆、洗涤盆、浴盆灌水量应至溢水处;蹲式大便器灌水量至水面低于大便器边沿 5 mm 处;地漏灌水时水面高于地表面 5 mm 以上,便于观察地面水排除状况,地漏边缘不得渗水。 ③从灌水开始,应设专人检查监视出户排水管口、地下扫除口等易跑水部位,发现堵盖不严或高层建筑灌水中胶囊封堵不严,以至发现管道漏水应立即停止向管内灌水,进行整修。待管口堵塞、胶囊封闭严密和管道修复、接口达到强度后,再重新进行灌水试验。 ④停止灌水后,详细记录水面位置和停灌时间。 3)检查,做灌水试验记录。 ①停止灌水 15 min 后在未发现管道及接口渗漏的情况下再次向管道灌水,使管内水面恢复到停止灌水时的水面位置,第二次记录好时间。 ②施工人员、施工技术质量管理人员、业主、监理等相关人员在第二次灌满水 5 min 后,对管内水面进行共同检查,水面没有下降、管道及接口无渗漏为合格,立即填写排水管道灌水试验记录。 ③检查中若发现水面下降则为灌水试验不合格,应对管道及各接口、堵口全面细致地进行检查、修复,排除渗漏因素后重新按上述方法进行灌水试验,直至合格。 ④高层建筑的排水管灌水试验须分区、分段、分层进行,试验过程中依次做好各个部分的灌水记录,不可混淆,也不可替代。 ⑤灌水试验合格后,从室外排水口放净管内存水。把灌水试验临时接出的短管全部拆除,各管口恢复原标高,拆管时严防污物落入管内。 (2)通水试验 1)室内排水管道安装完毕,灌水试验合格后交付使用前,应从管道甩口或卫生器具排水口放水或给水系统给水进行通水试验。水流通畅,各接口无渗漏为合格。 2)雨水管道安装完毕,灌水试验合格后交付使用前,应从雨水斗处放水或利用天然雨水进行通水试验。水流畅通,各接口无渗漏为合格。 (3)通球试验 1)为防止水泥、砂浆、钢丝、钢筋等物卡在管道内,排水主立管及水平干管管道均应做通球试验。通球球径不小于排水管道管径的 2/3,通球率必须达到 100%。胶球直径的选择可参见表 1—126。 2)试验顺序从上而下进行,以不堵为合格。 3)胶球从排水立管顶端投入,并在管内注入一定水量,使球能顺利流出为宜。通球过程如遇堵塞,应查明位置进行疏通,直到通球无阻为止。 4)通球完毕,须分区、分段进行记录,填写通球试验记录

表1－124　排水管道穿墙、穿楼板时配合土建预留孔洞的洞口尺寸　　　（单位:mm）

管道名称	管径	孔洞尺寸	管道名称	管径	孔洞尺寸
排水立管	50	150×150	排水横支管	≤50	250×200
	70～100	200×200		100	300×250

表1－125　常用卫生器具排水支管预留孔洞的位置与尺寸　　　（单位:mm）

卫生器具名称	平面位置	图示
蹲式大便器		
坐式大便器		

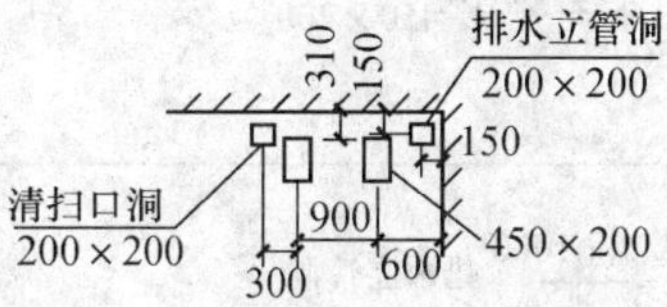

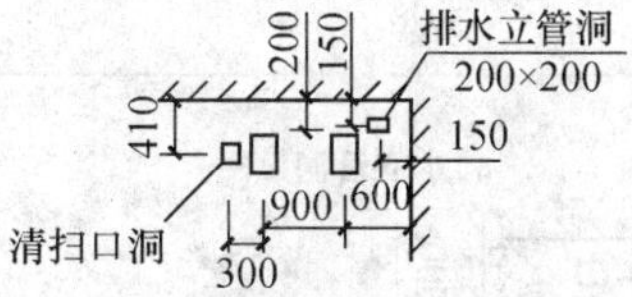

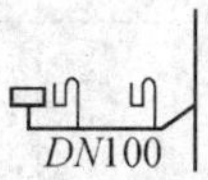

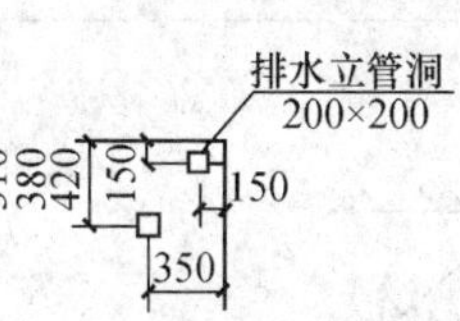

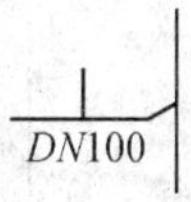

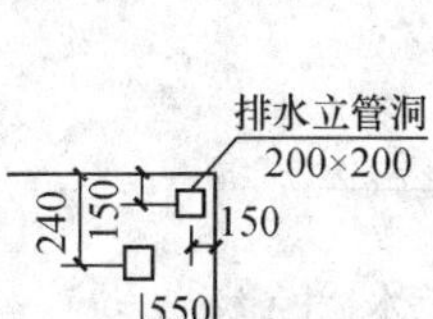

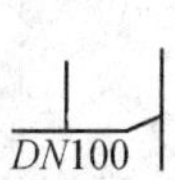

续上表

卫生器具名称	平面位置	图示
小便槽	≥650 排水立管洞 200×200 150 1000 排水管洞 200×200 地漏洞 300×300 650	
	排水立管洞 200×200 310 150 150 清扫口洞 200×200 900 600 450×200 300	
立式小便器	700 1000 排水立管洞 50 1000 排水管洞 150×150 地漏洞 200×200 (甲)650 (乙)150	甲 乙
挂式小便器	排水立管洞 150 1000 排水管洞 150×150 地漏洞 200×200	
洗脸盆	150 排水管洞 150×150 150 洗脸盆中心线	—
污水盆	150 排水管洞 150×150 污水盆中心线	—

续上表

卫生器具名称	平面位置	图示
地漏	排水立管洞 150 ≥150 地漏洞 ≥150×150 150	—
净身盆	排水立管洞 150 ≥380 排水管洞 150×150 150	⊢

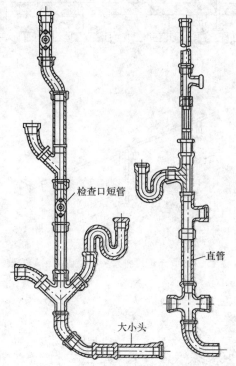

图 1-123 铸铁管立管、管件连接

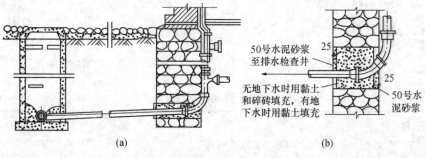

图 1-124 排出管安装

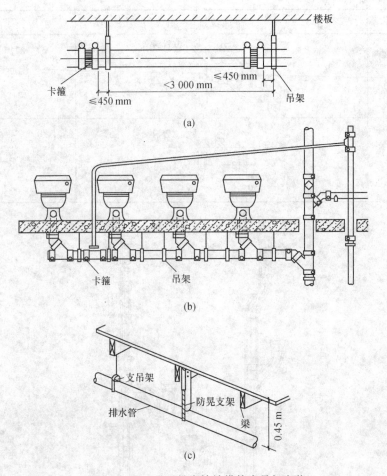

图1-125 无承口排水铸铁横管支吊架安装

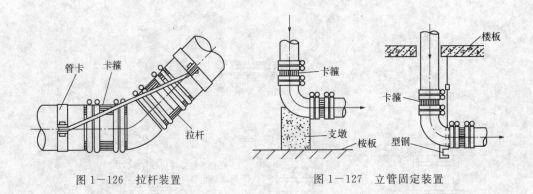

图1-126 拉杆装置   图1-127 立管固定装置

表1-126 管径胶球对应选择表   (单位:mm)

管径	75	100	150
胶球直径	50	75	100

（2）室内 PVC-U 塑料排水管道安装工程施工工艺解析见表 1—127。

表 1—127　室内 PVC-U 塑料排水管道安装工程施工工艺解析

项目	内　　容
开挖沟槽、铺设基础	（1）沟槽。 1）沟槽槽底净宽度，可按各地区的具体情况确定，宜按管外径加 0.6 m 采用。 2）开挖沟槽，应严格控制基底高程，不得扰动基底原状土层。基底设计标高以上 0.2～0.3 m 的原状土，应在铺管前人工清理至设计标高。如遇局部超挖或发生扰动，不得回填泥土，可换填最大粒径 10～15 mm 的天然级配砂石料或最大粒径小于 40 mm 的碎石，并整平夯实。槽底如有坚硬物体必须清除，用砂石回填处理。 3）雨季施工时，应尽可能缩短开槽长度，且成槽快、回填快，并采取防泡槽措施。一旦发生泡槽，应将受泡的软化土层清除，换填砂石料或中粗砂。 4）人工开槽时，宜将槽上部的混杂土与槽下部可用于沟槽回填的良质土分开堆放，且堆土不得影响沟槽的稳定性。 （2）基础。 1）管道基础必须采用砂砾垫层基础。对一般的土质地段，基底可铺一层厚度 H_0 为 100 mm 的粗砂基础；对软土地基，且槽底处在地下水位以下时，宜铺垫厚度不小于 200 mm 的砂砾基础，亦可分两层铺设，下层用粒径为 5～40 mm 的碎石，上层铺粗砂，厚度不得小于 50 mm，见表 1—128。 2）管道基础支承角 2α 应依基础地质条件、地下水位、管径及埋深等条件由设计计算确定，可按表 1—128 采用。 3）管道基础应按设计要求铺设，厚度不得小于设计规定。 4）管道基础在接口部位的凹槽，宜在铺设管道时随铺随挖（见图 1—128）。凹槽长度 L 按管径大小采用，宜为 0.4～0.6 m，凹槽深度 h 宜为 0.05～0.1 m，凹槽宽度 B 宜为管外径的 1.1 倍。在接口完成后，凹槽随即用砂回填密实。 图 1—128　管道接口处的凹槽

类别	内　　容
管道安装及连接	（1）管道安装可采用人工安装。槽深不大时可由人工抬管入槽,槽深大于 3 m 或管径大于公称直径 DN400 mm 时,可用非金属绳索溜管入槽,依次平稳地放在砂砾基础管位上。严禁用金属绳索勾住两端管口或将管材自槽边翻滚抛入槽中。混合槽或支撑槽,可采用从槽的一端集中下管,在槽底将管材运送到位。 （2）承插口管安装,在一般情况下插口插入方面应与水流方向一致,由低点向高点依次安装。 （3）调整管材长短时可用手锯切割,断面应垂直平整,不应有损坏。 （4）管道接头,除另有规定者外,应采用弹性密封圈柔性接头。公称直径小于 DN200 mm 的平壁管亦可采用插入式黏结接口。 （5）橡胶圈接口应遵守下列规定。 　1）连接前,应先检查胶圈是否配套完好,确认胶圈安放位置及插口应插入承口的深度。接口作业所用的工具见表 1—129。 　2）接口作业时,应先将承口（或插口）的内（或外）工作面用棉纱清理干净,不得有泥土等杂物,并在承口内工作面涂上润滑剂,然后立即将插口端的中心对准承口的中心轴线就位。 　3）插口插入承口时,小口径管可用人力,可在管端部设置木挡板,用撬棍将被安装的管材沿着对准的轴线徐徐插入承口内,逐节依次安装。公称直径大于 DN400 mm 的管道,可用缆绳系住管材用手搬葫芦等提力工具安装。严禁采用施工机械强行推顶管子插入承口。 （6）螺旋肋管的安装,应采用由管材生产厂提供的特制管接头,用黏结接口连接。 （7）黏结接口应遵守下列规定。 　1）检查管材、管件质量。必须将插口外侧和承口内侧表面擦拭干净,被黏结面应保持清洁,不得有尘土水迹。表面沾有油污时,必须用棉纱蘸丙酮等清洁剂擦净。 　2）对承口与插口黏结的紧密程度应进行验证。黏结前必须将两管试插一次,插入深度及松紧度配合应符合要求,在插口端表面宜画出插入承口深度的标线。 　3）在承插接头表面用毛刷涂上专用的胶黏剂,先涂承口内面,后涂插口外面,顺轴向由里向外涂抹均匀,不得漏涂或涂抹过量。 　4）涂抹胶黏剂后,应立即找正对准轴线,将插口插入承口,用力推挤至所画标线。插入后将管旋转 1/4 圈,在 60 s 时间内保持施加外力不变,并保持接口在正确位置。 　5）插接完毕应及时将挤出接口的胶黏剂擦拭干净
管道修补	（1）管道敷设后,因意外因素造成管壁出现局部损坏,当损坏部位的面积或裂缝长度和宽度不超过规定时,可采取粘贴修补措施。 （2）管壁局部损坏的孔洞直径或边长不大于 20 mm 时,可用聚氯乙烯塑料粘接溶剂在其外部粘贴直径不小于 100 mm 与管材同样材质的圆形板。

续上表

类别	内 容
管道修补	(3)管壁局部损坏孔洞为 20~100 mm 时,可用聚氯乙烯塑料粘接溶剂在其外部粘贴不小于孔洞最大尺寸加 100 mm 与管材同样材质的圆形板。 (4)管壁局部出现裂缝,当裂缝长度不大于管周长的 1/12 时,可在其裂缝处粘贴长度大于裂缝长度加 100 mm、宽度不小于 60 mm 与管材同样材质的板,板两端宜切割成圆弧形。 (5)修补前应先将管道内水排除,用刮刀将管壁面破损部分剧平修整,并用水清洗干净。对异形壁管,必须将贴补范围内的肋剔除,再用砂纸或锉刀磨平。 (6)粘接前应先用环己酮刷粘接部位基面,待干后尽快涂刷粘接溶剂进行粘贴。外贴用的板材宜采用从相同管径管材的相应部位切割的弧形板。外贴板材的内侧同样必须先清洗干净,采用环己酮涂刷基面后再涂刷粘接溶剂。 (7)对不大于 20 mm 的孔洞,在粘贴完成后,可用土工布包缠固定,固化 24 h 后即可;对大于 20 mm 的孔洞和裂缝,在粘贴完成后,可用铅丝包扎固定。 (8)在管道修补完成后,必须对管底的挖空部位按支承角 2α 的要求用粗砂回填密实。 (9)对损坏管道采取修补措施,施工单位应事前取得管理单位和现场监理人员的同意;对出现在管底部的损坏,还应取得设计单位的同意后方可实施。 (10)如采用焊条焊补或化学止水剂等堵漏修补措施,必须取得管理单位同意后方可实施。 (11)当管道损坏部位的大小超过上列条文的规定时,应将损坏的管段更换。当更换的管材与已铺管道之间无专用连接管件时,可砌筑检查井或连接井连接
沟槽回填	(1)一般规定。 1)管道安装验收合格后应立即回填,应先回填到管顶以上一倍管径高度。 2)沟槽回填从管底基础部位开始到管顶以上 0.7 m 范围内,必须采用人工回填,严禁用机械推土回填。 3)管顶 0.7 m 以上部位的回填,可采用机械从管道轴线两侧同时回填、夯实,可采用机械碾压。 4)回填时沟槽内应无积水,不得带水回填,不得回填淤泥、有机物及冻土。回填土中不得含有石块、砖及其他杂硬物体。 5)沟槽回填应从管道、检查井等构筑物两侧同时对称回填,确保管道及构筑物不产生位移,必要时可采取限位措施。 (2)回填材料及回填要求。 1)从管底到管顶以上 0.4 m 范围内的沟槽回填材料,可采用碎石屑、粒径小于 40 mm 的砂砾、中砂、粗砂或开挖出的良质土。 2)槽底在管基支承角 2α 范围内必须用中砂或粗砂填充密实,与管壁紧密接触,不得用土或其他材料填充。

类别	内 容
沟槽回填	3)管道位于车行道下时,当铺设后立即修筑路面或管道位于软土地层以及低洼、沼泽、地下水位高的地段时,沟槽回填应先用中、粗砂将管底腋角部位填充密实,然后用中、粗砂或石屑分层回填到管顶以上 0.4 m,再往上可回填良质土。 4)沟槽应分层对称回填、夯实,每层回填高度应不大于 0.2 m。在管顶以上 0.4 m 范围内不得用夯实机具夯实。 5)回填土的压实度:管底到管顶范围内应不小于 95%,管顶以上 0.4 m 范围内应不小于 80%,其他部位应不小于 90%。管顶 0.4 m 以上若修建道路,则应符合表 1—130 及图1—129的要求 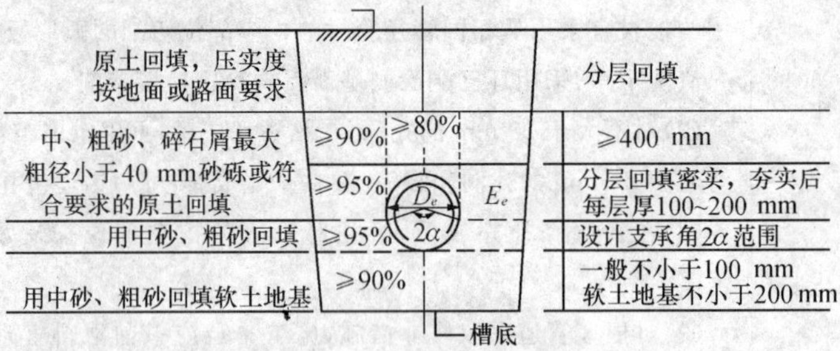 原土回填,压实度按地面或路面要求　　　分层回填 中、粗砂、碎石屑最大粗径小于 40 mm砂砾或符合要求的原土回填 ≥90% ≥80%　　　≥400 mm 用中砂、粗砂回填 ≥95%　　　分层回填密实,夯实后每层厚100~200 mm 用中砂、粗砂回填 ≥95%　　　设计支承角2α 范围 用中砂、粗砂回填软土地基 ≥90%　　　一般不小于100 mm 软土地基不小于200 mm 槽底 图 1—129　沟槽回填土要求
密闭性试验	(1)管道安装完毕且经检验合格后,应进行管道的密闭性检验。宜采用闭水检验方法。 (2)管道密闭性检验应在管底与基础腋角部位用砂回填密实后进行。必要时,可在被检验管段回填到管顶以上一倍管径高度(管道接口处外露)的条件下进行。 (3)闭水检验时,应向管道内充水并保持上游管顶以上 2 m 水头的压力。外观检查,不得有漏水现象。管道 24 h 的渗水量应不大于按下式计算的允许渗水量: $$Q = 0.0046D_1$$ 式中　Q——每 1 km 管道长度 24 h 的允许渗水量(m^3); 　　　D_1——管道内径(mm)
竣工验收	(1)管道工程竣工后必须经过竣工验收,合格后方可交付使用。 (2)管道工程的竣工验收必须在各工序、部位和单位工程验收合格的基础上进行。施工中工序和部位的验收,视具体情况由质量监理、施工和其他有关单位共同验收,并填写验收记录。 (3)管道工程质量的检验评定方法和等级标准,应按现行标准《给排水管道工程施工及验收规范》(GB 50268—2008)的规定执行,并应符合本地区现行有关标准的规定。 (4)竣工验收应提供下列资料。 1)竣工图和设计变更文件。 2)管材制品和材料的出厂合格证明和试验检验记录。

类别	内　　容
竣工验收	3）工程施工记录、隐蔽工程验收记录和有关资料。 4）管道的闭水检验记录。 5）工序、部位（分部）、单位工程质量验收记录。 6）工程质量事故处理记录。 （5）验收隐蔽工程时应具备下列中间验收记录和施工记录资料。 1）管道及其附属构筑物的地基和基础验收记录。 2）管道穿越铁路、公路、河流等障碍物的工程情况。 3）管道回填土压实度的验收记录。 （6）竣工验收时，应核实竣工验收资料，进行必要的复验和外观检查。对管道的位置、高程、管材规格和整体外观等，应填写竣工验收记录。 （7）管道工程的验收应由建设主管单位组织施工、设计、监理和其他有关单位共同进行。验收合格后，建设单位应将有关设计、施工及验收的文件立卷归档

表 1-128　砂石基础的设计支承角 2α

基础形式	设计支承角 2α	基础设置要求
A	10°	
B	120°	
C	180°	

表 1－129　胶圈接口作业项目的施工工具表

作业项目	工具种类
断管	手锯、万能笔、量尺
清理工作面	棉纱
涂润滑剂	毛刷、撬棍、缆绳
接口	挡板、撬棍、缆绳
安装检查	塞尺

表 1－130　沟槽回填土压实度要求

槽内部位		最佳压实度(%)	回填土质
超挖部分		≥95	石砂料或最大粒径小于 40 mm 碎石
管道基础	管底以下	≥90	中砂、粗砂、软土地基应符合规范规定
	管底支承角 2α 范围	≥95	中砂、粗砂
管两侧		≥95	中砂、粗砂、碎石屑、最大粒径小于 40 mm 的砂砾或符合要求的原状土
管顶以上 0.4 m	管两侧	≥95	
	管上部	≥80	
管顶 0.4 m 以上		按地面或道路要求,但不得小于 80	原土回填

第五节　室内雨水管道及配件安装

一、验收条文

(1)室内雨水管道及配件安装工程质量验收标准见表 1－131。

表 1-131 室内雨水管道及配件安装工程施工质量验收标准

类别	内 容
主控项目	(1)安装在室内的雨水管道安装后应做灌水试验,灌水高度必须到每根立管上部的雨水斗。 检验方法:灌水试验持续 1 h,不渗不漏。 (2)雨水管道如采用塑料管,其伸缩节安装应符合设计要求。 检验方法:对照图纸检查。 (3)悬吊式雨水管道的敷设坡度不得小于 5‰;埋地雨水管道的最小坡度,应符合表 1-132 的规定。 检验方法:水平尺、拉线尺量检查
一般项目	(1)雨水管道不得与生活污水管道相连接。 检验方法:观察检查。 (2)雨水斗管的连接应固定在屋面承重结构上。雨水斗边缘与屋面相连处应严密不漏。连接管管径当设计无要求时,不得小于 100 mm。 检验方法:观察和尺量检查。 (3)悬吊式雨水管道的检查口或带法兰堵口的三通的间距不得大于表 1-133 的规定。 检验方法:拉线、尺量检查。 (4)雨水管道安装的允许偏差应符合表 1-103 的规定。 (5)雨水钢管管道焊接的焊口允许偏差应符合表 1-134 的规定

(2)地下埋设雨水排水管道的最小坡度见表 1-132。

表 1-132 地下埋设雨水排水管道的最小坡度

项次	管径(mm)	最小坡度(‰)
1	50	20
2	75	15
3	100	8
4	125	6
5	150	5
6	200~400	4

(3)悬吊管检查口间距见表 1-133。

表 1-133 悬吊管检查口间距

项次	悬吊管直径(mm)	检查口间距(m)
1	≤150	≤15
2	≥200	≤20

（4）钢管管道焊口允许偏差和检验方法见表1—134。

表1—134　钢管管道焊口允许偏差和检验方法

项次	项目		允许偏差	检验方法
1	焊口平直度	管壁厚10 mm以内	管壁厚1/4	焊接检验尺和游标卡尺检查
2	焊缝加强面	高度	+1 mm	
		宽度		
3	咬边	深度	小于0.5 mm	直尺检查
		长度　连续长度	25 mm	
		总长度（两侧）	小于焊缝长度的10%	

二、施工工艺解析

室内雨水管道及配件安装工程施工工艺解析见表1—135。

表1—135　室内雨水管道及配件安装工程施工工艺解析

项目	内　　容
雨水管道设置与安装	（1）雨水内排水系统。 雨水内排水系统见表1—136。 （2）雨水外排水系统。 雨水外排水系统见表1—137。 （3）雨水管道系统安装要求。 根据雨水管道的功能和附件的特点，安装时应注意以下几点。 1）雨水管道不得与生活污水管道相连接。 2）悬吊管采用铸铁管，用铁箍、吊环等固定在墙上，梁上及桁架上应有不小于0.003的坡度，当悬吊管长度大于15 m时，应安装检查口或带法兰盘的三通，其间距离不大于20 m，位置最好靠近柱子、墙，便于检修。另外在悬吊管的堵头也应设置检查口。 3）立管及排出管一般采用给水铸铁管，石棉水泥接口。当可能受到振动或生产工艺有特殊要求时，可采用钢管，接口要焊接连接。 在立管距地面1 m处应装设检查口，以便检修和清理。 4）密闭雨水管道系统的埋地管，应在靠立管处设水平检查口。高层建筑的雨水立管在地下室或底层向水平方向转弯的弯头下面，应设支墩或支架，并在转弯处设检查口
雨水管道灌水试验	（1）雨水管道灌水试验高度，应从上部雨水漏斗至立管底部排出口计，灌满水15 min后，水位下降，再灌满持续5 min，液面不下降，不渗漏为合格。 （2）灌水试验检查时，要求有关人员必须参加，灌水合格后要及时填写灌水试验记录，有关检查人员签字盖章

续上表

类别	内　　　容
雨水管道配件安装	(1)雨水斗。 　　雨水斗的作用是最大限度和极迅速地排除屋面雨雪水量。所以雨水斗应具有泄水面积大、使水流平稳及阻力小、顶部无孔眼、使其内部不与空气相通、构造高度小等特点。 　　国产 65 型雨水斗是由顶盖、底座、环形桶及长 0.325 m、直径为 100 mm 的短管组成，如图1—134所示。 　　雨水斗安装时应注意使雨水斗与屋面连接处的结构能保证雨水畅通地自屋面流入斗内，防水油毡弯折应平缓，连接处不漏水。雨水斗的短管应牢固地固定在屋面承重结构上，接缝处不应漏水。国产 65 型雨水斗安装如图1—135所示。 　　(2)检查井。 　　在敞开式内排水系统中，在排出管接入埋地管处；埋地管长度超过 30 m 的直线管段上；管线转弯、交汇、坡度或管径改变等处都需要设置检查井。为了使雨水从立管进入埋地管时保持良好的水流状态，避免因检查井中水流不畅，使水位升高或气水翻腾，出现冒水现象，在检查井中上下游管道应采用管顶平接，水流转角不得小于 135°，如图1—136所示。井内还应设高流槽，流槽上沿应高出管顶 200 mm，且检查井直径不应小于 1 m，井深不小于 0.7 m，如图1—137 所示。为稳定水流，防止冒水，敞开式系统的排出管宜先接入放气井，然后再进入检查井，如图1—138 所示

表 1—136　雨水内排水系统

技术情况	封闭系统		敞开系统	
	直接外排式	内埋地管式	内埋地管式	内明渠式
特点	(1)室内雨水管系统无开口部分，不会引起水患。 (2)管道系压力排水，不允许接入生产废水。 (3)排水能力较大		(1)可排入生产废水，省去生产废水系统。 (2)管内水流渗气增大排水负荷，有可能造成水患	(1)结合厂房内明渠排水，节省排水管渠。 (2)可减小管渠出口埋深
组成部分	厂房设有天沟、雨水斗、连接管、悬吊管、立管及排出管，如图 1—130 所示			
	厂房内不设置埋地管	厂房内设有密闭埋地管和检查口，如图1—130所示	厂房内设有敞开埋地管和检查井，如图1—130所示	厂房内设置排水明渠
适用条件	不允许地下管道冒水时		(1)无特殊要求的大面积工业厂房。 (2)除埋地管起端的检查井外，可以排入生活废水	(1)结合工艺明渠排水要求，设置雨水明渠。 (2)便于排出水流掺气，减少输送负荷并稳定水流
	地下管道或设备较多、设置雨水管困难的厂房	(1)无直接外排水的条件。 (2)厂房内有设置雨水管道的位置		

技术情况	封闭系统		敞开系统	
	直接外排式	内埋地管式	内埋地管式	内明渠式
管材接口及防腐	(1)连接管、悬吊管、立管及排出管需采用铸铁管、石棉水泥接口;在可能受到振动处应采用钢管、焊接接口。 (2)金属管道均需有防腐措施			
	厂房内无埋地雨水管	埋地管为压力管,一般采用铸铁管	埋地管采用非金属管,如混凝土管或陶土管等	明渠用砖砌槽、混凝土槽等
优点	(1)不会产生雨水水患。 (2)避免了与地下管道和建筑物的矛盾。 (3)排水量较大	(1)不会产生冒水。 (2)排水量较大。 (3)适用于空中设施较复杂而地下可敷设埋地管道的厂房	(1)可省去废水管道,节省金属管材。 (2)维修管理较为方便。 (3)便于生产废水排除	(1)可与厂内明渠结合,节省管材。 (2)稳定水流,减轻渠道负荷。 (3)减小出口的埋深。 (4)便于维护
缺点	(1)厂房内需另设生产废水管道。 (2)架空管道过长易与其设备产生矛盾。 (3)可能产生凝结水。 (4)维护不便。 (5)用金属管道材料较多	(1)厂房需另设生产排水管道。 (2)金属管道材料耗用量大。 (3)维护不便。 (4)造价较高,施工较烦琐	(1)不能完全避免埋地管道冒水。 (2)易与厂房内地下管道及地下建筑产生矛盾。 (3)厂房较大时,可能造成埋地管道过多,施工不便	(1)受厂房内明渠条件限制。 (2)使用环境条件较差。 (3)管渠接合较为复杂

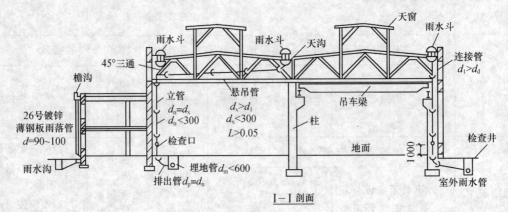

I—I 剖面

图 1—130

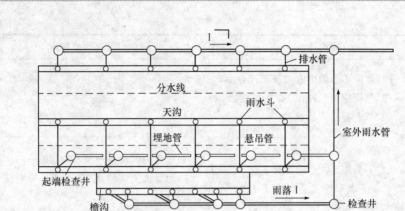

图 1—130 屋面内排水系统(单位:mm)

表 1—137 雨水外排水系统

技术情况	檐沟外排水	天沟外排水
特点	雨水系统各部分均敷设于室外,室内不会由于雨水系统的设置而产生水患	
组成部分	檐沟、承雨斗及立管,如图 1—131~图 1—133 所示	天沟、雨水斗、立管及排出管,如图 1—131~图 1—133 所示
选择条件	适用于小型低层建筑,室外一般不设置雨水管渠	用于大面积厂房屋面排水,室外常设有雨水管渠。 (1)厂房内不允许设置雨水管道。 (2)厂房内不允许进雨水。 (3)天沟长度不宜大于 50 m。 有条件时应尽量采用
管道材料	管道多用 26 号镀锌铁皮制成的圆形或方形管,接口用锡焊、铸铁管及石棉水泥管等(石棉水泥捻口)。也有用 UPVC 管和玻璃钢管的	立管及排管用铸铁管,石棉水泥接口,低矮厂房也可采用石棉水泥管,以套环接连
敷设技术要求	(1)沿建筑长度方向的两侧,每隔 15~20 m 设 90~100 mm 的雨落管 1 根,其汇水面积不超过 250 m²。 (2)阳台上可用 500 mm 的排水管	(1)天沟敷设、断面、长度及最小坡度等如图 1—132(a)所示。 (2)立管的敷设要求如图 1—132(b)所示。 (3)立管直接水到地面时,需采取防冲刷措施。在湿陷性土壤地区,不准直接排水。 (4)冰冻地区立管须采取防冻措施或设于室内。 (5)溢流口与天沟雨水斗及立管的连接方式之一如图 1—133 所示

续上表

技术情况	檐沟外排水	天沟外排水
优点	(1)室内不会因雨水系统而产生漏水、冒水。 (2)与厂房内各种设备、管道等无干扰。 (3)节省金属管道材料	
缺点	(1)不适用于大型建筑排水。 (2)排水较分散,不便于有组织排水	(1)厂房内需设生产废水管道。 (2)为保证天沟坡度,需增大垫层厚度,可能增大屋面负荷。 (3)需加强天沟防水

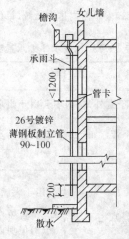

图 1—131　檐向外排水高沟(单位:mm)

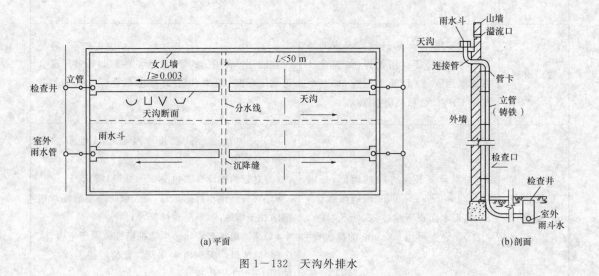

(a)平面　　　　　　　　　　　　　(b)剖面

图 1—132　天沟外排水

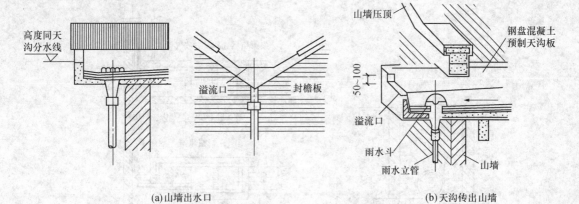

(a)山墙出水口

(b)天沟传出山墙

图1—133 天沟雨水斗与立管连接(单位:mm)

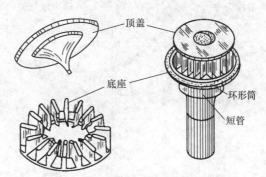

图1—134 65型雨水斗

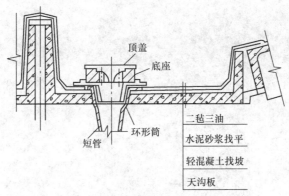

图1—135 65型雨水斗安装图

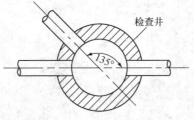

图1—136 检查井接管

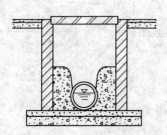

图 1—137　高流槽检查井

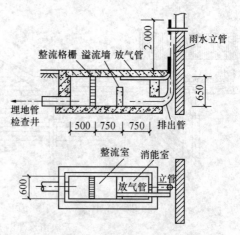

图 1—138　放气井(单位:mm)

第二章 室内热水供应系统

第一节 室内热水管道及配件安装

一、验收条文

室内热水管道及配件安装工程施工质量验收标准见表2—1。

表2—1 室内热水管道及配件安装工程施工质量验收标准

类别	内　　容
主控项目	(1)热水供应系统安装完毕,管道保温之前应进行水压试验。试验压力应符合设计要求。当设计未注明时,热水供应系统水压试验压力应为系统顶点的工作压力加0.1 MPa,同时在系统顶点的试验压力不小于0.3 MPa。 检验方法:钢管或复合管道系统试验压力下10 min内压力降不大于0.02 MPa,然后降至工作压力检查,压力应不降,且不渗不漏;塑料管道系统在试验压力下稳压1 h,压力降不得超过0.05 MPa,然后在工作压力1.15倍状态下稳压2 h,压力降不得超过0.03 MPa,连接处不得渗漏。 (2)热水供应管道应尽量利用自然弯补偿热伸缩,直线段过长则应设置补偿器。补偿器形式、规格、位置应符合设计要求,并按有关规定进行预拉伸。 检验方法:对照设计图纸检查。 (3)热水供应系统竣工后必须进行冲洗。 检验方法:现场观察检查
一般项目	(1)管道安装坡度应符合设计规定。 检验方法:水平尺、拉线尺量检查。 (2)温度控制器及阀门应安装在便于观察和维护的位置。 检验方法:观察检查。 (3)热水供应管道和阀门安装的允许偏差应符合表1—2的规定。 (4)热水供应系统管道应保温(浴室内明装管道除外),保温材料、厚度、保护壳等应符合设计规定。保温层厚度和平整度的允许偏差应符合表1—96的规定

二、施工工艺解析

(1)管道安装规定见表2—2。

表 2－2　管道安装规定

项目	内　　容
管路安装要点	(1)热水管网的配水立管始端,回水立管末端和支管上装冷水嘴多于 5 个或小于 10 个时,应装设阀门以使局部管道检修时,不致中断大部分管路配水。 (2)为防止热水管道输送过程中发生倒流、串流,应在水加热器或储水罐给水管上、机械循环的第二循环管上,加热冷水所用的混合器的冷热水进水管道上安装止回阀。 (3)所有横管,应有与水流相反的坡度,以便于排气和泄水,坡度应不小于 0.003。 (4)横干管直线段应设置足够的伸缩器。 (5)上行式配水横干管的最高点应设置排气装置(自动排气阀或排气管),管网最低点应设置足够的伸缩器。 (6)对下行上给全循环管网,为了防止配水管网中分离出的气体被带回循环管,应当把每根立管的循环管始端都接到其相应配水立管最高点以下 0.5 m 处。 (7)为了避免管道热伸长所产生的应力破坏管道,支管与横管连接应采用加有弯管的形式。 (8)热水储水罐或容积式水加热器上接出的热水配水管一般从设备顶接出,机械循环的回水管和冷水管从设备下部接入。热媒为热水的进水管应在设备顶部 1/4 高度接入。其回水管和冷水管应分别在设备底部引出和接入。 (9)为了满足运行调节和检修的要求,在水加热设备、储水器、锅炉、自动温度调节器和疏水器等设备的进出水口的管道上,还应装设必要的阀门。 (10)铜管常采用焊接或螺纹连接
补偿器预拉伸	安装补偿器应按设计要求做预拉。套管补偿器预拉伸长度可按表 2－3 的规定执行。方形补偿器预拉伸长度可为其伸长量的一半。安装铜质波形补偿器时,其直管长度不小于 100 mm
波纹管补偿器安装	(1)补偿器进场时应进行检查验收,核对其类型、规格、型号、额定工作压力是否符合设计要求,应有产品出厂合格证;同时检查外观质量,包装有无损坏,外露的波纹管表面有无碰伤。应注意在安装前不得拆卸补偿器上的拉杆,不得随意拧动拉杆螺母。 (2)装有波纹补偿器的管道支架不能按常规布置,应按设计要求或生产厂家的安装说明书的规定布置:一般在轴向型波纹管补偿器的一侧应有可靠固定支架;另一侧应有两个导向支架,第 1 个导向支架离补偿器边应等于 4 倍管径,第 2 个导向支架离第一个导向支架的距离应等于 14 倍管径,再远处才可按常规布置滑动架(图 2－1),管底应加滑托。固定支架的做法应符合设计或指定的国家标准图的要求。 (3)轴向波纹管补偿器的安装,应按补偿器的实际长度并考虑配套法兰的位置或焊接位置,在安装补偿器的管道位置上画下料线,依线切割管子,做好临时支撑后进行补偿器的焊接连接或法兰连接。在焊接连接或法兰连接时必须注意找平找正,使补偿器中心与管道中心同轴,不得偏斜安装。

续上表

项目	内 容
波纹管 补偿器安装	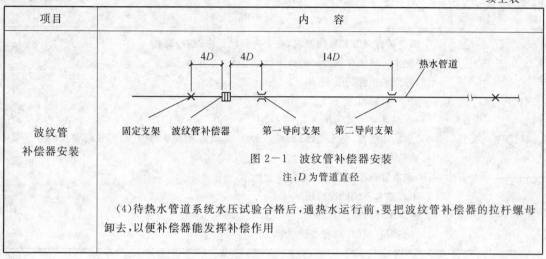图 2—1　波纹管补偿器安装 注:D 为管道直径 (4)待热水管道系统水压试验合格后,通热水运行前,要把波纹管补偿器的拉杆螺母卸去,以便补偿器能发挥补偿作用

表 2—3　套管补偿器预拉伸长度　　　　　　　　　　(单位:mm)

补偿器规格	15	20	25	32	40	50	65	80	100	125	150
预拉伸长	20	20	30	30	40	40	56	59	59	59	63

(2)管道配件安装方法见表 2—4。

表 2—4　管道配件安装方法

项目	内 容
温度调节器安装	为了保证水加热器供水温度的稳定,在水加热器供水出口处,应装自动温度调节器,如图 2—2 所示。 温度调节器须直立安装,温包必须全部插入热水管道中。毛细管敷设弯曲时,其弯曲半径不小于 60 mm,并每隔 300 mm 间距进行固定。 热水配水干管,机械循环的回水管,和有可能结冻的自然回水管、水加热器、储水器等均应保温,以减少热损失 图 2—2　温度调节器的安装

项　目	内　　容
阀门设置与安装	为满足运行调节和检修要求,在下列管段上应设置阀门。 (1)配水或回水环状管网的分干管。 (2)各配水立管的上、下端。 (3)从立管接出的支管上。 (4)配水点大于或等于5个的支管上。 (5)水的加热器、热水储水器、循环水泵、自动温度调节器、自动排气阀和其他需要考虑检修的设备进出水口管道上。 (6)热水管网在下列管段上应设止回阀。 　1)闭式热水系统的冷水进水管上。 　2)强制循环的回水总管上。 　3)冷热混合器的冷、热水进水管上

(3)管道保温与防腐方法见表2-5。

表2-5　管道保温与防腐方法

项　目	内　　容
管道涂抹法保温(绝热)	采用不定型保温材料(如膨胀珍珠岩、膨胀蛭石、石棉白云石粉、石棉纤维、硅藻土熟料等),加入胶黏剂(如水泥、水玻璃、耐火黏土等),或再加入促凝剂(氟硅酸钠或霞石安基比林),选定一种配料比例,加水混拌均匀,成为塑性泥团,徒手或用工具涂抹到保温管道和设备上的施工方法,称为涂抹法保温。涂抹式保温结构如图2-3所示。管道涂抹法保温施工方法及要点见表2-6 <div align="center">涂抹保温层 保护层 管道 图2-3　涂抹式保温结构</div>
管道缠包式保温(绝热)	缠包式保温结构如图2-4所示,是将保温材料制成绳状或带状,直接缠绕在管道上。这种方法使用的保温材料有矿渣棉毡、玻璃棉毡、稻草绳、石棉绳或石棉带等。 管道缠包式保温施工方法与要点见表2-7 <div align="center">缠包保温层 保护层 管子 图2-4　缠包式保温结构</div>
管道防腐	管道防腐作业项目及作业方法见表2-9

表 2—6 管道涂抹法保温施工方法及要点

项目	施工方法及要点
保温层施工	(1)将石棉硅藻土或碳酸镁石棉粉用水调成胶泥待用。 (2)再用六级石棉和水调成稠浆并涂抹在已涂刷防锈漆的管道表面上,涂抹厚度为 5 mm 左右。 (3)等该涂抹底层干燥后,再将待用胶泥往上涂抹。涂抹应分层进行。每层厚度为 10～15 mm。前一层干燥后,再涂抹后一层,直到获得所要求的保温厚度为止。管道转弯处保温层应有伸缩缝。 (4)施工直立管道段的保温层时,应先在管道上焊接支承环,然后再涂抹保温胶泥。支承环为 2～4 块宽度等于保温层厚度的扁钢组成。当管径 $\phi<150$ mm 时,可直接在管道上捆扎几道钢丝作为支承环,支承环的间距为 2～4 m。 (5)进行涂抹式保温层施工时,其环境温度应在 0℃ 以上。为了加快干燥速度,可对管内通入≤150℃ 的蒸气
保护层施工	油毡玻璃丝保护层施工方法 (1)将 350 号石油沥青油毡剪成宽度为保温层外圆周长加 50～60 mm、长度为油毡宽度的长条待用。 (2)将待用长条以纵横搭接长度约 50 mm 的方式包在保温层上,横向接缝用沥青封口,纵向接缝布置在管道侧面,且缝口朝下。 (3)油毡外面用 $\phi1\sim\phi1.6$ mm 镀锌钢丝捆扎,并应每隔 250～300 mm 捆扎 1 道,不得采取连续缠绕;当绝热层外径>600 mm 时,则用 50 mm×50 mm 的镀锌钢丝网捆扎在绝热层外面。 (4)用厚 0.1 mm 的玻璃丝布以螺旋形缠绕于油毡外面,再以 1 号镀锌钢丝每隔 3 m 捆扎 1 道。 (5)油毡玻璃丝布保护层表面应缠绕紧密,不得有松动、脱落、翻边、皱褶和鼓包等缺陷,且应按设计要求涂刷沥青或油漆 石棉水泥保护层施工方法 (1)当设计无要求时,可按 72%～77%32.5 级以上的水泥、20%～25%4 级石棉、3%防水粉(质量比),用水搅拌成胶泥。 (2)当涂抹保温层外径≤200 mm 时,可直接往上抹胶泥,形成石棉水泥保护层;当保温层外径>200 mm 时,先在保温层上用 30 mm×30 mm 镀锌钢丝网包扎,外面用 $\phi1.8$ mm镀锌钢丝捆扎,然后再抹胶泥。 (3)当设计无明确规定时,保护层厚度可按保温层外径大小来决定,即:保温层外径<350 mm 者为 10 mm,外径≥350 mm 者为 15 mm。 (4)石棉水泥保护层表面应平整、圆滑,无明显裂纹,端部棱角应整齐,并按设计要求涂刷油漆或沥青

表 2-7　管道缠包式保温施工方法与要点

项目	施工方法及要点
保温层施工	（1）先将矿渣棉毡或玻璃棉毡按管道外圆周长加搭接长度剪成条块待用。 （2）把按管子规格剪成的条块缠包在已涂刷防锈漆的相应管径的管道上。缠包时应将棉毡压紧，如1层棉毡厚度达不到保温厚度时，可用两层或3层棉毡。 （3）缠包时，应使棉毡的横向接缝结合紧密，如有缝隙应用矿渣棉或玻璃棉填塞；其纵向接缝应放在管道顶部，搭接宽度为50～300 mm（按保温层外径确定）。 （4）当保温层外径＜500 mm时，棉毡外面用 $\phi 1～\phi 1.4$ mm 镀锌钢丝包扎，间隔为150～200 mm；当外径＞500 mm时，除用镀锌钢丝捆扎外，还应以 30 mm×30 mm 镀锌钢丝网包扎。 （5）使用稻草绳包扎时，当管道温度不高时可直接缠绕在管道上，外面作保护层。如管道输送介质温度较高（一般在100℃以上）时，为了避免稻草绳被烤焦，可先在管道上涂石棉水泥胶泥或硅藻土胶泥，待干燥后再缠稻草绳，外面再敷以保护层。稻草绳主要用于热水采暖系统的管道上，热水温度一般在100℃以下。 （6）使用石棉绳（带）时，可将石棉绳（带）直接缠绕在管子上，根据保温层厚度及石棉绳直径可缠1层或2层，两层之间应错开，缝内填石棉泥，外面也可不作保护层。 石棉泥保温可用在高温蒸气管道或临建工程上，主要为了施工和拆卸方便，一般可用在小直径热水管道上
保护层施工	（1）油毡玻璃丝布保护层，作法同表2-6中"管道涂抹法保护层施工"。 （2）金属保护层（也适用于预制装配式保温）： 1）将厚度0.3～0.5 mm的镀锌薄钢板（内外先刷红丹底漆两遍）或厚度为0.5～1 mm的铝皮，以管周长作为宽度剪切下料，再用压边机压边，用滚圆机滚圆成圆筒状。 2）将金属圆筒套在保温层上，且不留空隙，使纵缝搭接口朝下；环向接口应与管道坡度一致；每段金属圆筒的环向搭接长度为30 mm，纵向搭接长度不少于30 mm。 3）金属圆筒紧贴保温层后，用半圆头自攻螺钉进行紧固。螺钉间距为200～250 mm，螺钉孔以手电钻钻孔；禁止采用冲孔或其他不适当的方式装配螺钉。 4）在薄钢板保护层外壁按设计要求涂刷油漆。 （3）管道预制装配式保温（绝热）。 预制装配式保温结构如图2-5所示。一般管径 $DN≤80$ mm 时，采用半圆形管壳；管径 $DN≥100$ mm 时，则采用扇形瓦（弧形瓦）或梯形瓦。预制品所用的材料主要有泡沫混凝土、石棉、硅藻土、矿渣棉、玻璃棉、岩棉、膨胀珍珠岩、膨胀蛭石、硅酸钙等。 管道预制装配式保温施工方法及要点见表2-8

表 2—8　管道预制装配式保温施工方法及要点

项目	施工方法及要点
保温结构施工	(1)将泡沫混凝土、硅藻土或石棉蛭石等预制成能围抱管道的扇形块(或半圆形管壳)待用。构成环形块数可根据管外径大小而定,但应是偶数,最多不超过 8 块;厚度不大于 100 mm,否则应做成双层。 (2)一种施工方法是将管壳用镀锌钢丝直接绑扎在管道上。 (3)一种施工方法是在已涂刷防锈漆的管道外表面上,先涂一层 5 mm 厚的石棉硅藻土或碳酸镁石棉粉胶泥(若用矿渣棉或玻璃棉管壳保温时,可用直接绑扎法)。 (4)将待用的扇形块按对应规格装配到管道上面。装配时应使横向接缝和纵向接缝相互错开;分层保温时,其纵向缝里外应错开 15° 以上,而环形对缝应错开 100 mm 以上,并用石棉硅藻土胶泥将所有接缝填实。 (5)预制块保温可用有弹性的胶传输带临时固定,也可用胶传输带按螺旋形松缠在一段管子上,再顺序塞入各种经过试配的保温材料,并用 $\phi1.2 \sim \phi1.6$ mm 的镀锌钢丝或薄钢板箍(20 mm×1.5 mm)将保温层逐一固定,方可解下胶传输带移至下一段管上进行施工。 (6)当绝热层外径 $\phi > 200$ mm 时,应用(30~50) mm×50 mm 镀锌钢丝网对其进行捆扎。 (7)在直线管段上,每隔 5~7 m 应留一膨胀缝,间隙为 5 mm。在弯管处,管径小于或等于 300 mm 应留一条膨胀缝,间隙为 20~30 mm。膨胀缝须用柔性保温材料(石棉绳或玻璃棉)填充
保护层施工	(1)用材、方法、外涂漆等与涂抹式的保护层要求相同,但矿渣棉或玻璃棉的管壳作保温层者,应采用油毡玻璃丝布保护层。 (2)采用石棉水泥或麻刀石灰作保护层,其厚度不小于 10 mm。 (3)采用薄钢板作保护层,纵缝搭口应朝下,薄钢板的搭接长度,环形缝为 30 mm。弯管处薄钢板保护层的结构如图 2—6 所示

表 2—9　管道防腐作业项目及作业方法

项目	内容及方法
表面清理	对未刷过底漆的,应先作表面清理。 金属管道表面,常有泥灰、浮锈、氧化物、油脂等杂物,影响防腐层同金属表面的结合,因此在刷油前必须去掉这些污物。除采用 7108 稳化型带锈底漆允许有 80 μm 以下的锈层外,一般都要露出金属本色。 表面清理方法,一般是除油除锈: (1)除油管道表面粘有较多的油污时,可先用汽油或浓度为 5% 的热苛性钠溶液洗刷,然后用清水冲洗,干燥后再进行除锈。

项目	内容及方法
表面清理	(2)除锈方法有喷砂、酸洗(化学)等方法
涂漆	涂漆一般采用刷漆、喷漆、浸漆、浇漆等方法。管道工程大多采用刷漆和喷漆方法。人工涂漆要求涂刷均匀,用力往复涂刷,不应有"花脸"和局部堆积现象。机械喷涂时,漆流要与喷漆面垂直,喷嘴与喷漆面距离为 400 mm 左右,喷嘴的移动应当均匀平稳,速度为每分钟 10～18 m 左右,压缩空气压力为 0.2～0.4 MPa。 涂漆时的环境温度不得低于 5℃,否则应采取适当的防冻措施;遇雨、雾、露、霜,及大风天气时,不宜在室外涂漆施工。 涂漆的结构和层数按设计规定,涂漆层数在两层或两层以上时,要待前一层干燥后再涂下一层,每层厚度应均匀。 有些管道在出厂时已按设计要求做过防腐处理,当安装施工完并试压后,要对连接部位进行补涂,防止遗漏
管道着色	管道涂漆除了为了防腐外,还有装饰和辨认作用。特别是在工厂厂区和车间内,各类工业管道很多,为了便于操作者管理和辨认,在不同介质的管道表面或保温层表面,涂上不同颜色的油漆和色环

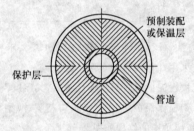

图 2—5　预制装配式保温结构

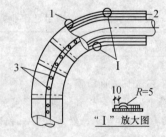

图 2—6　弯管薄钢板保护层结构(单位:mm)

1—0.5 mm 薄钢板保护层;2—保温层;3—半圆头自攻螺钉 4 mm×16 mm

(4)热水供应系统试验。

1)管道水压试验条件及方法见表 2—10。

表 2—10　管道水压试验条件及方法

项目	内　容
系统试压应具备的条件	(1)管道施工安装完毕,并符合设计要求和施工验收规范(或规程)的有关规定。 (2)管道的支、吊架安装完毕;管道阀门、法兰、焊缝及其他应检查的部位未经涂漆和保温。 (3)不能参加试验的设备、仪表及管道附件等已暂时隔离或拆除;试验用的临时加固措施经检查确定安全可靠。 (4)试验用压力表已经技术监督部门指定检测单位进行校验,并贴有规定标记,试压用压力表的精度不低于 1.5 级,表的满刻度值为最大被测压力的 1.5～2 倍。 (5)系统内的固定支架焊牢,末端堵头或阀门支撑应顶好(特别是大管道末端更应顶住)。末端头应进行强度验算。 (6)具有完善的并经批准的试验方案
试验压力	热水供应系统试验压力应符合设计要求。当设计无要求时,系统试验压力为系统顶点的工作压力加 0.1 MPa,同时在系统顶点的试验压力不小于 0.3 MPa
检验方法	(1)钢管或铜管或复合管系统试验压力下 10 min 内压力降不大于 0.02 MPa,然后降至工作压力检查,压力应不下降,且不渗不漏为合格。 (2)塑料管(如 PP-R 管等)系统在试验压力下稳压 1 h,压力降不得超过 0.05 MPa,然后在工作压力 1.15 倍状态下稳压 2 h,压力降不得超过 0.03 MPa,连接处不渗漏为合格

2)热水供应系统冲洗内容及要求见表 2—11。

表 2—11　热水供应系统冲洗内容及要求

类别	内　容
冲洗条件	(1)室内热水管路系统水压试验已做完;各环路控制阀门关闭灵活可靠。 (2)临时供水装置运转正常,增压水泵工作性能符合要求。 (3)冲洗水放出时有排出的条件;水表尚未安装,如已安装应卸下,用直管代替,冲洗后再复位
冲洗工艺	(1)先冲洗热水管道系统底部干管,后冲洗各环路支管。 (2)由临时供水入口向系统供水。关闭其他支管的控制阀门,只开启干管末端支管最底层的阀门,由底层放水并引至排水系统内。 (3)观察出水口处水质的变化。 (4)底层干管冲洗后再依次吹洗各分支环路,直至全系统管路冲洗完毕为止
冲洗技术要求	(1)冲洗水压应大于热水系统供水工作压力。 (2)出水口处的管道截面不小于被冲洗管径截面的 3/5。 (3)出水口处的排水流速不小于 1.5 m/s。 (4)为便于控制冲洗水管管径与流速的关系,可参考表 2—12

表 2—12   冲洗增压水泵流量与接管流速选用表   （单位：m/s）

小时流量 （m³/h）	秒流量 （m³/s）	冲洗水管管径（mm）							
		32	40	50	70	80	100	125	150
5	0.001 4	1.67	1.08	0.72					
10	0.002 7		2.09	1.38	0.72				
15	0.004 2			2.14	1.12	0.78			
20	0.005 6			2.86	1.50	1.08	0.71		
25	0.006 9			3.52	1.84	1.33	0.88		
30	0.008 3				2.22	1.60	1.06	0.67	
40	0.011				2.97	2.12	1.40	0.89	
50	0.014				3.78	2.69	1.78	1.14	0.79
60	0.016 7					3.22	2.13	1.36	0.94
70	0.019					3.65	2.42	1.54	1.07

第二节 室内热水供应系统辅助设备安装

一、验收条文

（1）室内热水供应系统辅助设备安装工程施工质量验收标准见表 2—13。

表 2—13   室内热水供应系统辅助设备安装工程施工质量验收标准

项目	内　　容
主控项目	（1）在安装太阳能集热器玻璃前，应对集热排管和上、下集管作水压试验，试验压力为工作压力的 1.5 倍。 检验方法：试验压力下 10 min 内压力不降，不渗不漏。 （2）热交换器应以工作压力的 1.5 倍作水压试验。蒸气部分应不低于蒸气供气压力加 0.3 MPa；热水部分应不低于 0.4 MPa。 检验方法：试验压力下 10 min 内压力不降，不渗不漏。 （3）水泵就位前的基础混凝土强度、坐标、标高、尺寸和螺栓孔位置必须符合设计要求。 检验方法：对照图纸用仪器和尺量检查。 （4）水泵试运转的轴承温升必须符合设备说明书的规定。 检验方法：温度计实测检查。 （5）敞口水箱的满水试验和密闭水箱（罐）的水压试验必须符合设计与本规范的规定。 检验方法：满水试验静置 24 h，观察不渗不漏；水压试验在试验压力下 10 min 压力不降，不渗不漏

续上表

项目	内 容
一般项目	(1)安装固定式太阳能热水器,朝向应正南。如受条件限制时,其偏移角不得大于15°。集热器的倾角,对于春、夏、秋三个季节使用的,应采用当地纬度为倾角;若以夏季为主,可比当地纬度减少10°。 检验方法:观察和分度仪检查。 (2)由集热器上、下集管接往热水箱的循环管道,应有不小于5‰的坡度。 检验方法:尺量检查。 (3)自然循环的热水箱底部与集热器上集管之间的距离为0.3～1.0 m。 检验方法:尺量检查。 (4)制作吸热钢板凹槽时,其圆度应准确,间距应一致。安装集热排管时,应用卡箍和钢丝紧固在钢板凹槽内。 检验方法:手扳和尺量检查。 (5)太阳能热水器的最低处应安装泄水装置。 检验方法:观察检查。 (6)热水箱及上、下集管等循环管道均应保温。 检验方法:观察检查。 (7)凡以水作介质的太阳能热水器,在0℃以下地区使用,应采取防冻措施。 检验方法:观察检查。 (8)热水供应辅助设备安装的允许偏差应符合表1-96的规定。 (9)太阳能热水器安装的允许偏差应符合表2-14的规定

(2)太阳能热水器安装的允许偏差和检验方法见表2-14。

表2-14 太阳能热水器安装的允许偏差和检验方法

项目			允许偏差	检验方法
板式直管太阳能热水器	标高	中心线距地面(mm)	±20	尺量
	固定安装朝向	最大偏移角	不大于15°	分度仪检查

二、施工工艺解析

(1)太阳能热水器安装见表2-15。

表2-15 太阳能热水器安装

项目	内 容
太阳能热水器组成及设备	太阳能热水系统主要由太阳能集热器、循环管道和水箱等组成,如图2-7所示。 (1)集热器。 集热器由集热管、上下集管、集热板、罩板(一般为玻璃板)、保温层和外框组成,现已有定型产品可供选购。

续上表

项 目	内 容

太阳能热水器组成及设备	平板型集热器是太阳能热水器的最关键性设备,其作用是收集太阳能并把它转化为热能,如图 2—8 所示。集热器由透明盖板、集热板、保温层及外壳四部分组成。透明盖板起防止外界影响的保护作用,同时减少热损失,提高集热效率,材料最好用钢化玻璃、透明塑料薄膜。集热板有管板式与扁盒式,其作用是吸收太阳能量并将能量传给水。
	    1)集热管是集热器的核心部分,其作用是使被加热的水或热媒通过并吸收集热管和集热板传递的热量而被加热。一般用薄壁钢管、金属扁盒或瓦楞形金属盒制成,有条件时也可以用钢管、钛管或不锈钢管制成。
	    2)集热板一般用经过防腐处理的厚度为 0.3~0.5 mm 的钢板、铝合金板、不锈钢板制作,与集热管接触严密。
	    图 2—9 为管板式集热板,它由集管、排管、吸热板组成。
	    3)透明罩板的作用是使阳光透过,达到集热板或集热管上,隔断与大气的对流散热,保护集热器内部装置。常用含氧化铁低的水白玻璃,最好用钢化玻璃、透明塑料薄膜。
	    4)吸热黑色涂料集热板和集热管的表面要涂刷黑色涂料,其作用是吸收太阳辐射热。常用的涂料有无光黑板漆、丙烯酸黑漆、沥青漆等。
	    5)外壳和保温层常用外壳材料有木材、钢板、铝板、塑料等。常用的保温材料有矿渣棉、玻璃棉、膨胀珍珠岩、泡沫塑料等。
	    (2)循环管道。
	    循环管道由上升循环管和下降循环管构成,用其连接太阳能集热器和循环水箱,使太阳能集热器产生的热水进行循环加热。
	    (3)水箱。
	    水箱包括循环水箱和补给水箱。循环水箱用循环管道与太阳能集热器相连,供热水循环和储备之用。常用的循环水箱容积为 500 L 和 1 000 L 两种,外形为方形,用钢板或铝合金板制成。循环水箱上设有热水循环管管口、热水出水管口和补给水管口。补给水可由水箱底部进入,并装有挡板,以便冷水进入水箱时,通过挡板扩散流入,不致将箱内热水搅混。循环水箱顶部应设透气管、溢水管,底部设泄水管。补给水箱与循环水箱相通,当热水供应系统中的循环水箱水位降低时,可通过补给水箱进行补充。补给水箱用钢板制造,矩形或圆形均可,但容积不宜过大。水箱内装浮球阀,以保持水位,还应设置溢水管、泄水管。
	    热水箱冷水的补给方式有漏斗式和补给水箱两种,如图 2—10 所示

支座架制作安装	太阳能热水器可装设在屋顶上,如图 2—11 所示,也可在阳台和墙面上装设,如图 2—12所示。 太阳能热水器支座架制作安装应按设计详图进行配制,一般为成品现场组装,支座架地脚盘安装应符合设计要求

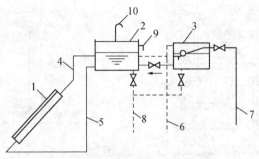

图2—7 太阳能热水系统的组成

1—热水器；2—循环水箱；3—补给水箱；

4—上升循环管；5—下降循环管；6—热水出水管；

7—给水管；8—泄水管；9—溢水管；10—透气管

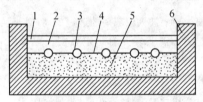

图2—8 平板型集热器

1—盖板；2—空气层；3—排管；

4—吸热板；5—保温层；6—外壳

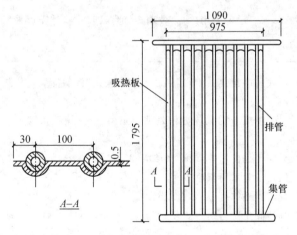

图2—9 管板式集热板(单位:mm)

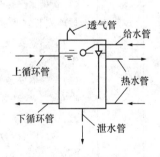

图2—10 热水箱冷水补给方式

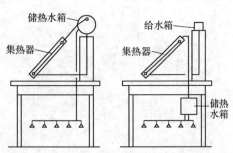

图 2—11　太阳能热水器装设在屋顶上　　　图 2—12　太阳能热水器装设在阳台和墙面上

(2)集热设备安装方法见表 2—16。

表 2—16　集热设备安装方法

项目		内　容
集热器安装	集热器的材料要求	(1)透明罩要求对短波太阳辐射的透过率高,对长波热辐射的反射和吸收率高,耐气候性、耐久、耐热性好,质轻并有一定强度。宜采用 3～5 mm 厚的含铁量少的钢化玻璃。 (2)集热板和集热管表面应为黑色涂料,应具有耐气候性、附着力大、强度高的特点。 (3)集热管要求热导率高,内壁光滑,水流摩阻小,不易锈蚀,不污染水质,强度高,耐久性好,易加工的材料,宜采用铜管和不锈钢管;一般采用镀锌碳素钢管或合金铝管。筒式集热器可采用厚度 2～3 mm 的塑料管(硬聚氯乙烯)等。 (4)集热板应有良好的导热性和耐久性,不易锈蚀,宜采用铝合金板,铝板、不锈钢板或经防腐处理的钢板。 (5)集热器应有保温层和外壳,保温层可采用矿棉、玻璃棉、泡沫塑料等,外壳可采用木材、钢板、玻璃钢等
	集热器安装工艺	(1)管板式集热器是目前广泛使用的集热器,与储热水箱配合使用,倾斜安装。集热器玻璃安装宜顺水搭接或框式连接。 (2)集热器安装方位在北半球,集热器的最佳方位是朝向正南,最大偏移角度不大于 15°。 (3)集热器安装倾角最佳倾角应根据使用季节和当地纬度确定。 1)在春、夏、秋 3 季使用时,倾角设置采用当地纬度。 2)仅在夏季使用时,倾角设置比当地纬度小 10°。 3)全年使用或仅在冬季使用时,倾角比当地纬度大 10°
热交换器安装		(1)换热器安装条件。 1)换热器进场后应进行本体水压试验,试验压力应为 1.5 倍的工作压力。蒸气部分应不低于蒸气压力加 0.3 MPa;热水部分应不低于 0.4 MPa。在试验压力下 10 min 内压力不下降、不渗漏为合格。

项 目	内 容
热交换器安装	2)施工安装单位应按设备基础设计图预制混凝土基础,一般采用 C15 素混凝土,并需要预埋地脚螺栓,在安装前再在支座表面抹 M10 水泥砂浆找平,待基础强度达到要求后再进行设备安装。 (2)整体换热器安装。 热水供应系统使用的换热器一般均为整体式安装,即换热器由生产厂家整体运输进场的,施工安装单位组织检查验收后临时存放在现场。当需要安装时,还应进行复查,检查无损伤后方可组织安装。整体换热器安装就位的一般做法如下。 1)用滚杠法将换热器运到安装部位。 2)将随设备进场的钢支座按定位要求固定在混凝土底座或地面上。 3)根据现场条件采用桅杆(人字架)、悬吊式滑轮组等设备工具,将换热器吊到预先准备好的支座上,同时进行设备定位复核。 (3)换热器附件安装。 1)安全阀安装要求。 ①安装前,必须核对安全阀上的铭牌参数和标记是否符合设计文件的规定。安全阀安装前须到规定检测部门进行测试定压。 ②安全阀必须垂直安装,其排出口应设排泄管,将排泄的热水引至安全地点。 ③安全阀的压力必须与热交换器的最高工作压力相适应,其开启压力一般为热水系统工作压力的 1.1 倍。 ④安全阀的安装应符合相关规程的规定,并经劳动部门试验调试后才能使用。 ⑤安全阀开启压力、排放压力和回座压力调整好后,应进行铅封,以防止随意改动调整好的状态,并做好调试记录。 2)温度控制器(阀)安装要求。 ①温度控制器(阀)的进出口方向应与被调热源流向一致。 ②温包应全部浸没在被调介质中,并水平或倾斜向下安装。 ③导压管的最小弯曲半径不小于 75 mm,最大长度 3 000 mm,并确保导压管在自然状态下,以防折断。 ④在不用热水时,应关闭温度控制器(阀)前的阀门
水箱安装	若热水供应系统为闭式系统,其膨胀管与膨胀罐安装如图 2—13 和图 2—14 所示。 膨胀管可由加热设备出水管上引出,将膨胀水引至高位水箱中,如图 2—13 所示,膨胀管上不得设置阀门,其管径一般为 DN20～DN25 mm。膨胀罐是一种密闭式压力罐,如图 2—14 所示。这种设备适用于热水供应系统中不宜设置膨胀管和膨胀水箱的情况。膨胀罐可安装在热水管网与容积式加热器之间,与水加热器同在一室,应注意在水加热器和管网连接管上不得设置阀门

项 目	内　　容
水箱安装	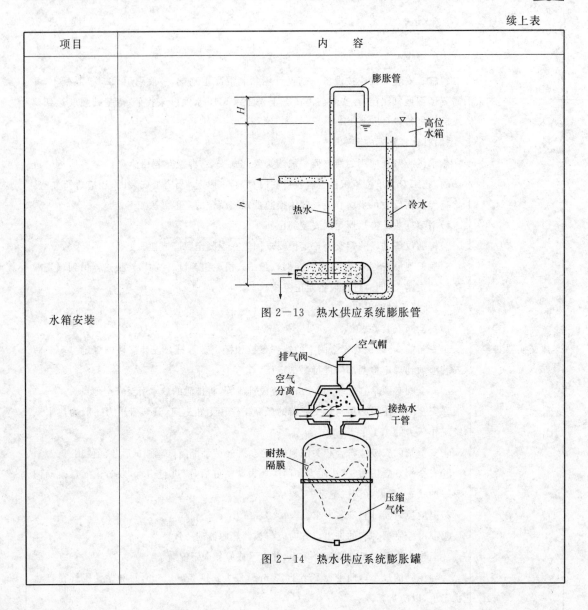 图 2—13　热水供应系统膨胀管 图 2—14　热水供应系统膨胀罐

第三章　卫生器具安装

第一节　卫生器具安装

一、验收条文

(1)卫生器具安装工程施工质量验收标准见表3—1。

表3—1　卫生器具安装工程施工质量验收标准

项目	内　　容
主控项目	(1)排水栓和地漏的安装应平正、牢固,低于排水表面,周边无渗漏。地漏水封高度不得小于50 mm。 检验方法:试水观察检查。 (2)卫生器具交工前应做满水和通水试验。 检验方法:满水后各连接件不渗不漏;通水试验给、排水畅通
一般项目	(1)卫生器具安装的允许偏差应符合表3—2的规定。 (2)有饰面的浴盆,应留有通向浴盆排水口的检修门。 检验方法:观察检查。 (3)小便槽冲洗管,应采用镀锌钢管或硬质塑料管。冲洗孔应斜向下方安装,冲洗水流同墙面成45°角。镀锌钢管钻孔后应进行二次镀锌。 检验方法:观察检查。 (4)卫生器具的支、托架必须防腐良好,安装平整、牢固,与器具接触紧密、平稳。 检验方法:观察和手扳检查

(2)卫生器具安装的允许偏差和检验方法见表3—2。

表3—2　卫生器具安装的允许偏差和检验方法

项次	项目		允许偏差(mm)	检验方法
1	坐标	单独器具	10	拉线、吊线和尺量检查
		成排器具	5	
2	标高	单独器具	±15	
		成排器具	±10	

项次	项目	允许偏差(mm)	检验方法
3	器具水平度	2	用水平尺和尺量检查
4	器具垂直度	3	吊线和尺量检查

二、施工材料要求

卫生器具安装工程施工材料要求见表 3—3。

表 3—3   卫生器具安装工程施工材料要求

项目	内容
卫生洁具的材质和种类	(1)卫生洁具的材质。 目前,制作卫生洁具的材料主要有陶瓷、搪瓷、塑料、水磨石、钢筋混凝土、不锈钢等材料。 卫生陶瓷分为细陶瓷、粗陶瓷、耐火黏土和卫生瓷器四种等级,是由陶坯涂上彩釉焙烧制成。其表面光洁,易于清洗,材料密实,吸水率仅为 0.1%～0.5%,强度较大,能满足卫生、美观的要求。 搪瓷材料卫生洁具具有表面坚硬、无孔隙、抗撞击、不褪色、耐腐蚀等性能,它的稳定性能、蓄热能力、隔音效果较好,热损耗和热膨胀系数也很小,使用寿命长。 塑料材料的卫生洁具,其特点是质轻、耐腐蚀、蓄热性能和导热能力小,但易老化、不抗刮划、不易清洗,使用寿命较长。 不锈钢卫生洁具,具有质坚、防腐、不易老化、寿命长等特点。 (2)卫生洁具的种类。 卫生洁具是建筑物内水暖设备的一个重要组成部分,是供洗涤、收集和排放生活及生产中所产生污(废)水的设备。常用卫生洁具,按其用途可分以下几类。 1)盥洗、沐浴类卫生洁具,包括洗脸盆、洗手盆、浴盆、淋浴器、净身器等。 2)洗涤类卫生洁具,包括洗涤盆、污水盆等。 3)便溺类卫生洁具,包括大便器、小便器等。 4)休闲、健身类卫生洁具,包括桑拿浴、蒸汽浴、水力按摩浴等。 5)其他类卫生洁具,包括化验盆、漱口盆、呕吐盆等。 以上各类卫生洁具的功能、结构、材质、形式各不相同,使用时应根据其用途、设置地点、维护条件等要求而定。其材质上均应满足表面光滑、易于清洗、不透水、耐腐蚀、耐冷热等特点
盥洗类卫生洁具	洗脸盆、洗手盆(池)一般设置在盥洗室、浴室、卫生间内,供洗脸、洗手、洗头使用。其形式规格较多,常见的有长方形、三角形、椭圆形三种造型如图 3—1(a)所示,安装方式有墙架式、立柱式(即立式)、台式三种,如图 3—1 所示。 墙架式洗脸盆有单眼和双眼之分,分别适用于冷热水混合龙头、仅设冷水龙头和冷、热水龙头单独安装,一般用于家庭、旅馆普通客房的卫生间内;立柱式洗脸盆用于标准

续上表

项目	内 容
盥洗类卫生洁具	较高的卫生间内,特点是其排水存水弯是暗装在立柱内,外观整洁大方;台式洗脸盆是将盆体嵌装台板上,组装成梳妆台,显得美观豪华,多用于高级客房或高级住宅、别墅的卫生间内。 洗手盆或池比洗脸盆的尺寸小些,而且盆很浅,图3—2为医院手术间等场所使用的洗手池,分别为肘开关式、调温阀脚踏开关安装。 盥洗槽常用钢筋混凝土或水磨石类材料建造,设置在工厂、学校、军营的集体宿舍、车站、幼儿园的盥洗室等场所。多为长方形布置,有单面、双面两种,如图3—3所示,排水口可设在槽端部或槽中部
沐浴类卫生洁具	(1)浴盆。 普通浴盆设在卫生间或公共浴室,主要用于清洗身体。其形式很多,如方形、圆形、环流形、阶梯式等,尺寸和形状应根据卫生间面积大小、使用者体形等来选择,长度1 200~1 830 mm不等,如图3—4所示。 浴盆的安装高度(即室内地坪至浴盆上缘的距离)和浴盆深度应根据浴盆类型和便于使用者出入浴盆来统一考虑。浴盆深度一般为400~520 mm之间。安装高度不定,可根据使用对象来确定,如住宅、旅馆的浴盆安装高度为490~640 mm;幼儿园、残疾人、养老院的浴盆安装高度为380~450 mm;阶梯式浴盆的安装高度为750~950 mm。 (2)淋浴盆、淋浴器。 淋浴盆、淋浴器一般设置在公共浴室、集体宿舍、体育馆内,是用流动水冲洗头部和全身,借着水流自身压力和冲刷对人体有一种机械刺激作用,标准淋浴时间一般每次为15~25 min,每人耗水量250~300 L,具有清洁卫生、避免疾病传染、占地面积小、设备较简单等优点。淋浴者可直接站立在经过表面处理的地板上,也可以在淋浴者站立处安装淋浴盆(图3—5),规格从750~900 mm不等,盆深为50~200 mm。 普通淋浴器是依靠水压作用形成雨状射流,其形式很多,如图3—6所示。 (3)净身器。 净身器(盆)是专供洗涤下身使用的,大多安装有带活动软管或固定使用的喷头。通常设置在医院、疗养院和养老院中的公共浴室内、高级住宅和旅馆的卫生间内,与大便器配套使用。有立式和墙挂式两种,净身器的尺寸与大便器尺寸基本相同,如图3—7所示,配水方式有注水式、带冲洗喷头式
洗涤类卫生洁具	(1)洗涤盆、洗涤池。 洗涤盆和洗涤池装置在厨房或公共食堂内,用于洗涤碗碟、蔬菜等。按其用途有家用和公共食堂用;按其安装方式分为墙架式、柱脚式和台式等;按其构造形式有单格、双格,有带搁板和无搁板;按制作材料和造型其种类更多,如家用洗涤盆多为单格或双格,有陶瓷、搪瓷制品和不锈钢制品等,还可与水磨石台板、大理石台板、瓷砖台板或塑料贴面的工作台组嵌成一体。水嘴开关可用手动旋钮、脚踏开关、光控开关等方式,图3—8为用手臂开关安装的洗涤盆。

项目	内　容
洗涤类卫生洁具	(2)污水池(盆)。 污水池(盆)设置在公共建筑的厕所、盥洗室内,供清扫厕所、冲洗拖布、倾倒污水之用。其形式有墙挂式、落地式等
便溺类卫生洁具及其冲洗设备	(1)大便器。 大便器主要用于接纳、排除粪便。通常均采用冲水式大便器,只有在特殊的场所才使用干式大便器、化学药剂大便器或焚烧式大便器。 冲水式大便器由大便器本体、冲洗设备和水封设备三部分组成,最符合卫生和排除污物的要求。因冲水式大便器的用水量占生活用水量的50%以上。所以该大便器一直是设备节水开发的热点。 (2)大便器冲洗设备。 大便器冲洗设备包括各种冲洗阀和冲洗水箱两大类,与大便器本体组合成特点各异、适用于不同场合的多种大便器。 蹲式大便器有自带存水弯、不带存水弯和自带冲洗阀、不带冲洗阀、水箱冲洗等多种形式。蹲式大便器多采用高位水箱或延时自闭式冲洗阀冲洗,延时自闭冲洗阀,可采用脚踏式、手动式、红外线数控式等多种开启方式,如图3-9所示。 坐式大便器按其构造形式可分为盘形和漏斗形、整体式和分体式;按其安装方式有落地式和墙壁式;按大便器排泄污物的原理又有直接冲洗式和虹吸式两类,如图3-10和图3-11所示。 (3)小便器。 小便器有挂式、立式两种安装方式,如图3-12所示。小便器一般均带有冲洗装置,布置在学校、影剧院、旅馆、办公楼、工厂等公共卫生间内,还有造价低、适合公共场合卫生间使用的小便槽
其他类卫生洁具	漱口盆主要用来清洁口腔和牙齿,因为吐出的分泌物、牙膏、痰沫等污物会污染盥洗设备(如洗脸盆),不易清洗且很不卫生,所以从卫生角度来看宜在医院病房、住宅和旅馆卫生间的盥洗盆旁边设漱口盆,盆口的尺寸约为780 mm×500 mm,并预留出配件所需的空间,其安装高度和与盥洗盆的间距应考虑避免污染盥洗盆,一般位于盥洗盆的右上方。比洗脸盆盆沿高出80~100 mm,附有专用冲洗盆沿的冲洗阀。 呕吐盆是用于收纳呕吐的食物及分泌物,宜设在饭店、餐厅中卫生间的前厅(有时用污水池代替),盆上方宜设扶手,配备冲洗设备。 化验盆装设在工厂、科研单位、学校的化验室或实验室中,多为矩形,墙架式安装或固定在实验桌台面上,根据使用要求可配置单联、双联、三联水嘴,如图3-13所示

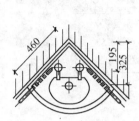
(a)角式洗脸盆

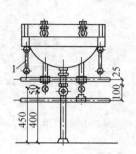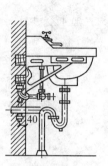
(b)墙架式洗脸盆

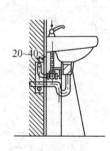
(c)立柱式洗脸盆

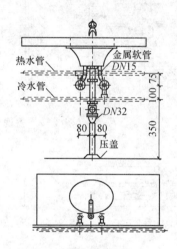
(d)台式洗脸盆

图 3-1　洗脸盆(单位:mm)

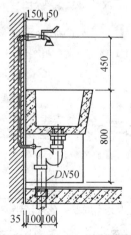

图 3-2　医院手术间用洗手盆(单位:mm)

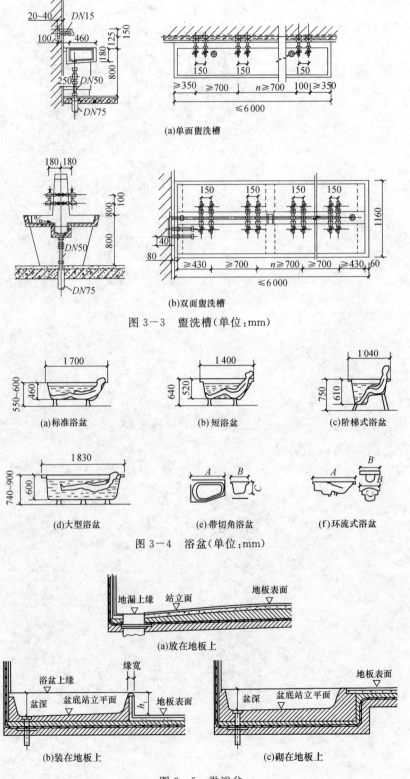

(a)单面盥洗槽

(b)双面盥洗槽

图 3-3　盥洗槽(单位:mm)

(a)标准浴盆

(b)短浴盆

(c)阶梯式浴盆

(d)大型浴盆

(e)带切角浴盆

(f)环流式浴盆

图 3-4　浴盆(单位:mm)

(a)放在地板上

(b)装在地板上

(c)砌在地板上

图 3-5　淋浴盆

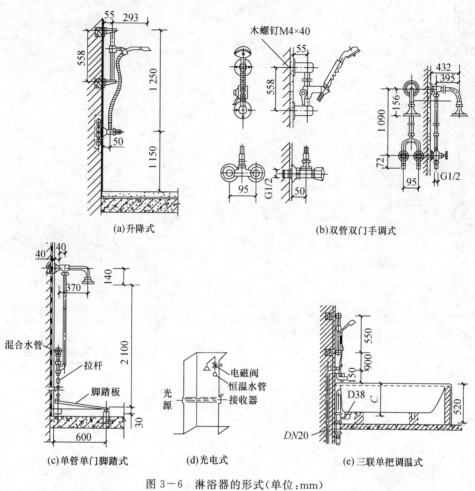

图 3-6 淋浴器的形式(单位:mm)

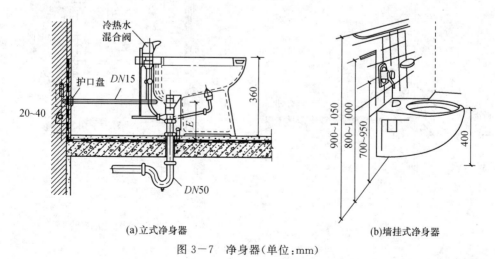

图 3-7 净身器(单位:mm)

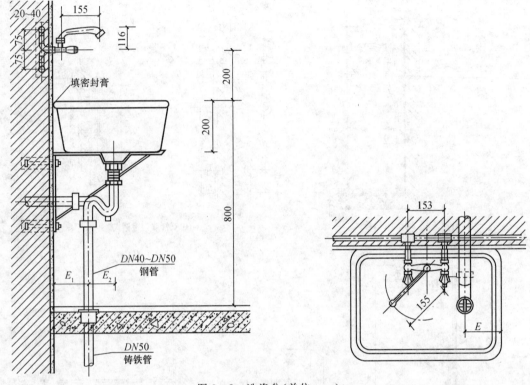

图 3-8　洗涤盆(单位:mm)

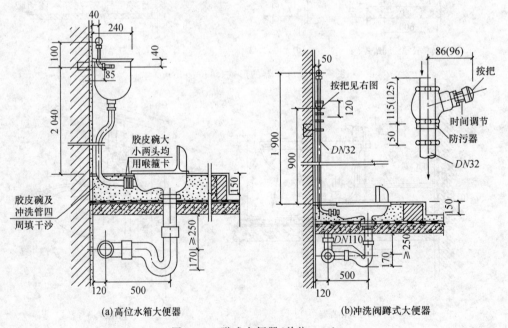

(a)高位水箱大便器　　　　　(b)冲洗阀蹲式大便器

图 3-9　蹲式大便器(单位:mm)

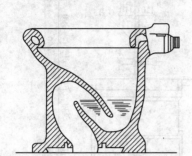

图 3—10 冲洗式坐便器

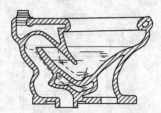

图 3—11 虹吸式大便器

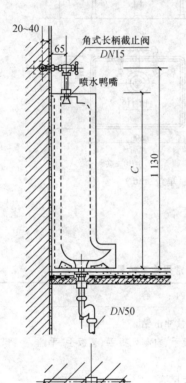

(a)立式小便器

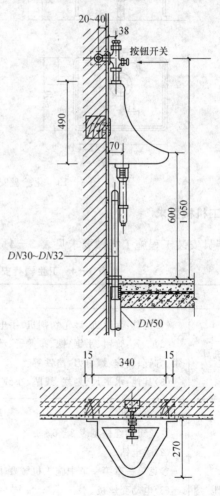

(b)挂式小便器

图 3—12 小便器(单位:mm)

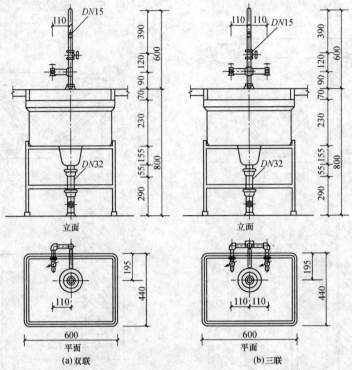

图 3—13 化验盘安装(单位:mm)

三、施工机械要求

卫生器具安装工程施工机械要求见表3—4。

表 3—4 卫生器具安装常用施工机具

项目	内　　　容
常用施工机具	(1)机具:套丝机、砂轮切割机、手电钻、冲击钻。 (2)工具:管钳、手锯、铁、布剪子、活扳手、自制死扳手、叉扳手、手锤、手铲、錾子、克丝钳、方锉、圆锉、螺钉刀、烙铁等。 (3)其他:水平尺、划规、线坠、小线、盒尺等
施工机具选用要求	(1)克丝钳 克丝钳的规格见表3—5。 (2)手电钻。 参见第一章第一节中施工机械要求的相关内容。 (3)电动套丝机。 参见第一章第一节中施工机械要求的相关内容。 (4)砂轮切割机。 参见第一章第一节中施工机械要求的相关内容。 (5)管钳。 参见第一章第二节中施工机械要求的相关内容

表 3—5　克丝钳规格　　　　　　　　　　　　（单位：mm）

名称	特点及应用范围	使用方法及说明		示意图
克丝钳	用于夹持或弯折薄金属板（丝）及切断金属丝	全长	160,180,200	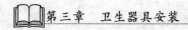

四、施工工艺解析

（1）卫生洁具的设置及布置见表 3—6。

表 3—6　卫生洁具的设置及布置

项　目	内　　　容
卫生洁具的设置	卫生洁具的设置是按《工业企业设计卫生标准》(GBZ 1—2010)以及建筑设计和工艺设计要求确定的，不同类型的建筑物，其卫生洁具的设置也不同
卫生洁具的布置	卫生洁具的布置是根据卫生洁具的平面尺寸、卫生洁具与墙壁的间距、使用卫生洁具时的活动空间等因素来确定。卫生间的平面布置则取决于卫生洁具所需面积、豪华程度以及工程设备费用等。 （1）住宅卫生间的布置。 住宅卫生间布置应按套型设计，并符合规范规定。 每套住宅应设卫生间，不同洁具组合的卫生间使用面积不应小于下列规定。 设便器、洗浴器（浴缸或淋浴器）、洗面器 3 件卫生洁具的为 3 m²。 设便器、洗浴器 2 件卫生洁具的为 2.60 m²。 设便器、洗面器 2 件卫生洁具的为 2 m²。 单设便器的为 1.10 m²。 常见的几种住宅中卫生间卫生洁具的布置形式如图 3—14 所示。 （2）宾馆客房卫生间的布置。 宾馆客房卫生间的面积，可根据其星级高低按下列数据选用：三星级宾馆 4～5 m²；四星级宾馆 5～6 m²；五星级宾馆 6～7 m²。卫生间的管井位置应靠近走道且管井检修门开向走道。常见的宾馆客房卫生间及管道井平面布置如图 3—15 所示。 （3）住宅厨房的布置。 住宅厨房的布置是根据面积的大小来确定的，一般情况下，厨房的使用面积不应小于下列规定：一类和二类住宅（居住空间数 2 个和 3 个，使用面积不小于 34 m² 和 45 m²）为 4 m²；三类和四类住宅（居住空间数 3 个和 4 个，使用面积不小于 56 m² 和 68 m²）为 5 m²。 厨房应布置在靠近住宅的入口处，便于管线布置及厨房垃圾清运。应按操作流程合理布置洗涤池、案台、炉灶及抽油烟机等设施，按炊事操作流程排列，操作面净长不应小于 2.10 m。厨房设备的平面布置呈单排和双排式、L 形、U 形，如图 3—16 所示。 （4）公共食堂厨房的布置。 对于此类大、中型厨房除了考虑炉灶、橱柜、搁板、冷柜、烤箱、消毒柜、洗碗机等厨具外，还应配备有各类洗池或洗涤盆、洗菜池、洗米池、洗肉池、洗鱼池、洗瓜果池、洗碗池

项　目	内　　容
卫生洁具的布置	等,应供给冷水、热水、蒸气。排水方式多采用排水明沟,排水明沟坡度不小于 0.01,宽×高多采用 300 mm×300 mm～300 mm×500 mm,沟顶部采用活动式铸铁或铝制箅子,洗肉池、洗碗池等含油废水应先经过隔油器除油后排至明沟中,如图 3－17 所示。 (5)盥洗间的布置。 　盥洗间主要用于集体宿舍、学校、幼儿园、运动馆、火车站、招待所、病房楼等场所,供早晚洗漱、洗衣服、洗碗等使用。盥洗槽一般为钢筋混凝土砌筑外贴瓷砖或水磨石制成,槽底应有 3‰ 的坡度,坡向排水口。盥洗槽有单排靠墙或双排居中两种布置方式。槽顶距地高 700～750 mm,水嘴间距 650～700 mm,水嘴距地 1 000～1 100 mm,槽壁宽度应以能放置口杯、香皂盒为准,如图 3－18 所示。 (6)公共厕所的布置。 　商场、办公楼、教学楼、影剧院、医院、旅馆等建筑物内设置的公共厕所一般均有前室和内室,前室一般布置有洗脸盆和拖布池,大、小便器布置在厕所的内室,对于无专人服务的情况宜采用蹲便器,尤其是医院内设置的厕所均应采用蹲便器,卫生洁具的冲洗阀开关、水龙头开关均应采用脚踏式、肘式、膝式或光电控制式,如图 3－19 所示

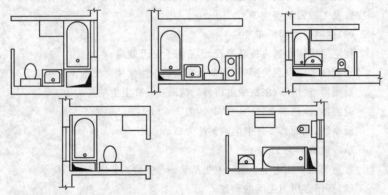

图 3－14　住宅中卫生间卫生洁具的布置形式

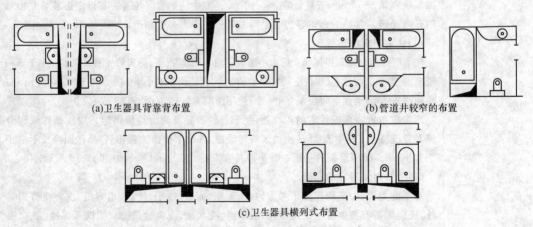

(a)卫生器具背靠背布置　　　　　　　　　　　(b)管道井较窄的布置

(c)卫生器具横列式布置

图 3－15　宾馆客房卫生间及管道井平面布置图

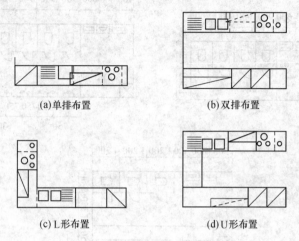

(a)单排布置　　　　　　　　(b)双排布置

(c) L形布置　　　　　　　　(d)U形布置

图 3—16　厨房设备平面布置示意图

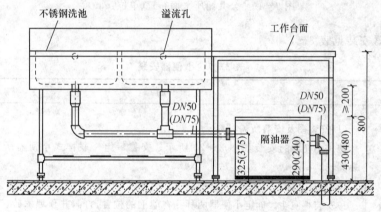

图 3—17　地上式隔油器(单位:mm)

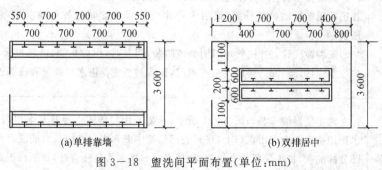

(a)单排靠墙　　　　　　　　(b)双排居中

图 3—18　盥洗间平面布置(单位:mm)

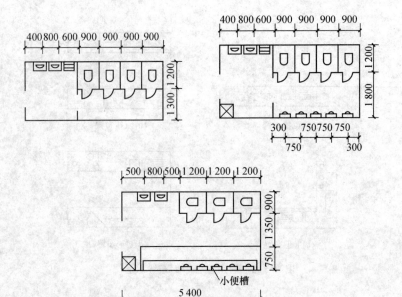

图 3—19 公共厕所平面布置(单位:mm)

(2)小便器安装见表 3—7。

表 3—7 小便器安装

项目	内容
挂式小便器安装	(1)安装图及安装所需材料。 挂式小便器的安装如图 3—20 所示。安装每组一联挂式小便器所需主要材料见表3—8。 (2)安装方法。 1)安装小便斗。确定小便器两耳孔在墙上的位置,打洞并预埋木砖。将小便斗的中心对准墙上中心线,用木螺钉配铝垫片穿过耳孔将小便器紧固在木砖上,小便斗上沿口距离地面 600 mm。 2)安装排水管。将存水弯下端插入预留的排水管口内,上端与小便斗排水口相连接,找正后用螺母加垫并拧紧,最后将存水弯与排水管间隙处用油灰填塞密封,用压盖压紧。 3)安装冲洗管。冲洗管可以明装或暗装,明装时,用截止阀、镀锌短管和小便器进水口压盖连接;暗装时,采用铜角式阀门,铜管和小便器进水口锁母和压盖连接
立式小便器安装	立式小便器的安装如图 3—21 所示,安装方法与挂式小便器基本相同。安装时将排水栓加垫后固定在出水口上,在其底部凹槽中嵌入水泥和白灰膏的混合灰,排水栓突出部分抹油灰,将小便器垂直就位,使排水栓和排水管口接合好,找平找正后固定。 给水横管中心距光地坪 1 130 mm,最好为暗装。若小便器与墙面或地面不贴合时,用白水泥嵌平并抹光

续上表

项目	内 容
小便槽安装	小便槽主体结构由土建部分砌筑。按其冲洗形式有自动和手动两种。冲洗水箱和进水管的安装方法与前述基本相同,只是小便槽的多孔喷淋管需用 $DN15$ mm 的镀锌钢管现场制作。孔径为 2 mm,孔间距为 12 mm,安装时使喷淋孔的出水方向与墙面成45°角,用钩钉或管卡固定。小便槽的安装如图 3－22 所示

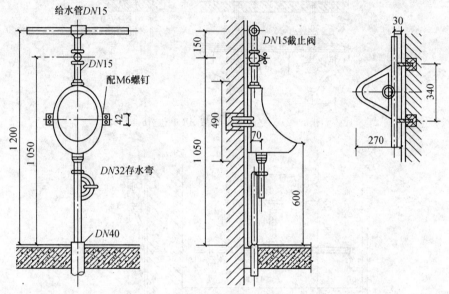

图 3－20   挂式小便器安装(单位:mm)

表 3－8   安装每组一联挂式小便器所需主要材料

序号	名称	规格(mm)	单位	数量
1	小便器	—	个	1
2	高水箱	—	个	1
3	存水弯	$DN32$	个	1
4	自动冲洗管配件	(一联)	套	1
5	螺纹门	$DN15$	个	1
6	水箱进水嘴	$DN15$	个	1
7	水箱冲洗阀	$DN32$	个	1
8	钢管	$DN15$	m	0.3

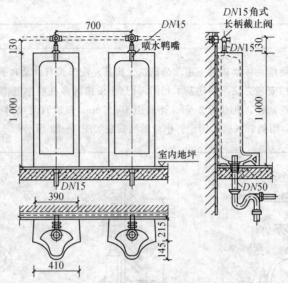

图 3—21 立式小便器安装(单位:mm)

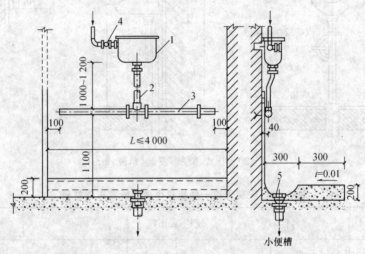

图 3—22 小便槽安装(单位:mm)

1—冲洗水箱;2—冲洗管;3—多孔管;4—截止阀;5—地漏

(3)大便器安装见表 3—9。

表 3—9 大便器安装

项 目	内 容
高水箱蹲式 大便器安装	(1)安装图及安装所需材料。 　高水箱蹲式大便器的安装如图 3—25 所示。安装每组高水箱蹲式大便器所需的材料见表 3—10。 (2)安装方法。 　1)安装虹吸管、浮球阀、冲洗拉杆等高水箱配件,如图 3—23 所示。配件安装好后需对水箱加水进行试验,确保其冲水、进水灵活,连接处紧密不漏水。

续上表

项目	内　容
高水箱蹲式大便器安装	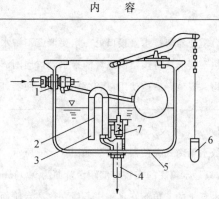 图 3—23　虹吸冲洗水箱内配件安装 1—浮球阀；2—虹吸阀；3—45 mm 小孔；4—冲洗管；5—水箱；6—拉杆；7—弹簧阀 2）安装蹲便器。根据图纸的设计要求和地面下水管口的位置，确定存水弯的安装位置并安装存水弯。在排水连接管承口内外壁抹油灰，并在周围及大便器下面铺垫白灰膏，然后将蹲便器排水口插入承口内稳住。将大便器两侧用砖砌好，用水平尺找平、找正后抹光，接口处用油灰压实、抹平。 3）确认蹲便器中心线与墙面中心线一致后，用木螺钉或膨胀螺栓加胶垫将水箱紧固在墙上。使水箱出水口对准蹲便器的中心线，水箱三角阀装在给水管的管件上，用合适的铜管或塑料管连接浮球阀和三角阀，之间用锁母压紧石棉填料密封。 4）水箱和蹲便器之间用冲水管连接。冲水管上端插入水箱出水口，根据高水箱浮球阀距给水管三通的尺寸配好乙字管，并在乙字管的上端套上锁母，管头缠油麻、抹铅油（或直接缠生料带）插入水箱出水口后锁紧锁母。冲水管下端与大便器进水口上的胶皮碗相连接。冲洗管连接好后，用干燥的细砂埋好，并在上面抹一层水泥砂浆。 （3）安装要点及注意事项。 1）水箱配件安装时应使用活扳手，不能使用管钳，以免将其表面咬成痕迹。配件和水箱的接触部分均应使用橡皮密封。 2）胶皮碗套在大便器的进水口上，采用成品喉箍箍紧或用 14 号铜丝绑扎两道，如图 3—24所示。铜丝应错位绑扎，不允许压结在一条直线上。禁止使用水泥砂浆将胶皮碗全部填死。 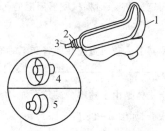 图 3—24　胶皮碗安装 1—大便器；2—铜丝绑扎；3—胶皮碗； 4—未翻边的胶皮碗；5—翻边的胶皮碗

续上表

项目	内　　容
高水箱蹲式 大便器安装	3)蹲便器与排水管接口处一定要严密不漏水。 4)安装前需将预留出地坪的排水管口周围清扫干净,取下临时管堵,并检查管内有无杂物。安装好后应使用草袋(草绳)盖上便器,以防堵塞或损坏便盆
低水箱蹲式 大便器安装	(1)安装图及安装所需材料。 　低水箱蹲式大便器的安装如图3－26所示。蹲便器及水箱等安装方法与上述方法相同,只是水箱底的安装高度距台阶面为900 mm。给水管可明装在外,也可暗装在墙内,进水管上的三角阀在水箱中心线左侧离台阶面800 mm处。 　(2)低水箱坐式大便器的安装。 　低水箱坐式大便器从结构上分有低水箱与坐便器连体和分体两种形式。低水箱坐式大便器安装如图3－27所示,安装所需的主要材料见表3－11。 　(3)安装方法。 　1)安装坐便器。确定坐便器的安装位置并预埋膨胀螺栓或木砖。安装前需清除排水管口及大便器内部的杂物,后将大便器出水口插入 DN100 mm 的排水管口内,排水管和地面连接处安装止水翼环,其间隙用细石混凝土填塞。坐便器安装平稳后将螺栓加垫拧紧螺母固定,坐便器出水与排水管下水口的承插接头用油灰填充。 　2)安装低水箱。首先安装低水箱上的排水口、进水浮球阀、冲洗扳手等配件,组装时,水箱中带溢流管的管口应低于水箱固定螺孔10~20 mm。水箱出水口中心线位置应对准坐便器进水口中心线,水箱用木螺钉或预埋螺栓加垫圈固定在墙上。 　3)安装连接低水箱出水口与大便器进水口之间的冲洗管以及低水箱给水三角阀和铜管,给水管安装应横平竖直,连接严密。 　(4)安装要点及注意事项。 　1)拧紧螺母固定大便器时,不可过分用力,以免大便器底部瓷质碎裂。 　2)大便器排水口周围和底面不得使用水泥砂浆进行填充,油灰不宜涂抹太多。大便器就位固定后,应及时擦拭便器周围的污物,并灌入1~2桶清水,防止油灰粘贴甚至堵塞排水管口。 　3)坐便器上的塑料盖应在即将交工时安装,以免施工过程中被损坏
大便槽安装	大便槽主体是由土建部分砌筑而成,给排水部分主要是安装冲洗水箱、冲洗水管、大便槽排水管,如图3－28所示。 　首先在墙上打洞,放置角钢平正后用水泥砂浆填灌并抹平表面。安装水箱,并根据水箱位置安装进水管、冲洗管和大便槽排水管,水箱进水口中心与排水管中心及沟槽中心在一条直线上

表 3−10　安装每组高水箱蹲式大便器所需材料

序号	名称	规格(mm)	单位	数量
1	蹲式大便器	—	个	1
2	高水箱	—	个	1
3	冲洗管	DN25	m	2.6
4	螺纹门	DN15	个	1
5	钢管	DN15	m	0.3
6	弯头	DN15	个	1
7	活接头	DN15	个	1

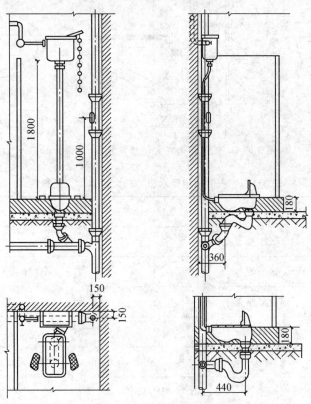

图 3−25　高水箱蹲式大便器安装(单位:mm)

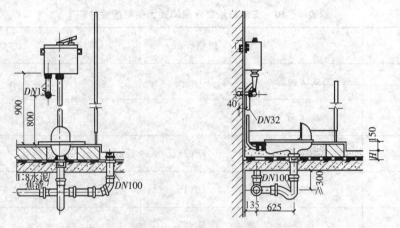

图 3-26   低水箱蹲式大便器安装图（单位:mm）

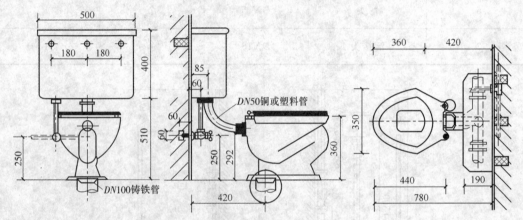

图 3-27   低水箱坐式大便器安装图（单位:mm）

表 3-11   安装每组低水箱坐式大便器的主要材料

序号	名称	规格(mm)	单位	数量
1	低水箱	—	个	1
2	坐便器	—	个	1
3	坐便器座盖	—	套	1
4	镀锌钢管	DN15	m	0.3
5	弯头	DN15	个	1
6	活接头	DN15	个	1
7	角式截止阀	DN15	个	1
8	冲洗管及配件	DN50	套	1

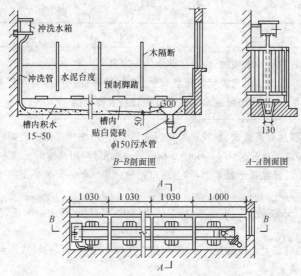

图 3—28　大便槽安装图(单位:mm)

(4)洗脸盆、洗涤卫生器具安装见表 3—12。

表 3—12　洗脸盆、洗涤卫生器具安装

项目	内容
洗脸盆(洗面器)安装	(1)洗脸盆的形式。 　洗脸盆一般安装在卫生间或浴室内供人们洗脸、洗手用,按形状的不同有长方形、三角形、椭圆形等;按材料的不同有陶瓷制品、不锈钢制品、玛瑙制品等;按安装方式的不同有墙架式、柱脚式和角形等。 　(2)洗脸盆的安装图及安装材料。 　墙架式洗脸盆的安装如图 3—29 所示。立柱式洗脸盆的安装如图 3—30 所示。在比较狭小的卫生间通常在墙角安装角型脸盆,角型脸盆的安装如图 3—31 所示。安装每组有冷热水管的洗面器所需材料见表 3—13。 　(3)安装方法。 　1)根据给水管的甩口位置和安装高度,确定脸盆安装位置的中心线。然后在安装位置的墙上打洞并预埋木砖。若墙壁为钢筋混凝土结构,则应预埋膨胀螺栓。 　2)将脸盆架用木螺钉拧紧在木砖上,然后将洗脸盆置于支架上,找平、找正后拧紧螺栓固定牢靠。安装立柱式脸盆时需将立柱依照排水管口中心线的位置支好,然后再将脸盆置于立柱上并使其中心线与立柱中心线平行,找平、找正后,拧紧螺母固定牢靠,立柱与脸盆接缝处及立柱与地面接缝处用白水泥嵌缝抹光。 　3)将水嘴垫上胶垫穿入脸盆进水孔,后加垫并用根母锁紧。 　4)将排水栓加胶垫后插入脸盆的排水口内,上根母拧紧。将存水弯插入已做好的预留口内与排水栓相接,调节安装高度到合适后,在锁母内加垫并拧紧,然后填塞排水管口间隙,并用油灰塞严、抹平。 　(4)安装要点及注意事项。 　1)安装洗脸盆时,注意使排水栓的保险口与脸盆的溢水口对正。

项目	内容
洗脸盆(洗面器)安装	2)若只接冷水嘴时,应封闭热水嘴安装孔。 3)水管明装时只需配好短管,装上角阀即可;暗装时,需在管道出墙处用压盖盖住。若为混合出水,一般进水三通通过铜管与水嘴连接
洗涤盆安装	洗涤盆有普通式、肘式开关和脚踏开关三种,洗涤盆的安装如图3—32所示。 (1)洗涤盆托架用40 mm×5 mm的扁钢制作,用预埋螺栓或木螺钉固定。 (2)洗涤盆置于盆架上,其上沿口距地面800 mm,安装平正后用白水泥嵌塞盆与墙壁间的缝隙。 (3)安装排水栓、存水弯,确保排水栓中心与排水管中心对正,接口间隙打麻、捻灰并抹平。 (4)洗涤盆上只装设冷水嘴时,应位于中心位置;若装设冷、热水嘴时,冷水嘴偏下,热水嘴偏上
污水盆安装	架空式污水盆需用砖砌筑支墩,污水盆放置在支墩上,盆上沿口的安装高度为800 mm,水嘴的安装高度为距光地面1 000 mm。架空式污水盆的安装如图3—33所示。污水盆给排水管道和水嘴的安装方法同洗脸盆。 落地式污水盆直接置于地坪上,盆高500 mm,水嘴的安装高度为距光地面800 mm
化验盆安装	(1)化验盆支架采用φ12 mm的圆钢焊制或采用DN15 mm的钢管制作。盆上沿口的安装高度为800 mm,化验盆的安装如图3—34所示。 (2)化验盆安装时不需另设存水弯,排水管直接连接在排水栓上。 (3)化验盆上可装设单联、双联或三联鹅颈水嘴。装设两只水嘴时,间距为220 mm。安装水嘴时应使用自制扳手或活扳手拧紧,不得使用管钳

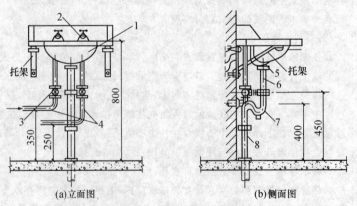

图3—29 墙架式洗脸盆安装图(单位:mm)

1—洗脸盆;2—水龙头;3—截止阀;4—给水管(左冷右热);

5—排水栓;6—钢管;7—存水弯;8—排水管

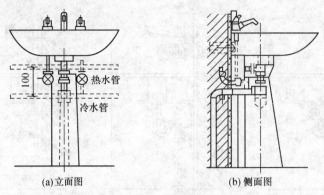

(a)立面图   (b)侧面图

图 3-30 立柱式洗脸盆安装图(单位:mm)

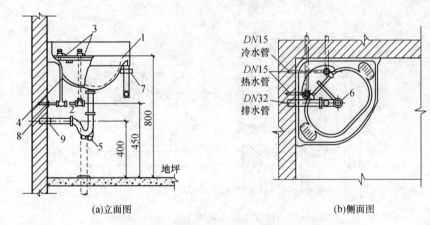

(a)立面图   (b)侧面图

图 3-31 角形洗脸盆安装图(单位:mm)

1—角形洗脸盆;2—角阀;3—水龙头;4—给水管;5—存水弯;6—排水栓;7—托架;8、9—压盖

表 3-13 安装每组冷热水钢管洗脸盆所需材料

序号	名称	规格(mm)	单位	数量
1	洗面器	—	个	1
2	存水弯	DN32	个	1
3	排水栓	DN32	个	1
4	洗面器支架	—	副	1
5	木螺钉	2	个	6
6	立式水嘴	DN15	个	2
7	截止阀	DN15	个	2
8	支管	DN15	m	0.8
9	弯头	DN15	个	2
10	活接头	DN15	个	2

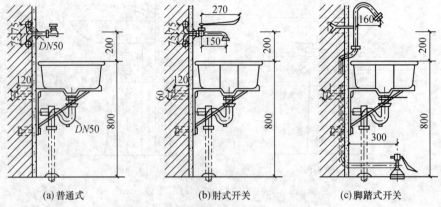

(a)普通式   (b)肘式开关   (c)脚踏式开关

图 3－32　洗涤盆安装图(单位:mm)

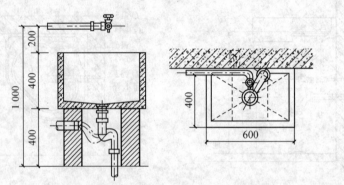

图 3－33　架空式污水盆安装图(单位:mm)

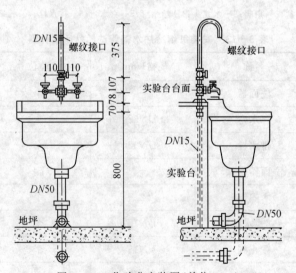

图 3－34　化验盆安装图(单位:mm)

(5)浴盆、淋浴器、淋浴房及净身盆安装见表 3－14 。

表 3—14 浴盆、淋浴器、淋浴房及净身盆安装

项目	内 容
浴盆安装	(1)浴盆的形式。 浴盆的形式很多,按结构形式有方形、圆形和椭圆形等,按材料的不同有陶瓷制品、搪瓷制品、不锈钢制品、玻璃钢制品等。 (2)浴盆的安装图及安装材料。 方形搪瓷浴盆的安装如图 3—35 所示。安装每个浴盆所需材料见表 3—15。 (3)浴盆的安装方法。 1)首先根据设计位置与标高,将浴盆正面、侧面中心位置、上沿标高线和支座标高线画在所在位置墙上。 2)按照放线位置砌砖墩支座,砖墩支座达到要求后,用水泥砂浆铺在支座上,将浴盆对准墙上中心线就位放稳后调整找平。 3)安装排水栓及浴盆排水管,将浴盆配件中的弯头与抹匀铅油缠好麻丝的短横管相连接,再将横短管另一端插入浴盆三通的中口内,拧紧锁母。三通的下口插入竖直短管,连接好接口,将竖管的下端插入排水管的预留甩头内。再将排水栓圆盘下加进胶垫,抹匀铅油,插进浴盆的排水孔眼里,在孔外也加胶垫和眼圈在螺纹上抹匀铅油,缠好麻丝,用扳手卡住排水口上的十字筋与弯头拧紧连接好。将溢水立管套上锁母,缠紧油盘根绳,插入三通的上口,对准浴盆溢水孔,拧紧锁母,如图 3—35 所示。 4)向浴盆加水做排水栓的严密性试验。 (4)安装要点及注意事项。 1)冷水管和热水管间距为 150 mm。 2)浴盆上沿距地面 450 mm。 3)浴盆周边地面应刷防水涂料
淋浴器安装	(1)淋浴器的形式。 淋浴器有现场组装和成品安装两种。按安装形式不同分为管式淋浴器、成组淋浴器、升降式淋浴器等。 (2)淋浴器安装图及安装材料。 管式淋浴器的安装如图 3—36 所示。安装每组双管式淋浴器所需主要材料见表3—16。 (3)安装方法。 1)首先在墙上确定管子中心线和阀门水平中心线的位置,并根据设计要求下料。淋浴器拧入锁母处丝口内后将固定圆盘与墙面紧贴,并用木螺钉固定。 2)热水管暗装时,找正、找平预留冷、热水管口后,安装短管和弯头;冷、热水管明装时。制作元宝弯并装管箍,淋浴器与管箍或弯头连接。 3)成品淋浴房安装时需先将淋浴房本体组装牢固,然后连接淋浴房的进水和排水。其安装方法同淋浴器。若为高级多功能电脑淋浴房,还需进行电路连接。 (4)安装要点及注意事项。 1)连接莲蓬头出水横管中心距离光地面的高度,男浴室为 2 240 mm,女浴室为2 100 mm。 2)在距光地面 1 150 mm 处安装冷、热水截止阀,其上方应安装活接头。

续上表

项目	内　容
淋浴器安装	3)立管应垂直安装,喷头安装要平正,并用立管卡固定。 4)冷水管距光地面 950 mm,热水管距光地面 1 050 mm,且应平行敷设,连接莲蓬头的冷水支管,采用元宝弯的形式绕过热水横管。 5)淋浴器成组安装时,先组装冷、热水横管并固定后,再集中安装淋浴器的立管及莲蓬头,同时应保证阀门、莲蓬头及管卡在同一水平高度
淋浴房安装	(1)淋浴房的形式。 　淋浴房的外观形式主要有三种:圆弧形、直角形和一字形。圆弧形和直角形的淋浴房大小一般为 0.9 m² 左右,这两种淋浴房使用时要安装在垂直的墙角,在卫生间的一角划分沐浴区域,比较适合面积稍大、大致呈正方形的卫生间使用。一字形淋浴房由在一条直线上的、用金属合页连接起来的玻璃门和玻璃屏组成,两端分别固定在相对的两面墙上,将卫生间的一端分隔出来,划分为沐浴区,一般适合于长方形的卫生间或不规则形状的卫生间使用。其构造主要有底盆、顶盖、壁板及附件。 (2)安装方法。 　1)将缸体放在浴室中间地方,调节支撑脚使缸体平面处于水平状态。 　2)清洗缸体和壁板安装表面上的灰尘,将壁板放在缸体上,用 M6×25 mm 螺栓、螺母连接后,在两面中间打上玻璃胶,再把螺栓、螺母旋紧。 　3)清洗淋浴房与壁板安装表面,并在安装表面涂上玻璃胶,然后将淋浴房放在缸体上,用 M4×20 mm 螺钉把淋浴房与壁板连接固定。 　4)清洁顶盖与壁板安装表面,并涂上玻璃胶,用 M6×25 mm 螺栓、螺母连接紧固。 　5)把整个房体移近到安装位置,把进水管与预装好的冷热水接口连接好(注意:不要把水管帽旋得太紧)。 　6)打开供水阀进行水系统调试,检查各部位的工作状况及壁板供水系统中各连接处是否有渗水现象出现。 　7)调试完毕,将去水器与地面下水连接,将房体移至所需位置即可。 　8)有电脑控制器的淋浴房,把电脑控制器插上电源,按控制器面板上相应的键,检查灯及风罩运转情况。 (3)安装要点及注意事项。 　1)顶盖与壁板连接时,一定要牢固,不可有松动现象。 　2)开捆后的壁板,一定要水平放置,避免损伤门上的玻璃。 　3)冷热混合器与冷热水管连接前,务必清除水管内的杂质及污垢,以免堵塞水嘴。 　4)冷热水管连接时,两个阀门应安装在房体外,以便于检修
净身盆安装	(1)安装方法。 　净身盆的安装如图 3-37 所示,方法如下。 　1)安装溢水阀,冷、热水阀,喷嘴,排水栓及手提拉杆等净身盆配件。配件安装好后,接通临时水进行试验,无渗漏后方可进行安装。 　2)按净身盆下水口距后墙尺寸不小于 380 mm 确定安装位置,并在地面画出盆底和地面接触的轮廓线。

续上表

项目	内 容
净身盆安装	3)在地上打眼并预埋螺栓或膨胀螺栓,在安装范围内的地面上垫白灰膏,将压盖套在排水铜管上,放置净身盆,找平找正后在螺栓上加垫并拧紧螺母。 4)安装净身盆的冷、热水管及水嘴。 (2)安装要点及注意事项。 1)安装前需先将排水管口周围清理干净,取下临时管堵,并检查有无杂物。 2)排水口间隙应用麻丝填塞,底座与地面的缝隙处用白水泥填塞并抹平

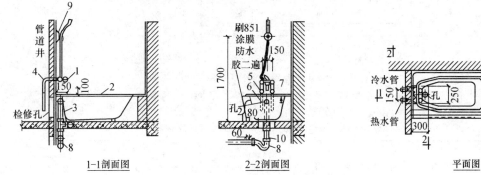

图 3—35　浴盆安装图(单位:mm)

1—浴盆三联混合水嘴;2—裙板浴盆;3—排水配件;
4—弯头;5—活接头;6—热水管;7—冷水管;
8—存水弯;9—喷头固定架;10—排水管

表 3—15　安装浴盆所需主要材料

序号	名称	规格(mm)	单位	数量
1	浴盆	—	个	1
2	存水弯	DN32	个	1
3	排水配件	DN32	个	1
4	固定支架	—	副	1
5	三联混合水嘴	DN15	个	1
6	截止阀	DN15	个	2
7	支管	DN15	m	0.8
8	弯头	DN15	m	2
9	活接头	DN15	个	2

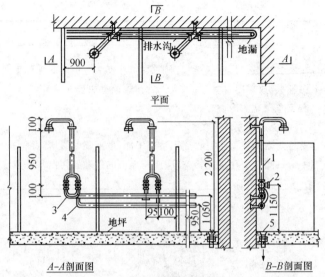

图 3-36　淋浴器安装图(单位:mm)

1—淋浴器;2—截止阀;3—热水器;4—给水管;5—地漏

表 3-16　安装每组双管淋浴器所需主要材料

序号	名称	规格(mm)	单位	数量
1	莲蓬头	DN15	个	1
2	支管	DN15	m	2.6
3	螺纹门	DN15	个	2
4	弯头	DN15	个	3
5	活接头	DN15	个	2
6	三通	DN15	个	1

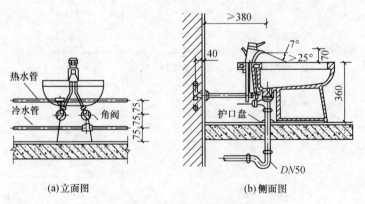

(a)立面图　　　　　　(b)侧面图

图 3-37　净身盆安装图(单位:mm)

第二节　卫生器具给水排水管道安装

一、验收条文

(1)卫生器具给水配件安装工程施工质量验收标准见表3—17。

表3—17　卫生器具给水配件安装工程施工质量验收标准

项目	内　　容
主控项目	卫生器具给水配件应完好无损伤,接口严密,启闭部分灵活。 检验方法:观察及手扳检查
一般项目	(1)卫生器具给水配件安装标高的允许偏差应符合表3—18的规定。 (2)浴盆软管淋浴器挂钩的高度,如设计无要求,应距地面1.8 m。 检验方法:尺量检查

(2)卫生器具给水配件安装标高的允许偏差和检验方法见表3—18。

表3—18　卫生器具给水配件安装标高的允许偏差和检验方法

项次	项目	允许偏差(mm)	检验方法
1	大便器高、低水箱角阀及截止阀	±10	
2	水嘴	±10	尺量检查
3	淋浴器喷头下沿	±15	
4	浴盆软管淋浴器挂钩	±20	

(3)卫生器具排水管道安装工程施工质量验收标准见表3—19。

表3—19　卫生器具排水管道安装工程施工质量验收标准

项目	内　　容
主控项目	(1)与排水横管连接的各卫生器具的受水口和立管均应采取妥善可靠的固定措施;管道与楼板的接合部位应采取牢固可靠的防渗、防漏措施。 检验方法:观察和手扳检查。 (2)连接卫生器具的排水管道接口应紧密不漏,其固定支架、管卡等支撑位置应正确、牢固,与管道的接触应平整。 检验方法:观察及通水检查
一般项目	(1)卫生器具排水管道安装的允许偏差应符合表3—20的规定。 (2)连接卫生器具的排水管管径和最小坡度,如设计无要求时,应符合表3—21的规定。 检验方法:用水平尺和尺量检查

（4）卫生器具排水管道安装的允许偏差及检验方法见表 3－20。

表 3－20　卫生器具排水管道安装的允许偏差及检验方法

项次	检查项目		允许偏差（mm）	检验方法
1	横管弯曲度	每 1 m 长	2	水平尺和尺量检查
		横管长度≤10 m，全长	＜8	
		横管长度＞10 m，全长	10	
2	卫生器具的排水管口及横支管的纵横坐标	单独器具	10	尺量检查
		成排器具	5	
3	卫生器具的接口标高	单独器具	±10	水平尺和尺量检查
		成排器具	±5	

（5）连接卫生器具的排水管管径和最小坡度见表 3－21。

表 3－21　连接卫生器具的排水管管径和最小坡度

项次	卫生器具名称		排水管管径（mm）	管道的最小坡度（‰）
1	污水盆（池）		50	25
2	单、双格洗涤盆（池）		50	25
3	洗手盆、洗脸盆		32～50	20
4	浴盆		50	20
5	淋浴器		50	20
6	大便器	高、低水箱	100	12
		自闭式冲洗阀	100	12
		拉管式冲洗阀	100	12
7	小便器	手动、自闭式冲洗阀	40～50	20
		自动冲洗水箱	40～50	20
8	化验盆（无塞）		40～50	25
9	净身器		40～50	20
10	饮水器		20～50	10～20
11	家用洗衣机		50（软管为 30）	—

二、施工工艺解析

卫生器具给水配件安装工程施工工艺解析见表3—22。

表3—22　卫生器具给水配件安装工程施工工艺解析

项目	内　容
给水配件安装要求	(1)管道或附件与卫生器具的陶瓷件连接处,应垫以橡胶垫、油灰等填料和垫料。 (2)固定洗脸盆、洗手盆、洗涤盆、浴盆等排水口接头,应通过旋紧螺母来实现,不得强行旋转落水口,落水口与盆底相平或略低于盆底。 (3)需装设冷水和热水龙头的卫生器具,应将冷水龙头装在右手侧,热水龙头装在左手侧。 (4)安装镀铬的卫生器具给水配件应使用扳手,不得使用管子钳,以保护镀铬表面完好无损。接口应严密、牢固、不漏水。 (5)镶接卫生器具的铜管,弯管时弯曲应均匀,弯管椭圆度应小于8%,并不得有凹凸现象。 (6)给水配件应安装端正,表面洁净并清除外露油麻。 (7)浴盆软管淋浴器挂钩的高度,如设计无要求,应距地面1.8 m。 (8)给水配件的启闭部分应灵活,必要时应调整阀杆压盖螺母及填料
工程成品保护措施	(1)搬运和安装陶瓷、搪瓷卫生器具时,应注意轻拿轻放,避免损坏。 (2)若需动用气焊时,对已做完装饰的房间墙面、地面,应用薄钢板遮挡。 (3)卫生设备安装前,要将上、下水接口临时堵好。卫生设备安装后要将各进入口堵塞好,并且要及时关闭卫生间。 (4)工程竣工前,须将瓷器表面擦拭干净
排水管道连接与安装规定	(1)洗脸盆排水管连接。 1)S形存水弯的连接应在脸盆排水口的螺纹下端涂铅油,缠少许麻丝。将存水弯上节拧在排水口上,松紧适度。再将存水弯下节的下端缠油盘根绳插在排水管口内,将胶垫放在存水弯的连接处,把锁母用手拧紧后调直找正。再用扳手拧至松紧适度。用油灰将下水管口塞严、抹平。 2)P形存水弯的连接应在脸盆排水口的螺纹下端涂铅油,缠少许麻丝。将存水弯立节拧在排水口上,松紧适度。再将存水弯横节按需要长度配好。把锁母和护口盘背靠背套在横节上,在端头缠好油盘根绳,试安高度是否合适,如不合适可用立节调整,然后把胶垫放在锁口内,将锁母拧至松紧适度。把口盘内填满油灰并向墙面找平、按实。将外溢油灰刮掉,擦净墙面。将下水口处外露麻丝清理干净。 (2)净身盆排水口安装。 将排水口加胶垫,穿入净身盆排水孔眼。拧入排水三通上口。同时检查排水口与净身盆排水孔眼的凹面是否紧密,如有松动及不严密现象,可将排水口锯掉一部分,尺寸在一条垂线上,检查间距是否一致。符合要求后按照管口找出中心线。将下水管周围清理干净,取下临时管堵,抹好油灰,在立式小便器下铺垫水泥、白灰膏的混合灰(比例为1:5)。将立式小便器稳装找平、找正。立式小便器与墙面、地面缝隙嵌入白水泥浆抹平、抹光。

项　目	内　　容
排水管道连接与安装规定	(3)家具盆排水管的连接。 　　先将排水口根母松开卸下,放在家具盆排水孔眼内,测量出距排水预留管口的尺寸。将短管一端套好螺纹,涂油、缠麻。将存水弯拧至外露螺纹2～3扣,按量好的尺寸将短管断好,插入排水口的一端应做扳边处理。将排水口圆盘下加1 mm厚的胶垫、抹油灰,插入家具盆排水孔眼,外面再套上胶垫、眼圈,带上根母。在排水口的螺纹处抹油、缠麻,用自制扳手卡住排水口内十字筋,使排水口溢水眼对准家具盆溢水孔眼,用自制扳手拧紧根母至松紧适度。吊直找正。接口处捻灰,环缝要均匀。 　　(4)浴盆排水安装。 　　将浴盆排水三通套在排水横管上,缠好油盘根绳,插入三通中口,拧紧锁母。三通下口装好铜管,插入排水预留管口内(铜管下端扳边)。将排水口圆盘下加胶垫、油灰,插入浴盆排水孔眼,外面再套胶垫、眼圈,螺纹处涂铅油、缠麻。用自制叉扳手卡住排水口十字筋,上入弯头内。 　　将溢水立管下端套上锁母,缠上油盘根绳,插入三通上口对准浴盆溢水孔,带上锁母。溢水管弯头处加1 mm厚的胶垫、油灰,将浴盆堵螺栓穿过溢水孔花盘,上入弯头"一"字螺纹上,无松动即可。再将三通上口锁母拧至松紧适度。 　　浴盆排水三通出口和排水管接口处缠绕油盘根绳捻实,再用油灰封闭。 　　(5)卫生器具与排水管的连接。 　　大便器、小便器的排水出口承插接头应用油灰填充,不得用水泥砂浆填充,如图3—38所示。 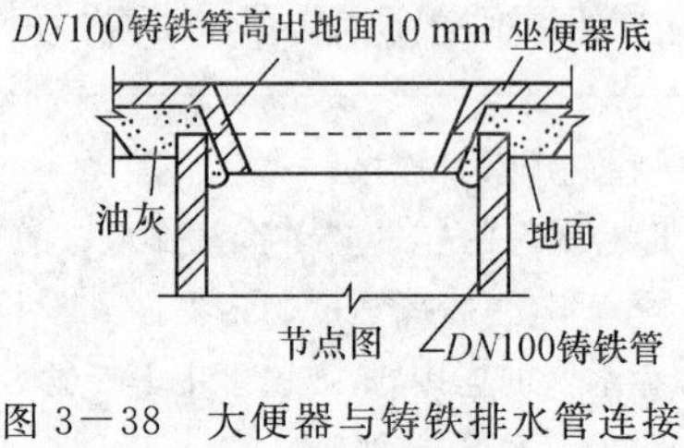 　　 图3—38　大便器与铸铁排水管连接 　　(6)卫生器具排水管穿越楼板留洞尺寸。 　　卫生器具排水管穿越楼板留洞尺寸见表3—23
排水管道安装允许偏差	(1)排水管穿墙、过基础。 　　排水管穿墙、过基础做法如图3—40～图3—42所示见表3—24。 　　(2)排水立管安装形式。 　　排水立管做法如图3—39所示,立管与墙面距离及楼板留洞尺寸见表3—25。 　　排水立管应靠近最脏、杂质最多、排水量最大的排水点,在民用建筑中宜靠近大便器。 　　排水立管一般在墙角明装,有特殊要求时,可用管槽或管井暗装,但在检查口处设检修门如图3—39所示。

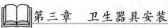

续上表

项目	内　容
排水管道安装 允许偏差	立管应用管卡固定,每层设1个。 安装立管时,立管与墙面应相隔一定的操作距离。立管穿过现浇楼板时应预留洞。 (3)排水管的埋深与间距。 排水管的埋深与间距见表3—26和表3—27。 (4)排水管穿墙与检查口留设。 排水管穿墙与检查口留设尺寸见表3—28。 污水横管的直线管段上检查口或清扫口之间的最大距离见表3—29。 排水管穿墙示意图如图3—39所示。 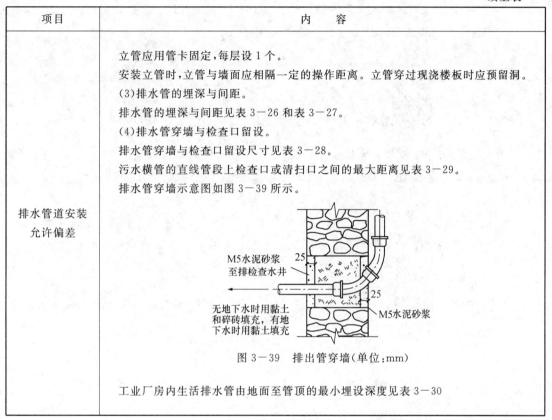 图3—39　排出管穿墙(单位:mm) 工业厂房内生活排水管由地面至管顶的最小埋设深度见表3—30

表3—23　卫生器具排水管道穿越楼板留洞尺寸

卫生器具名称		留洞尺寸(mm)
大便器		200×200
大便槽		300×300
浴盆	普通型	100×100
	裙边高级型	250×300
洗脸盆		150×150
小便器(斗)		150×150
小便槽		150×150
污水盆、洗涤盆		150×150
地漏	50~70 mm	200×200
	100 mm	300×300

注:如留圆形洞,则圆洞内切于方洞尺寸。

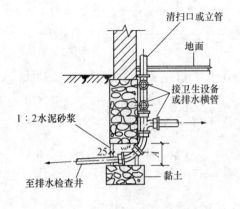

图 3－40　用于带形基础排出管(一)

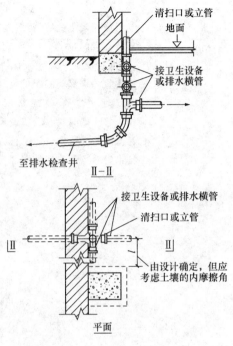

图 3－41　用于带形基础排出管(二)

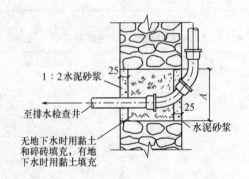

图 3－42　用于带形基础排出管(三)(单位:mm)

表 3－24　排水管穿墙、过基础规格　　　　　　　　(单位:mm)

排水管直径 DN	500～100	125～150	200～250
孔 A(墙)	300×300 240×240	400×400 360×360	500×500 420×420

注:有地下水地区时,基础面的防水做法与构筑物墙面防水做法相同。

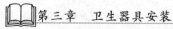

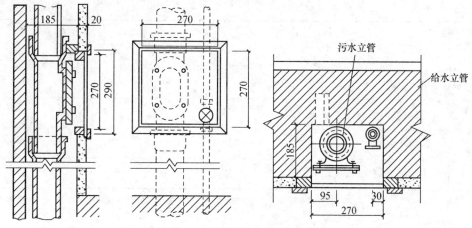

图 3-43　管道检修口(单位:mm)

表 3-25　立管与墙面距离及楼板留洞尺寸　　　　　　　　　　(单位:mm)

管径	50	75	100	150
管轴与墙面距离	100	110	130	150
楼板留洞尺寸	100×100	200×200		300×300

表 3-26　排水管道的最小埋设深度

管材	地面至管顶的距离(m)	
	素土夯实、碎石、大卵石、缸砖、木砖地面	水泥、混凝土、沥青混凝土、菱苦土地面
排水铸铁管	0.7	0.4
混凝土管	0.7	0.5
陶瓷管	1.0	0.6

表 3-27　排水管与其他管道和构筑物的最小埋设距离

序号	名称		净距(m)	
			水平	垂直
1	给水管	$DN \leqslant 200$ mm	1.5	0.15
		$DN > 200$ mm	3.0	0.15
2	污水管和雨水管		1.5	0.15
3	燃气管	低压($P \leqslant 0.05$ MPa)	1.0	0.15
		中压($P = 0.051 \sim 0.1$ MPa)	1.5	0.15
4	热力管和压缩空气管		1.5	0.15
5	通信电缆	铠装	1.0	0.50
		保护管	1.0	1.15

续上表

序号	名称	净距(m)	
		水平	垂直
6	电力电缆	0.5	0.50
7	道路(路肩石)	1.5	0.70
8	铁轨	3.2	—
9	明沟和涵洞(基础底)	—	0.25

注:1. 表列数字,水平系指平行埋设时外壁净距,垂直系指交叉埋设时下面管顶与上面管道基础底间净距。

2. 在有可靠措施时,表中数字可以减小。当垂直交叉距离不能满足表中数字时,可采取结构措施使交叉管道互不施给压力;或将交叉结构作成整体,必要时并须将交叉结构与管道连接处用柔性接口,以免相互影响。

3. 给水管与排水管平行或交叉埋设时,给水管应在上面。当平行布置时,若排水管在上并高出0.5 m(净距)以上时,其水平净距不得小于5 m;当交叉埋设时,若排水管在上,其垂直净距不得小于0.4 m,且给水管应有保护套管,保护段长度为给水管外径加4 m。

表 3—28　排水管穿基础留洞尺寸　　　　　　　　　　(单位:mm)

管径 d	50~75	>100
留洞尺寸	300×300	$(d+300)×(d+300)$

表 3—29　污水横管的直线管段上检查口或清扫口之间的最大距离

管径(mm)	污水性质			清除装置的种类
	假定净水	生活粪便水和成份近似生活粪便水的污水	含大量悬浮物的污水	
	间距(m)			
50~75	15	12	10	检查口
50~75	10	8	6	清扫口
100~150	20	15	12	检查口
100~150	15	10	8	清扫口
200	25	20	15	检查口

表 3—30　工业厂房内生活排水管由地面至管顶的最小埋设深度　　　　(单位:m)

管材	地面种类	
	土地面、碎石地面、砖面	混凝土地面、水泥地面、菱苦土地面
铸铁管和钢管	0.7	0.4

管材	地面种类	
	土地面、碎石地面、砖面	混凝土地面、水泥地面、菱苦土地面
钢筋混凝土管	0.7	0.5
陶瓷管和石棉水泥管	1.0	0.6

注:1. 厂房生活间和其他不受机械损坏的房间内,管道的埋设深度可酌减到 300 mm。

2. 在铁轨下铺设钢管或给水铸铁管,轨底至管顶埋设深度不得小于 1 m。

3. 在管道有防止机械损坏措施或不可能受机械损坏的情况下,其埋设深度可小于上表及注 2 规定数值。

第四章 室内采暖系统

第一节 室内采暖管道及配件安装

一、验收条文

(1)室内采暖管道及配件安装工程施工质量验收标准,表4—1。

表4—1 室内采暖管道及配件安装工程施工质量验收标准

项目	内 容
主控项目	(1)管道安装坡度,当设计未注明时,应符合下列规定。 1)气、水同向流动的热水采暖管道和汽、水同向流动的蒸气管道及凝结水管道。坡度应为3‰,不得小于2‰。 2)气、水逆向流动的热水采暖管道和汽、水逆向流动的蒸气管道,坡度不应小于5‰。 3)散热器支管的坡度应为1%。坡向应利于排气和泄水。 检验方法:观察,水平尺、拉线、尺量检查。 (2)补偿器的型号、安装位置及预拉伸和固定支架的构造及安装位置应符合设计要求。 检验方法:对照图纸,现场观察,并查验预拉伸记录。 (3)平衡阀及调节阀型号、规格、公称压力及安装位置应符合设计要求。安装完后应根据系统平衡要求进行调试并做出标志。 检验方法:对照图纸查验产品合格证,并现场查看。 (4)蒸气减压阀和管道及设备上安全阀的型号、规格、公称压力及安装位置应符合设计要求。安装完毕后应根据系统工作压力进行调试,并做出标志。 检验方法:对照图纸查验产品合格证及调试结果证明书。 (5)方形补偿器制作时,应用整根无缝钢管摵制,如需要接口,其接口应设在垂直臂的中间位置,且接口必须焊接。 检验方法:观察检查。 (6)方形补偿器应水平安装,并与管道的坡度一致;如其臂长方向垂直安装必须设排气及泄水装置。 检验方法:观察检查
一般项目	(1)热量表、疏水器、除污器、过滤器及阀门的型号、规格、公称压力及安装位置应符合设计要求。 检验方法:对照图纸查验产品合格证。 (2)钢管管道焊口尺寸的允许偏差应符合表1—134的规定。

续上表

项目	内　　容
一般项目	（3）采暖系统入口装置及分户热计量系统入户装置,应符合设计要求。安装位置应便于检修、维护和观察。 检验方法:现场观察。 （4）散热器支管长度超过 1.5 m 时,应在支管上安装管卡。 检验方法:尺量和观察检查。 （5）上供下回式系统的热水干管变径应顶平偏心连接,蒸气干管变径应底平偏心连接。 检验方法:观察检查。 （6）在管道干管上焊接垂直或水平分支管道时,干管开孔所产生的钢渣及管壁等废弃物不得残留管内,且分支管道在焊接时不得插入干管内。 检验方法:观察检查。 （7）膨胀水箱的膨胀管及循环管上不得安装阀门。 检验方法:观察检查。 （8）当采暖热媒为 110℃～130℃ 的高温水时,管道可拆卸件应使用法兰,不得使用长丝和活接头。法兰垫料应使用耐热橡胶板。 检验方法:观察和查验进料单。 （9）焊接钢管管径大于 32 mm 的管道转弯,在作为自然补偿时应使用揻弯。塑料管及复合管除必须使用直角弯头的场合外应使用管道直接弯曲转弯。 检验方法:观察检查。 （10）管道、金属支架和设备的防腐和涂漆应附着良好,无脱皮、起泡、流淌和漏涂缺陷。 检验方法:现场观察检查。 （11）管道和设备保温的允许偏差应符合表 1－98 的规定。 （12）采暖管道安装的允许偏差应符合表 4－2 的规定

（2）采暖管道安装的允许偏差和检验方法见表 4－2。

表 4－2　采暖管道安装的允许偏差和检验方法

项次	项目			允许偏差(mm)	检验方法
1	横管道纵、横方向弯曲(mm)	每 1 m	管径≤100 mm	1	用水平尺、直尺、拉线和尺量检查
			管径＞100 mm	1.5	
		全长(25 m 以上)	管径≤100 mm	不大于 13	
			管径＞100 mm	不大于 25	
2	立管垂直度(mm)	每 1 m		2	吊线和尺量检查
		全长(5 m 以上)		不大于 10	
3	弯管	椭圆率 $\dfrac{D_{max}-D_{min}}{D_{max}}$	管径≤100 mm	10%	用外卡钳和尺量检查
			管径＞100 mm	8%	
		折皱不平度(mm)	管径≤100 mm	4	
			管径＞100 mm	5	

注:D_{max},D_{min}分别为管子最大外径及最小外径。

二、施工材料要求

室内采暖管道及配件安装工程施工材料要求见表4－3。

表4－3　室内采暖管道及配件安装工程施工材料要求

项目	内　　容
钢管选用	参见第一章第一节中施工材料要求的相关内容
管材及管件	（1）管材。选用碳素钢管和无缝钢管，且管材不得弯曲、锈蚀，无飞刺、重皮及凹凸不平现象。 （2）管件。无偏扣、方扣、乱扣、断丝及角度不准确现象
阀门选用	（1）阀门的要求。阀门有出厂合格证，规格型号和适用温度、压力符合设计要求。铸造规矩、无飞刺、无裂纹，开关灵活严密，丝扣无损伤，直角和角度正确，手轮无损伤。阀门安装前应做强度和严密性试验，并在试验之前在每批数量中抽查10％，且不得少于1个，对安装在主管上起切断作用的闭路阀门，应逐个进行强度和严密性试验。 （2）阀门分类。 阀门有很多种类，针对管道工程中常用的标准系列阀门，按其用途和结构特点分为11类，列于表4－4。 （3）阀门规格和特性。 识别阀门可从外部看出它的结构、材质和基本特性，也可通过在阀体上铸造、打印的文字、符号以及阀门自带的铭牌，再加上在阀体、手轮及法兰上的颜色进行识别。 铭牌、阀体上铸造的文字、符号等标志表明该阀门的型号、规格、公称直径和公称压力、介质流向、制造厂家及出厂时间。在阀门体正面铸出的标志形式，其含义见4－5。 （4）标志阀体材料的油漆涂于阀体的非加工表面上，其颜色规定见表4－6。 （5）标志密封面材料的油漆涂在手轮、手柄或自动阀件的盖上，其颜色规定见表4－7。 （6）带有衬里的阀门，应在连接法兰的圆柱表面上涂以补充的识别油漆，其颜色规定见表4－8。 （7）各类阀门的耐腐蚀性能见表4－9
截止阀	常用截止阀如图4－1所示，其型号、规格见表4－10。 (a)内螺纹截止阀　　(b)法兰截止阀 图4－1　截止阀

项目	内容
节流阀	常用节流阀如图 4-2 所示,其型号、规格见表 4-11 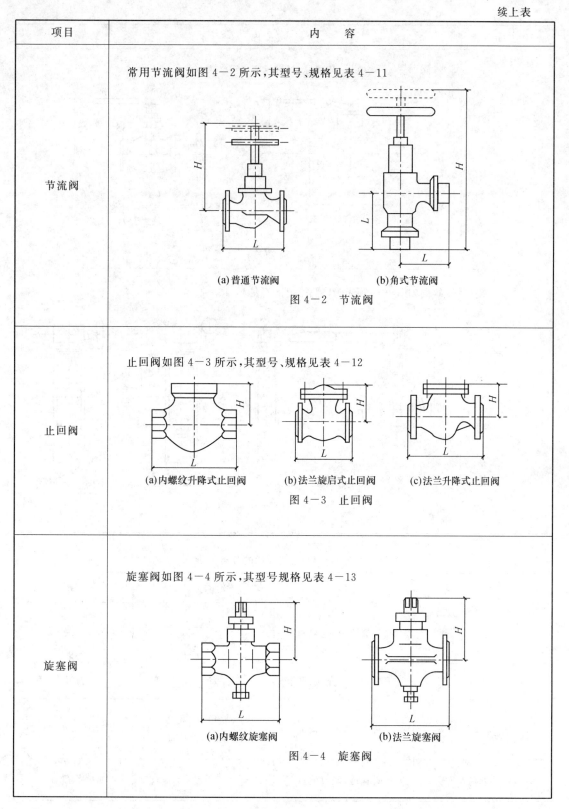
止回阀	止回阀如图 4-3 所示,其型号、规格见表 4-12
旋塞阀	旋塞阀如图 4-4 所示,其型号规格见表 4-13

项目	内 容
球阀	球阀如图 4-5 所示,其型号、规格见表 4-14 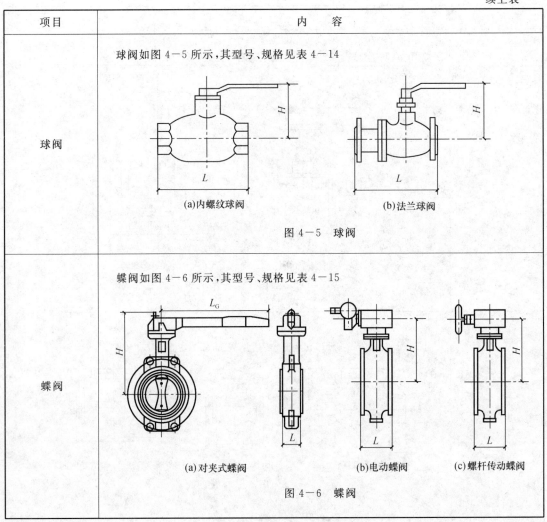 (a)内螺纹球阀　　　　　(b)法兰球阀 图 4-5　球阀
蝶阀	蝶阀如图 4-6 所示,其型号、规格见表 4-15 (a)对夹式蝶阀　　　(b)电动蝶阀　　　(c)螺杆传动蝶阀 图 4-6　蝶阀

表 4-4　常用阀门的分类

名称	用途	传动方式	连接形式
闸阀	截断管路中介质	手动、电动、液动、齿轮传动	法兰、螺纹
截止阀	截断管路中介质、调节	手动、电动	法兰、螺纹、卡套
球阀	截断介质,也可调节	手动、电动、气动、液动、涡轮传动	法兰、螺纹
旋塞阀	开闭管道、调节流量	手动	法兰、螺纹

续上表

名称	用途	传动方式	连接形式
蝶阀	开闭管道、调节流量	手动	法兰对夹
节流阀	开闭管道、调节流量	手动	法兰、螺纹、卡套
隔膜阀	可开闭管道、调节流量,介质不进入阀体	手动	法兰、螺纹
止回阀	阻止介质倒流	自动	法兰、螺纹
安全阀	防止介质超压保证安全	自动	法兰、螺纹
减压阀	减低介质压力	自动	法兰
疏水阀	排除凝结水、防水蒸气泄漏	自动	法兰、螺纹

表 4—5　阀门的规格及特性

标志形式	阀门规格				阀门形式	介质流动方向	
	公称直径（mm）	公称压力（MPa）	工作压力（MPa）	介质温度（℃）			
$\dfrac{P_G 40}{50}\rightarrow$	50	40	—	—	直通式	介质进口与出口的流动方向在同一或相平行的中心线上	
$\dfrac{P_{51} 100}{100}\rightarrow$	100	—	100	510			
$\dfrac{P_G 40}{50}\rightarrow$	50	4	—	—	直角式 介质进口与出口的流动方向成90°角	介质作用在关闭件下	
$\dfrac{P_{51} 100}{100}\rightarrow$	100	—	—	510			
$\dfrac{P_G 40}{50}\rightarrow$	50	40	—	—		介质作用在关闭件上	
$\dfrac{P_{51} 100}{100}\downarrow$	100	—	10	510			
$\dfrac{P_G 16}{50}\downarrow$	50	—	—	—	三通式	介质具有几个流动方向	
$\dfrac{P_{51} 100}{100}\rightarrow$	100	—	100	510			

表 4-6   阀体材料识别涂漆色

阀体材料	涂漆颜色
灰铸铁、可锻铸铁、球墨铸铁	黑色
碳素钢	灰色
铬、铝合金钢	中蓝色
LCB、LCC 系列等低温钢	银灰色

注:1. 阀门内外表面可使用满足足的喷塑工艺代替。
   2. 铁制钢门内表面,应涂满足使用温度范围,无毒、无污染的防锈漆,钢制阀门内表面不涂漆。

表 4-7   密封面材料识别涂漆颜色

阀件密封零件材料	识别涂漆颜色	阀件密封零件材料	识别涂漆颜色
青铜或黄铜	红色	硬质合金	灰色边带红色条
巴氏合金	黄色	塑料	蓝色
铝	铝白色	皮革或橡皮	棕色
耐酸钢或不锈钢	浅蓝色	硬橡皮	绿色
渗氮钢	浅紫色	直接在阀体上做密封面	同阀体的涂色

注:关闭件的密封零件与阀体上密封零件在材料上不同时,应按关闭件密封零件材料涂漆。

表 4-8   衬里材料识别涂漆色

衬里材料	识别涂漆颜色	衬里材料	识别涂漆颜色
搪瓷	红色	铝锑合金	黄色
橡胶及硬橡胶	绿色	铝	银色
塑料	蓝色	—	—

表 4-9   各类材料阀门的耐腐蚀性能

类别	适用介质	备注
碳钢阀门	水、空气、氨气、液氨、石油、中性有机介质、含有对碳钢产生钝化液添加剂的无机或有机介质、某些腐蚀性很低的介质、某些能使碳钢表面产生钝化膜的强酸(如浓硫酸)、煤气和氢气	—
铸铁阀门	与碳钢阀门相仿,其耐蚀性能稍优于碳钢阀门	硅铸铁阀门的耐酸性能好,尤其是高硅铸铁阀门,但性硬而脆、价高。镍铸铁阀门耐稀酸、稀盐酸和苛性碱
不锈钢阀门	在较大的温度范围内耐硝酸、醋酸、磷酸、各种有机酸及碱类腐蚀。其中,1Crl8Ni9Ti 不锈耐酸钢阀适用于硝酸类介质,1Crl8Nil2M02Ti 含钼不锈耐酸钢阀适用于醋酸类、磷酸类介质	不耐含氯离子的溶液;不耐蚁酸、草酸、乳酸等几种有机酸介质;不耐潮湿的氯化氢、溴化氢、氟化氢以及氧化性氯化物;在海水中不能长期使用

续上表

类别		适用介质	备注
铝阀门		耐一般浓度的醋酸、浓硝酸、氢氧化铵以及某些有机酸。耐硫化氢及其他硫化物、硫酸盐、二氧化碳、碳酸氢铵及尿素	铝纯度愈高,其耐蚀性能愈好,但机械强度愈低。不耐盐酸、碱
铜阀门		耐海水性能较好。常温下耐中等浓度的硫酸、稀硫酸、磷酸、醋酸、苛性碱等	不耐氨、铵盐、硫化氢、硝酸、氰化钾溶液。不耐氧化性酸及含空气的非氧化性酸
铅阀门		耐稀硫酸、海水、二氧化硫,中等浓度以下的磷酸、醋酸、氢氟酸、铬酸	不耐硝酸、盐酸、次氯酸、碱类、高锰酸盐以及二氧化碳水溶液
钛阀门		耐海水、温氯、硝酸、氧化性盐、次氯酸盐、一般有机物、碱	不耐氟、氟化氢水溶液、草酸、蚁酸、加热的浓碱、硫酸、盐酸等还原性酸
锆阀门		耐碱(甚至熔融状态的碱)、沸点以下所有浓度的盐酸和硝酸、300℃以下中等浓度的硫酸、沸点以下所有浓度的磷酸、醋酸、乳酸、柠檬酸以及海水、尿素等	不耐氧化性金属氯化物(如 $FeCl_2$)、氟化氢及其水溶液、湿氯、王水等。价格昂贵
陶瓷阀门		耐大多数种类各种浓度的无机酸、有机酸和有机溶剂	不耐氢氟酸、氟硅酸、氟、氟化氢和强碱。价廉但性脆
玻璃阀门		与陶瓷阀门相仿	同陶瓷阀门
搪瓷阀门		搪瓷本身的耐蚀性能与陶瓷、玻璃相仿,但搪瓷阀门的耐蚀性,要根据搪瓷和与介质接触的其余阀件材料来确定	没有以搪瓷单一材料制造的阀门,故搪瓷阀门的耐蚀性能不仅取决于搪瓷材料,还取决于其余组合件材料
衬橡胶阀门	硫化天然橡胶	耐一般非氧化性强酸、有机酸、碱溶液和盐溶液	衬里用橡胶,多系天然橡胶。衬硫化天然橡胶的阀门不耐强氧化性酸(如硝酸、浓硫酸、铬酸)、强氧化剂(如过氧化氢、硝酸钾、高锰酸钾)、某些有机溶剂(如四氯化碳、苯、二硫化碳),在芳香族化合物中不稳定
	合成橡胶	丁苯橡胶。耐蚀性能与天然橡胶相似,但不耐盐酸	在氧化性酸中不稳定
		丁腈橡胶。耐油和有机溶剂。其余耐蚀性能与丁苯橡胶相似	以耐油著称
		氯丁橡胶。耐酸、碱、油和非极性溶剂性能均较好,仅次于丁腈橡胶	—

续上表

类别		适用介质	备注
衬橡胶阀门	合成橡胶	氯磺化聚乙烯橡胶。在强氧化性介质中,如常温下70%硝酸、浓硫酸、碱液、过氧化物、盐溶液、多种有机介质中均稳定	其耐氧化性介质的腐蚀性能仅次于氟橡胶。不耐油、四氯化碳及芳香族化合物
		氟橡胶。耐蚀性能类似氟塑料,在浓酸、强氧化性酸中极稳定,在有机溶剂和碱溶液中稳定。是橡胶品种中性能最佳者	价格昂贵
塑料阀门		聚氯乙烯。耐大部分酸、碱、盐类,有机物。尤其对中浓度酸、碱介质耐蚀性能良好	不耐强氧化剂(如浓硝酸、发烟硫酸、芳香族有机物、酮类及氯化碳氢化合物)
		耐酸酚醛塑料。耐大部分酸类、有机溶剂,特别适用于盐酸、氯化氢、硫化氢、二氧化硫、低浓度及中等浓度的硫酸	不耐强氧化性酸(如浓硝酸、碱、铬酸)、碱、碘、溴,苯胺、吡啶等
		聚乙烯。耐80℃以下溶剂、各种浓度的酸、碱	对氧化性酸(如硝酸)耐蚀性不强
		聚丙烯。耐酸性能良好。常温下,能耐浓硫酸、浓硝酸及多种溶剂	温度高时,能溶于某些溶剂,其耐酸性能亦遭破坏
		尼龙(聚酰胺)。耐碱、耐氨,不受醇、酯、碳氢化合物、卤化碳氢化合物、酮、润滑油、油脂、汽油、显影液及清洁剂等腐蚀	不耐强酸与氧化性酸,在常温下溶于酚、氯化钙饱和的甲醇溶液、浓甲酸,在高温下溶于乙二醇、冰醋酸、氯乙醇、丙二醇、三氯乙烯和氯化锌的甲醇溶液
		聚四氯乙烯,几乎能耐一切酸、碱、盐、酮、醇、醚介质,化学稳定性极好,即使对王水、氢氟酸和强氧化剂也非常稳定	不能用于熔融状态下的碱金属介质。在高温高压下能与单质氟、三氟化氯起作用,价值高
		聚三氟氯乙烯。其耐蚀性能与聚四氟乙烯相近而稍逊。在温度不甚高时,能耐卤素、浓硫酸、浓硝酸、氢氟酸、次氯酸、王水以及其他强酸、强碱、弱酸、弱碱以及大多数溶剂	仅在高温下,在乙醚、四氯化碳等少数溶剂中稍有溶胀现象
		氯化聚醚。化学稳定性仅次于氟塑料,但价格较氟塑料为低。能耐酸、碱、有机溶剂等300多种化学介质	不耐发烟硝酸、发烟硫酸
玻璃钢阀门		玻璃钢阀门的耐蚀性能取决于玻璃钢的种类及其组分。如环氧玻璃钢能在盐酸、磷酸、稀硫酸和部分有机酸中使用,但不耐硝酸、浓硫酸;酚醛的耐酸性能较好,但不耐碱、卤素、强氧化性酸、苯胺等;呋喃玻璃钢的综合耐蚀性能较好,其耐酸性能优于环氧玻璃钢,也有一定的耐碱性能	玻璃钢有若干种,玻璃钢阀门的耐蚀性能最好参阅该阀门制造厂家的产品说明书

表 4-10 常用内螺纹截止阀型号、规格

名称	型号	阀体材料	尺寸及质量	公称直径 DN(mm)							适用介质
				15	20	25	32	40	50	65	
内螺纹截止阀	J11X-10	灰铸铁	L(mm)	90	100	120	140	170	200	260	水≤50℃
			H(mm)	117	117	142	168	182	200	223	
			质量(kg)	0.84	1.1	1.8	2.5	3.8	5.5	9.3	

名称	型号	阀体材料	尺寸及质量	公称直径 DN(mm)									适用介质
				6	10	15	20	25	32	40	50	65	
内螺纹截止阀	J11W-10T	铸铜	L(mm)	60	70	90	100	120	140	170	200	260	水、蒸气≤200℃
			H(mm)	95	96	116	137	144	168	193	221	275	
			质量(kg)	0.37	0.45	0.81	1.2	1.8	2.6	4	5.4	10	

名称	型号	阀体材料	尺寸及质量	公称直径 DN(mm)							适用介质
				15	20	25	32	40	50	65	
内螺纹截止阀	J11H-16	灰铸铁	L(mm)	90	100	120	140	170	200	260	水、蒸气、油品≤200℃
			H(mm)	117	117	142	168	182	200	223	
			质量(kg)	0.7	1.3	1.7	2.7	3.8	6	10	
	J11T-16	灰铸铁	L(mm)	90	100	120	140	170	200	260	水、蒸气≤200℃
			H(mm)	117	117	142	168	182	200	223	
			质量(kg)	0.9	1	1.8	2.6	3.7	5.6	9	
	J11W-16	灰铸铁	L(mm)	90	100	120	140	170	200	260	油品≤200℃
			H(mm)	117	117	142	168	182	200	223	
			质量(kg)	0.9	1	1.8	2.6	3.7	5.6	9	

名称	型号	阀体材料	尺寸及质量	公称直径 DN(mm)						适用介质
				15	20	25	32	40	50	
内螺纹截止阀	J11H-25 J11Y-25	碳钢	L(mm)	90	110	120	140	150	190	水、蒸气、油品≤200℃
			H(mm)	220	258	272	289	323	373	
			质量(kg)	3	5	6	8	11	16	
	J11H-40 J11Y-40	碳钢	L(mm)	90	110	120	140	150	190	水、蒸气、油品≤200℃
			H(mm)	220	258	272	289	323	373	
			质量(kg)	3	5	6	8	11	16	

表 4－11　常用节流阀型号、规格

名称	型号	阀体材料	尺寸及质量	公称直径 DN(mm)		介质参数
				10	15	
外螺纹节流阀	L21W-25K	可锻铸铁	L(mm)	155	165	氨、氨液 −40℃～150℃
			H(mm)	128	144	
			质量(kg)	—	—	

名称	型号	阀体材料	尺寸及质量	公称直径 DN(mm)		介质参数
				20	25	
外螺纹节流阀	L21B-25K	可锻铸铁	L(mm)	183	152	氨、氨液 −40℃～150℃
			H(mm)	203	169	
			质量(kg)	—	—	

名称	型号	阀体材料	尺寸及质量	公称直径 DN(mm)			介质参数
				32	40	50	
节流阀	L41B-25Z	可锻铸铁	L(mm)	180	200	230	氨、氨液 −40℃～150℃
			H(mm)	213	269	276	
			质量(kg)	—	—	—	

名称	型号	阀体材料	尺寸及质量	公称直径 DN(mm)		介质参数
				10	15	
角式节流阀	L24W-25K	可锻铸铁	L(mm)	77	82	氨、氨液 −40℃～150℃
			H(mm)	201	225	
			质量(kg)	—	—	

名称	型号	阀体材料	尺寸及质量	公称直径 DN(mm)		介质参数
外螺纹角式节流阀	L24B-25K	可锻铸铁	L(mm)	791	101	氨、氨液 −40℃～150℃
			H(mm)	235	261	
			质量(kg)	—	—	

名称	型号	阀体材料	尺寸及质量	公称直径 DN(mm)			介质参数
				32	40	50	
角式节流阀	L41B-25Z	可锻铸铁	L(mm)	180	200	230	氨、氨液 −40℃～150℃
			H(mm)	188	229	233	
			质量(kg)	—	—	—	

续上表

名称	型号	阀体材料	尺寸及质量	公称直径 DN(mm)												介质参数
				32	40	50	55	60	65	72	80	52	100	105	110	
节流阀	L41H-25	可锻铸铁	L(mm)	130	130	150	160	190	200	230	290	310	350	400	—	水、蒸气、油品 ≤425℃
			H(mm)	252	252	260	309	319	359	407	433	473	519	591	—	
			质量(kg)	4.5	4.6	7	8.8	12.7	17	24	36	45	65	98	150	
	L41H-40	可锻铸铁	L(mm)	130	130	150	160	190	200	230	290	310	350	400	480	水、蒸气、油品 ≤425℃
			H(mm)	252	252	260	310	320	354	413	433	473	519	591	672	
			质量(kg)	5	5	7	8.8	13	17	24	36	45	65	98	150	

表 4-12 常用止回阀型号、规格

名称	型号	阀体材料	尺寸及质量	公称直径 DN(mm)							介质参数
				15	20	25	32	40	50	65	
内螺纹升降式止回阀	H11X-10	灰铸铁	L(mm)	—	—	—	—	—	—	—	水 ≤60℃
			H(mm)	—	—	—	—	—	—	—	
			质量(kg)	0.6	0.8	1.4	2	3.2	5	—	
	H11 $\frac{H}{(T)}$-16	灰铸铁	L(mm)	90	100	120	140	170	200	260	水、蒸气 ≤200℃
			H(mm)	64	64	75	84	96	106	130	
			质量(kg)	0.5	0.8	1.4	2	3.2	5	7.5	
	H11 $\frac{H}{(T)}$-16	灰铸铁	L(mm)	90	100	120	140	170	200	260	水、蒸气 ≤200℃
			H(mm)	64	62	75	84	95	109	128	
			质量(kg)	0.6	0.8	1.4	1.7	2.6	4	8	

名称	型号	阀体材料	尺寸及质量	公称直径 DN(mm)											介质参数
				15	20	25	32	40	50	65	80	100	125	150	
升降式止回阀	H44X-10	灰铸铁	L(mm)	—	—	—	—	—	—	—	—	—	—	—	水 ≤60℃
			H(mm)	—	—	—	—	—	—	—	—	—	—	—	
			质量(kg)	2	2.7	3.5	6	6.3	8	13.2	24	48	60	95	
	H44H-10	灰铸铁	L(mm)	—	—	—	—	—	—	—	—	—	—	—	水、蒸气、油品 ≤100℃
			H(mm)	—	—	—	—	—	—	—	—	—	—	—	
			质量(kg)	2	2.7	3.6	5.5	7.3	9.5	15	27	39	—	—	

名称	型号	阀体材料	尺寸及质量	公称直径 DN(mm)										介质参数
				25	40	50	65	80	100	125	150	200	250	
旋启式衬胶止回阀	H44J-6	灰铸铁	L(mm)	160	200	230	290	310	350	400	480	500	550	腐蚀性介质 ≤60℃
			H(mm)	—	—	—	—	—	—	—	—	—	—	
			质量(kg)	6	8	10	20	25	30	50	65	95	137	

名称	型号	阀体材料	尺寸及质量	公称直径 DN(mm)														介质参数
				50	65	80	100	125	150	200	250	300	350	400	450	500	550	
旋启式止回阀	H44T-10	灰铸铁	L(mm)	230	290	310	350	400	480	500	550	620	720	820	880	980	1180	水、蒸气 ≤200℃
			H(mm)	137	142	160	178	203	233	262	299	350	396	448	484	525	608	
			质量(kg)	13	21	24	32	52	74	100	141	211	387	450	600	800	1190	

名称	型号	阀体材料	尺寸及质量	公称直径 DN(mm)												介质参数
				15	20	25	32	40	50	65	80	100	125	150	200	
升降式止回阀	H41(T/W)-16	灰铸铁	L(mm)	130	150	160	180	200	230	290	310	350	400	480	600	水、蒸气、油品 ≤200℃(100℃)
			H(mm)	58	63	71	84	96	115	145	156	170	201	238	268	
			质量(kg)	2	3	4	7	10	12	20	25	40	60	95	126	
	H41H-25	碳钢	L(mm)	130	150	160	180	200	230	290	310	350	400	480	600	水、蒸气、油品 ≤425℃
			H(mm)	89	100	113	123	140	155	165	175	200	232	262	312	
			质量(kg)	3.5	4.5	5.5	10	13	17	26	35	47	70	155	—	
	H41H-25Q	球墨铸铁	L(mm)	—	—	160	180	200	230	290	310	350	400	480	—	水、蒸气、油品 ≤350℃
			H(mm)	—	—	120	125	135	150	150	160	195	258	290	—	
			质量(kg)	—	—	—	8	10	14	20	30	45	65	100	—	
	H41H-25K	可锻铸铁	L(mm)	—	—	160	180	200	230	290	310	—	—	—	—	蒸气 ≤300℃
			H(mm)	—	—	80	92	108	117	145	150	—	—	—	—	
			质量(kg)	4.5	5	6	7	9.5	14	27	33	48	—	—	—	

名称	型号	阀体材料	尺寸及质量	公称直径 DN(mm)													介质参数
				40	50	65	80	100	125	150	200	250	300	350	400	500	
旋启式止回阀	H44H-25	碳钢	L(mm)	200	230	290	310	350	400	480	550	650	750	850	950	1150	水、蒸气、油品 ≤350℃
			H(mm)	160	177	192	192	217	250	270	294	332	375	418	466	—	
			质量(kg)	20	24	30	34	52	73	103	135	196	285	388	496	950	

续上表

名称	型号	阀体材料	尺寸及质量	公称直径 DN(mm)													介质参数
				10	15	20	25	32	40	50	65	80	100	125	150	200	
升降式止回阀	H41H-40	碳钢	L(mm)	130	130	150	160	190	200	230	290	310	350	400	480	600	水、蒸气、油品 ≤425℃
			H(mm)	—	89	100	113	123	140	150	160	175	200	223	262	312	
			质量(kg)	3.4	4	4.5	5.5	10	13	17	26	31	47	70	115	200	
	H41H-40Q	球墨铸铁	L(mm)	—	130	150	160	180	200	230	290	310	350	400	480	—	水、蒸气、油品 ≤350℃
			H(mm)	—	—	—	97	110	124	140	164	188	220	258	290	—	
			质量(kg)	—	4.5	5.5	6	10	15	20	25	35	50	70	100	180	

名称	型号	阀体材料	尺寸及质量	公称直径 DN(mm)											介质参数
				15	20	25	32	40	50	65	80	100	125	150	
升降式止回阀	H41N-40	碳钢	L(mm)	130	150	160	190	200	230	290	310	350	—	—	液化石油气 -40℃~80℃
			H(mm)	85	105	115	120	140	150	160	175	195	—	—	
			质量(kg)	4	5	6	9	12	16	23	30	44	66	99	
旋启式止回阀	H41H-40	碳钢	L(mm)	220	290	310	350	400	480	550	650	750	850	950	水、蒸气、油品 ≤425℃
			H(mm)	177	192	192	217	250	270	342	365	424	455	510	
			质量(kg)	22	30	37	55	91	129	213	297	362	450	585	

名称	型号	阀体材料	尺寸及质量	公称直径 DN(mm)				介质参数
				100	125	150	200	
立式止回阀	H42H-25 H42H-40	—	L(mm)	210	275	300	380	水、蒸气、油品 ≤400℃
			H(mm)	230	270	300	360	
			质量(kg)	50	70	115	200	

表4-13 常用旋塞阀型号、规格

名称	型号	阀体材料	尺寸及质量	公称直径 DN(mm)							介质参数
				15	20	25	32	40	50	65	
内螺纹三通式旋塞阀	X14W-6T	铸青铜	L(mm)	70	100	120	140	170	180	230	水、蒸气 ≤200℃
			H(mm)	67	92	106	128	145	165	228	
			质量(kg)	0.6	1.7	2.5	4	6	10	16	
内螺纹三通式无填料旋塞阀	X16W-6T	铸青铜	L(mm)	70	—	—	116	130	—	—	水、蒸气 ≤200℃
			H(mm)	78	—	—	128	152	—	—	
			质量(kg)	0.6	1.7	1.7	2.8	3.8	—	19	

名称	型号	阀体材料	尺寸及质量	公称直径 DN(mm)									介质参数
				15	20	25	32	40	50	65	70	75	
内螺纹直通式旋塞阀	X13W-10	灰铸铁	L(mm)	80	90	110	130	150	170	220	250	300	油品 ≤100℃
			H(mm)	99	114	131	152	202	260	295	327	425	
			质量(kg)	0.8	1.1	1.7	3.2	4.5	7	13	18	30	
	X13W-10T	铸铜	L(mm)	50	60	70	90	105	120	220	250	—	水 ≤100℃
			H(mm)	85	101	118	150	172	200	295	327	—	
			质量(kg)	1	1.5	2	3.5	5	8	14	19	—	
	X13T-10	灰铸铁	L(mm)	80	90	110	130	150	170	220	250	—	水 ≤100℃
			H(mm)	99	114	131	152	202	260	295	327	—	
			质量(kg)	0.9	1.3	2.2	3.5	5.5	8.2	12	18	—	

名称	型号	阀体材料	尺寸及质量	公称直径 DN(mm)						介质参数
				15	20	25	32	40	50	
内螺纹衬套旋塞阀	X13F-10	灰铸铁	L(mm)	60	70	80	92	110	130	天然气、煤气 ≤150℃
			H(mm)	85	100	100	125	140	150	
			质量(kg)	0.8	1	2	2.5	4	7	

名称	型号	阀体材料	尺寸及质量	公称直径 DN(mm)									介质参数
				25	32	40	50	65	80	100	125	150	
三通式旋塞阀	X44W-6	灰铸铁	L(mm)	145	170	180	200	230	260	300	350	400	煤气、油品 ≤150℃
			H(mm)	128	145	178	185	227	270	295	518	545	
			质量(kg)	5	10	12	17	27	43	52	82	110	
	X44W-6T	铸青铜	L(mm)	145	170	180	200	230	260	300	350	400	水、蒸气 ≤150℃
			H(mm)	152	186	234	270	300	400	433	518	545	
			质量(kg)	6	15	19	21	27	53	66	100	133	
	X44T-6	灰铸铁	L(mm)	145	170	180	200	230	260	300	350	400	水、蒸气 ≤150℃
			H(mm)	128	186	234	270	300	400	433	518	545	
			质量(kg)	5	12	15	18	24	45	60	87	119	

名称	型号	阀体材料	尺寸及质量	公称直径 DN(mm)									介质参数
				20	25	32	40	50	65	80	100	125	150	
直通式旋塞阀	X43W-10	灰铸铁	L(mm)	90	110	130	150	170	220	250	300	350	400	油品 ≤100℃
			H(mm)	124	133	152	182	236	264	297	425	482	542	
			质量(kg)	2	3.5	4.3	8	44	18	23	31	52	93	

续上表

名称	型号	阀体材料	尺寸及质量	公称直径 DN(mm)										介质参数
				20	25	32	40	50	65	80	100	125	150	
直通式旋塞阀	X43T-10	灰铸铁	L(mm)	90	110	130	150	170	220	250	300	350	400	水 ≤100℃
			H(mm)	124	133	152	182	236	264	297	425	482	542	
			质量(kg)	3	4	6	9	12	18	24	36	54	95	
	X43W-10T	铸铜	L(mm)	—	110	130	150	160	200	250	300	—	350	水、煤气 ≤150℃
			H(mm)	—	156	190	211	240	280	322	344	—	448	
			质量(kg)	—	6	8	10	14	20	25	40	—	100	

名称	型号	阀体材料	尺寸及质量	公称直径 DN(mm)						介质参数
				50	80	100	150	200	300	
油封煤气旋塞阀	MX47W-10	灰铸铁	L(mm)	178	241	305	394	457	610	天然气、煤气、油品 ≤150℃
			H(mm)	250	370	430	725	840	1010	
			质量(kg)	16	30	45	148	210	420	

表4-14　常用球阀型号、规格

名称	型号	阀体材料	尺寸及质量	公称直径 DN(mm)							介质参数
				15	20	25	32	40	50	65	
内螺纹球阀	Q11F-16	灰铸铁	L(mm)	90	100	115	130	150	180	190	水、油品 ≤100℃
			H(mm)	76	81	92	112	121	137	147	
			质量(kg)	1.5	2	4	5	7.5	9	12	
	Q11F-16Q	球墨铸铁	L(mm)	90	100	115	130	150	180	—	水、油品 ≤150℃
			H(mm)	76	81	92	114	125	140	—	
			质量(kg)	1.5	2	4	5	7.5	10	—	
	Q11F-16R	灰铸铁	L(mm)	90	100	155	130	150	170	200	硝酸类 −20~100℃
			H(mm)	80	85	92	118	126	145	154	
			质量(kg)	1	1.5	2.5	3.5	6	6.5	12	
	Q11F-25R	球墨铸铁	L(mm)	90	100	115	130	150	170	200	硝酸类 ≤150℃
			H(mm)	76	81	92	114	125	144	154	
			质量(kg)	1.5	2	2.5	5	7.5	10	13	
	Q11F-40R	球墨铸铁	L(mm)	90	100	115	130	150	180	—	硝酸类 −20~100℃
			H(mm)	80	85	92	118	126	145	—	
			质量(kg)	1.5	2	2.5	5	7.5	10	—	
	Q11F-40	球墨铸铁	L(mm)	90	100	115	130	150	180	—	水、油品 ≤150℃
			H(mm)	80	85	92	118	126	145	—	
			质量(kg)	1	2	2	2.2	3.5	5.3	—	

续上表

名称	型号	阀体材料	尺寸及质量	公称直径 DN(mm)									介质参数
				15	20	25	32	40	0	65	80	100	
球阀	Q41F-6C	碳钢	L(mm)	95	105	120	130	150	165	185	210	235	水、油品 ≤150℃
			H(mm)	50	60	75	100	115	135	152	175	182	
			质量(kg)	1.5	2	2.5	3	4	6	10	13	20	
	Q41F-10CF	碳钢衬氟	L(mm)	—	—	150	165	180	200	220	250	280	酸碱盐 ≤150℃
			H(mm)	—	—		100	115	125	135	145	—	
			质量(kg)			5	6	7	9	15	19	29	

名称	型号	阀体材料	尺寸及质量	公称直径 DN(mm)											介质参数
				15	20	25	32	40	50	65	80	100	125	150	200
球阀	Q41F-16 (Q14F-16C)	(碳钢) 灰铸铁	L(mm)	130	140	150	165	180	200	220	250	280	320	360	457	水、油品 ≤150℃
			H(mm)	82	100	103	134	140	155	180	200	222	254	320	386	
			质量(kg)	3	4	5	8	10	14	20	25	38	58	81	95	
							(10)	(14)	(20)	(25)	(30)	(40)	(65)	(80)	(153)	
	Q41F-25	碳钢	L(mm)	130	140	150	165	180	200	220	250	280	320	400	550	水、油品 ≤150℃
			H(mm)	83	100	104	134	140	156	181	201	222	240	295	363	
			质量(kg)	3	4	5	10	14	20	25	50	70	80	101	216	
	Q41F-40	碳钢	L(mm)	130	140	150	180	200	220	250	280	320	400	400	550	水、油品 ≤150℃
			H(mm)	83	100	104	134	140	156	180	200	222	240	295	363	
			质量(kg)	3	4	5	10	14	20	25	50	70	80	101	216	

表 4—15　常用蝶阀型号、规格

名称	型号	阀体材料	尺寸及质量	公称直径 DN(mm)								介质参数
				40	50	65	80	100	125	150	200	
对夹式蝶阀	D71X-10	灰铸铁	L(mm)	35	45	48	48	54	58	58	62	蒸气、水 ≤200℃
			H(mm)	164	174	174	189	222	257	286	330	
			L₀(mm)	255	255	255	255	290	290	305	305	
			质量(kg)	2.8	3.1	3.9	5.5	7.3	10.2	15.7	22.5	
	D71X-16	灰铸铁	L(mm)	35	45	48	48	54	58	58	62	蒸气、水 ≤200℃
			H(mm)	164	174	174	189	222	257	286	330	
			L₀(mm)	255	255	255	255	290	290	305	305	
			质量(kg)	2.8	3.1	3.9	5.5	7.3	10.2	15.7	22.5	

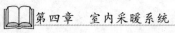
续上表

名称	型号	阀体材料	尺寸及质量	公称直径 DN(mm)					介质参数
				50	65	80	100	125	
聚四氟乙烯衬里对夹式蝶阀	D71F₄-10	碳钢	L(mm)	43	46	46	52	66	硫酸、氢氟酸等强腐蚀性介质 -20℃~180℃
			H(mm)	198	208	223	239	254	
			L_0(mm)	255	255	255	255	255	
			质量(kg)	3.1	3.6	3.9	6	8.4	

名称	型号	阀体材料	尺寸及质量	公称直径 DN(mm)									介质参数
				250	300	350	400	450	500	600	700	800	
螺旋传动对夹式蝶阀	D271X-10	灰铸铁	L(mm)	70	80	80	104	116	129	156	167	192	海水、煤气 ≤200℃
			H(mm)	579	614	659	805	864	905	1 080	1 130	1 190	
			质量(kg)	89	107	160	195	227	247	480	587	695	

名称	型号	阀体材料	尺寸及质量	公称直径 DN(mm)													介质参数
涡轮传动对夹式中线蝶阀	D341X-10	灰铸铁	L(mm)	42	45	45	52	55	56	60	65	77	77	87	106	132	水、油品 ≤50℃
			H(mm)	235	248	254	273	286	299	349	381	435	466	525	547	625	
			质量(kg)	8.5	9.2	9.6	11	13	14	22	28	51	61	85	120	165	

名称	型号	阀体材料	尺寸及质量	公称直径 DN(mm)															介质参数
				40	50	65	80	100	125	150	200	250	300	350	400	450	500	600	
对夹式电动蝶阀	D971X-10/16	灰铸铁	L(mm)	37	47	50	50	56	60	60	64	72	82	82	106	118	131	158	水、蒸气、油品 ≤120℃
			H(mm)	378	388	398	398	418	438	458	480	585	625	675	715	836	956	1 016	
			质量(kg)	—	—	—	—	—	—	—	—	—	—	—	—	—	—	—	

名称	型号	阀体材料	尺寸及质量	公称直径 DN(mm)						介质参数
				50	65	80	100	125	150	
衬胶蝶阀	D71J-10	灰铸铁	L(mm)	43	46	46	52	56	56	水、蒸气、腐蚀性介质≤120℃
			H(mm)	130	455	163	167	219	220	
			质量(kg)	3	4.5	6	7.5	11	16	

名称	型号	阀体材料	尺寸及质量	公称直径 DN(mm)												介质参数
				50	65	80	100	125	150	200	250	300	350	400	450	
气动对夹式衬胶蝶阀	D671J-10	灰铸铁	L(mm)	43	46	46	52	56	56	60	68	78	78	102	114	水、蒸气、油品、腐蚀性介质 60℃~200℃
			H(mm)	240	280	313	305	393	408	443	469	541	578	589	—	
			质量(kg)	10	11	12	14	30	45	58	78	100	150	185	200	

名称	型号	阀体材料	尺寸及质量	公称直径 DN(mm)								介质参数
				150	200	250	300	350	400	500	600	
电动对夹式衬胶蝶阀	D971J-10	灰铸铁	L(mm) H(mm) 质量(kg)	56 375 50	60 41 80	68 490 105	78 563 110	78 600 120	102 769 150	127 828 240	154 1 093 260	水、蒸气、油品、腐蚀性介质 60℃～200℃

三、施工机械要求

室内采暖管道及配件安装工程施工机械要求见表4—16。

表4—16　室内采暖管道及配件安装工程施工机械要求

项目	内　容
施工机具设备	(1)机具:砂轮切割机、套丝机、台钻、电焊机、撅弯器等。 (2)工具:压力案、台虎钳、电焊工具、管钳、手锤、手锯、活扳手等。 (3)其他:钢卷尺、水平尺、线坠、粉笔、小线等
施工机具选用要求	电动套丝机、砂轮切割机、管钳参见《室内给水管道及配件安装工程》中施工机械要求的相关内容

四、施工工艺解析

室内采暖管道及配件安装工程施工工艺解析见表4—17。

表4—17　室内采暖管道及配件安装工程施工工艺解析

项目	内　容
安装准备	(1)认真熟悉图纸,配合土建施工进度,预留槽洞及安装预埋件。 (2)按设计图纸画出管路的位置、管径、变径、预留口、坡向、卡架位置等施工草图,包括干管起点、末端和拐弯、节点、预留口、坐标位置等
预制加工	参见第一章第一节中施工工艺的相关内容
总管安装	室内供暖管道以入口阀门为界。室内供暖总管由供水(汽)总管和回水(凝结水)总管组成,一般是并行穿越基础预留洞引入室内,按供水方向区分,右侧是供水总管,左侧是回水总管,两条总管上均应设置总控制阀或入口装置(如减压、调压、疏水、测温、测压等装置),以利启闭和调节。

续上表

项目	内 容
总管安装	(1)总管在地沟内安装。 图4-7为热水供暖入口总管在地沟内安装的示意图。在总管入口处,供回水总管底部用三通接出室处,安装时可用比量法下料进行预测,连接整体。 (2)低温热水供暖入口装置安装。 低温热水供暖入口安装如图4-8所示,入口设平衡阀的安装如图4-9所示,入口设调节阀的安装如图4-10所示。 (3)蒸气入口安装。 1)低压蒸气入口安装。 低压蒸气入口安装如图4-11所示。 2)高压蒸气入口安装。 高压蒸气入口安装如图4-12所示
干管安装	室内供暖干管的安装程序是定位、画线、安装支架、管道就位、对口连接、找好坡度、固定管道。 (1)确定干管位置、画线、安装支架。 根据施工图所要求的干管走向、位置、标高、坡度,检查预留孔洞,挂线弹出管子安装位置线,再根据施工现场的实际情况,确定出支架的类型和数量,即可安装支架。 (2)管道就位。 管道就位前应进行检查,检查管子是否弯曲,表面是否有重皮、裂纹及严重的锈蚀等,对于有严重缺陷的管子不得使用,对于弯曲、挤扁的管子应进行调直、整圆、除锈,然后管道就位。 (3)对口连接。 管道就位后,应进行对口连接,管口应对齐、找正,并留有对口间隙(一般为1~1.50 mm),先点焊,待校正坡度后再进行全部焊接,最后固定管道。 (4)干管安装的其他技术要求。 1)干管变径。 干管变径如图4-13所示。蒸气干管变径采用下偏心大小头(底平偏心大小头)便于凝结水的排除,热水管变长采用上偏心大小头(顶平偏心大小头)便于空气的排除。 2)干管分支。 干管分支应做成如图4-14所示的连接形式。 3)回水干管过门。 回水干管过门应做成如图4-15的形式
立管安装	(1)总立管安装。 总立管安装前,应检查楼板预留孔洞的位置和尺寸是否符合要求。其方法是由上至下穿过孔洞挂铅垂线,弹画出总管安装的垂直线,作为总立管定位与安装的基准线。

续上表

项目	内　容
立管安装	总立管应自下而上逐层安装,应尽可能使用长度较长的管子,以减少接口数量。为便于焊接,焊接接口应置于楼板以上 0.4～1.0 m 处为宜。高层建筑的供暖总立管底部应设刚性支座支承,如图 4－16 所示。 　　总立管每安装一层,应用角钢、U 形管卡或立管卡固定,以保证管道的稳定及各层立管的垂直度。 　　总立管顶部分为两个水平分支干管时,应按图 4－17 所示的方法连接,不得采用 T 形三通分支,两侧分支干管上第一个支架应为滑动支架,距总立管 2 m 以内,不得设置导向支架和固定支架。 　　(2)支立管安装。 　　支立管的安装应在散热器及干管安装好后进行,下面是其安装方法和要求。 　　1)支立管卡子安装高度一般距地面 1.5～1.8 m,单立管用单管卡,双立管用双管卡。栽立管卡子时,一定要注意按立管外表与墙壁抹灰面间距离的规定来确定立管卡端管环中心距离。 　　2)支立管安装位置和尺寸,应根据干管和散热器的实际安装位置确定。由于支立管与散热器支管相连接,所以在测量各分支点的竖直管段长度时,应预先考虑到散热器支管的坡度和坡降要求,根据所接支管的坡降值确定支立管上弯头、三通或四通的位置。为了保证支立管的垂直度,可用线坠找准主管位置,在墙面或柱面上画出立管中心线,顺线测量各管段长度和进行支立管安装。 　　3)支立管外表面与墙壁抹灰面的距离规定为:当管径 $DN \leqslant 32$ mm 时,为 25～35 mm;当管径 $DN > 32$ mm 时,为 30～50 mm。 　　4)立管与干管连接时,应设乙字弯管或引向立管的横向短管,以免立管距墙太远,影响室内美观。图 4－18 为干管与立管连接方式,其中图 4－18(a)为上供式系统干管与立管的连接,图 4－18(b)为敷设在地沟内的干管与立管的连接方式。 　　(3)立管与干管的连接。 　　1)回水干管与立管的连接。 　　当回水干管在地沟内与供暖立管连接时,一般由 2～3 个弯头连接,并在立管底部安装泄水阀(或丝堵),如图 4－19 所示。 　　2)供热干管在顶棚下接立管。 　　供热干管在顶棚下接立管时,为保证立管与后墙的安装净距,应用弯管连接,热水管可以从干管底部引出;对于蒸气立管,应从干管的侧部(或顶部)引出,如图 4－20 所示。 　　供暖立管与干管连接所用的来回弯管以及立管跨越供暖支管所用的抱弯均在安装前集中加工预制,弯管制作如图 4－21 所示。表 4－18 列出了制作抱弯时各部位的几何尺寸,供施工安装时参考。 　　立管安装完毕后,应对穿越楼板的各层套管填充石棉绳或沥青油麻,石棉绳或沥青油麻应填充均匀,并调整其位置,使套管固定

续上表

项 目	内 容
散热器支管安装	(1)散热器支管安装一般是在立管和散热器安装完毕后进行(单管顺序式无跨越管时应与立管安装同时进行)。 (2)连接散热器的支管应有坡度,坡度为1‰,坡向应利于排气和泄水。 (3)散热器立管和支管相交,应用灯叉弯成乙字弯进行连接,尽量避免用弯头连接。 (4)散热器的连接形式如图4-22所示
采暖管道试压、冲洗及调试	(1)系统冲洗完毕应充水、加热,进行试运行和调试。 (2)先联系好热源,制定出通暖调试方案、人员分工和处理紧急情况的各项措施。备好修理、泄水等器具。 (3)维修人员按分工各就各位,分别检查采暖系统中的泄水阀门是否关闭,干、立、支管上的阀门是否打开。 (4)向系统内充水(以软化水为宜),开始先打开系统最高点的排气阀,指定专人看管。慢慢打开系统回水干管的阀门,待最高点的排气阀见水时立即关闭。然后开启总进口供水管的阀门,最高点的排气阀须反复开闭数次,直至将系统中冷空气排净。 (5)在巡视检查中如发现隐患,应尽快关闭小范围内的供、回水阀门,并及时处理和抢修。修好后随即开启阀门。 (6)全系统运行时,遇有不热处要先查明原因。如需冲洗检修,先关闭供、回水阀,泄水后再先后打开供、回水阀门,反复放水冲洗。冲洗完后再按上述程序通暖运行,直到运行正常为止。 (7)若发现热度不均,应调整各个分路、立管、支管上的阀门,使其基本达到平衡后,邀请各相关单位检查验收,并办理验收手续。 (8)高层建筑的采暖管道冲洗与通热,可按设计系统的特点进行划分,按区域、独立系统、分若干层等逐段进行。 (9)冬季通暖时,必须采取临时采暖措施。室温应连续24 h保持在5℃以上后,方可进行正常送暖。 1)充水前先关闭总供水阀门,开启外网循环管的阀门,使热力外网管道先预热循环。 2)分路或分立管通暖时,先从向阳面的末端立管开始,打开总进口阀门,通水后关闭外网循环管的阀门。 3)待已供热的立管上的散热器全部热后,再依次逐根、逐个分环路通热,直到全系统正常运行为止

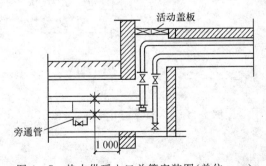

图4-7 热水供暖入口总管安装图(单位:mm)

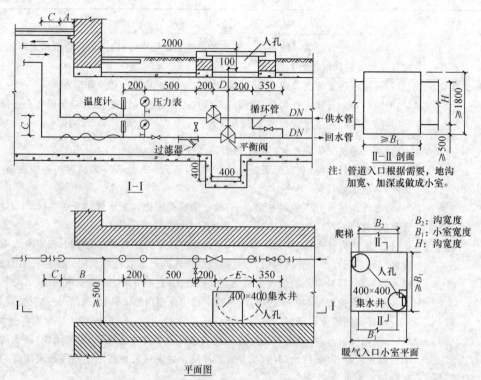

平面图

图 4—8　低温热水供暖入口安装图（单位：mm）

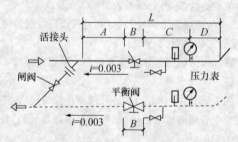

图 4—9　入口设平衡阀的安装图

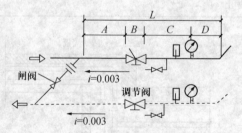

图 4—10　入口设调节阀的安装图

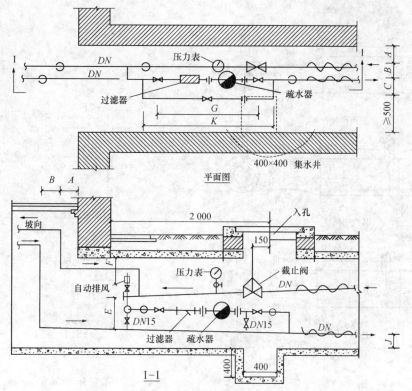

图 4—11 低压蒸气入口安装图(单位:mm)

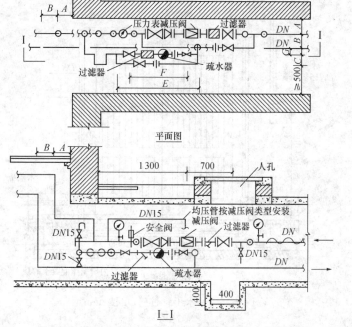

图 4—12 高压蒸气入口安装图(单位:mm)

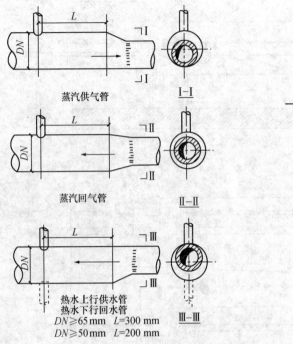

图 4—13 干管变径   图 4—14 干管分支(单位:mm)

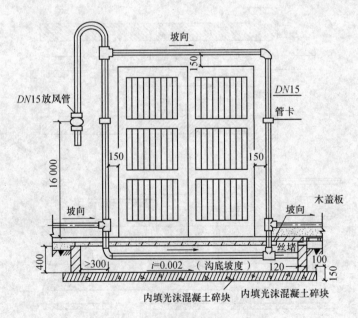

图 4—15 回水干管过门(单位:mm)

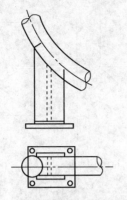

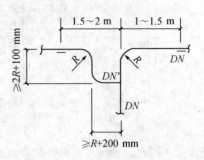

图 4—16　总立管底部刚性支座　　　　图 4—17　总立管与分支干管连接

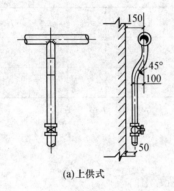

(a)上供式

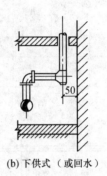

(b) 下供式（或回水）

图 4—18　干管与立管的连接方式(单位:mm)

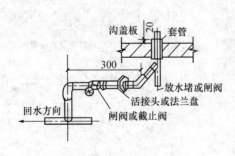

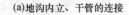

(a)地沟内立、干管的连接

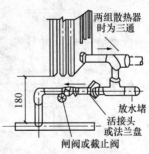

(b) 明装（托地）干管与立管的连接

图 4—19　回水干管与立管的连接(单位:mm)

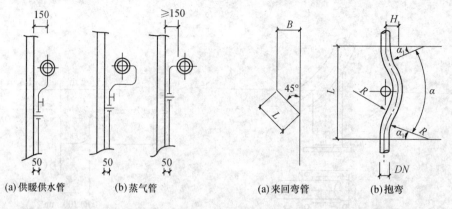

| (a)供暖供水管 | (b)蒸气管 | (a)来回弯管 | (b)抱弯 |

图 4—20　供暖立管与顶部干管的连接(单位:mm)　　　　图 4—21　弯管制作

表 4—18　弯管尺寸表

公称直径 DN	α	α_1	R	L	H	公称直径 DN	α	α_1	R	L	H
15	94	47	50	146	32	25	72	36	85	198	38
20	82	41	65	170	35	32	72	36	105	244	42

注:此表适用供暖、给水、生活用水,α 和 α_1 单位为(°),DN、R、L、H 单位为 mm。

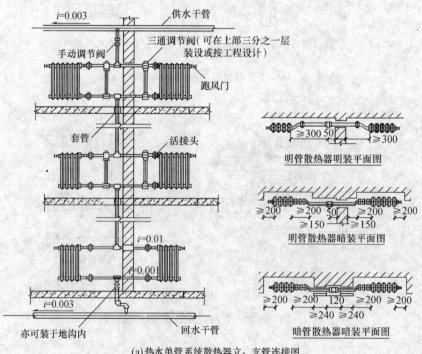

(a)热水单管系统散热器立、支管连接图

图　4—22

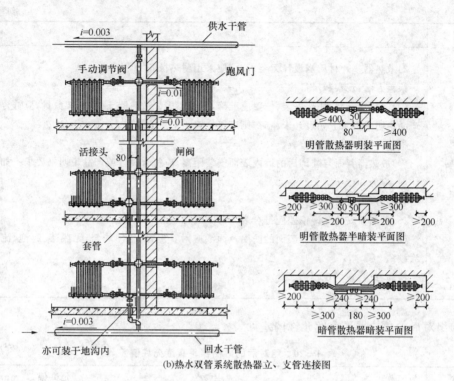

图4-22 散热器的支管、立管连接(单位:mm)

第二节 室内采暖系统辅助设备及散热器安装

一、验收条文

(1)室内采暖系统辅助设备及散热器安装工程质量验收标准见表4-19。

表4-19 室内采暖系统辅助设备及散热器安装工程施工质量验收标准

项目	内 容
主控项目	(1)散热器组对后。以及整组出厂的散热器在安装之前应作水压试验。试验压力如设计无要求时应为工作压力的1.5倍。但不小于0.6 MPa。 检验方法:试验时间为2~3 min。压力不降且不渗不漏。 (2)水泵、水箱、热交换器等辅助设备安装的质量检验与验收应按相关规定执行
一般项目	(1)散热器组对应平直紧密,组对后的平直度应符合表4-20规定。 检验方法:拉线和尺量。 (2)组对散热器的垫片应符合下列规定。 1)组对散热器垫片应使用成品,组对后垫片外露不应大于1 mm。

续上表

项目	内　　容
一般项目	2)散热器垫片材质当设计无要求时,应采用耐热橡胶。 检验方法:观察和尺量检查。 　(3)散热器支架、托架安装,位置应准确,埋设牢固。散热器支架、托架数量,应符合设计或产品说明书要求。如设计未注时,则应符合表4—21的规定。 检验方法:现场清点检查。 　(4)散热器背面与装饰后的墙内表面安装距离,应符合设计或产品说明书要求。如设计未注明,应为30 mm。 检验方法:尺量检查。 　(5)散热器安装允许偏差应符合表4—22的规定。 　(6)铸铁或钢制散热器表面的防腐及面漆应附着良好,色泽均匀,无脱落、起泡、流淌和漏涂缺陷。 检验方法:现场观察

(2)组对后的散热器平直度允许偏差见表4—20。

表4—20　组对后的散热器平直度允许偏差

项次	散热器类型	片数	允许偏差(mm)
1	长翼型	2~4	4
		5~7	6
2	铸铁片式 钢制片式	3~15	4
		16~25	6

(3)散热器支架、托架数量见表4—21。

表4—21　散热器支架、托架数量

项次	散热器型式	安装方式	每组片数	上部托钩或卡架数	下部托钩或卡架数	合计
1	长翼型	挂墙	2~4	1	2	3
			5	2	2	4
			6	2	3	5
			7	2	4	6
2	柱型柱翼型	挂墙	3~8	1	2	3
			9~12	1	3	4
			13~16	2	4	6
			17~20	2	5	7
			21~25	2	6	8

续上表

项次	散热器型式	安装方式	每组片数	上部托钩或卡架数	下部托钩或卡架数	合计
3	柱型柱翼型	带足落地	3～8	1	—	1
			8～12	1	—	1
			13～16	2	—	2
			17～20	2	—	2
			21～25	2	—	2

(4)散热器安装允许偏差和检验方法见表4－22。

表4－22 散热器安装允许偏差和检验方法

项次	项目	允许偏差(mm)	检验方法
1	散热器背面与墙内表面距离	3	尺量
2	与窗中心线或设计定位尺寸	20	
3	散热器垂直度	3	吊线和尺量

二、施工工艺解析

1. 散热器组对

(1)散热器规格及性能见表4－23。

表4－23 散热器形式及性能

项目	内 容
基板式散热器	基板式散热器外形及基本构造如图4－23和图4－24所示
箱式螺旋翅片管散热器	箱式螺旋翅片管散热器示意图如图4－25所示,技术性能见表4－24
闭式对流散热器	闭式对流散热器如图4－26～图4－28所示,尺寸和性能见表4－25～表4－27
钢串片对流散热器	钢串片对流散热器如图4－29所示,技术性能见表4－28
钢制辐射板散热器	钢制辐射板散热器如图4－30所示,规格见表4－29和表4－30
光管散热器	光管散热器如图4－31所示,规格见表4－31
灰铸铁柱型散热器	灰铸铁柱型散热器如图4－32所示,其性能参数见表4－32

项目	内　　容
灰铸铁辐射对流散热器	灰铸铁辐射对流散热器如图4-33所示,规格性能见表4-33
灰铸铁圆翼型散热器	灰铸铁圆翼型散热器如图4-34所示,技术性能见表4-34
灰铸铁翼型散热器	灰铸铁翼型散热器如图4-35所示,规格见表4-35
钢管肋柱型散热器	钢管肋柱型散热器如图4-36所示,其技术性能见表4-36
钢制柱型散热器	钢制柱型散热器如图4-37所示,技术性能见表4-37
钢板式散热器	常用的钢板式散热器有两种,一种是在板的上下位置各穿一根DN20的钢管,其端部与采取支管连接或安装放风门,这种散热器的背后设有对流片,以提高散热能力,按板数不同分为单板带对流片散热器和双板带对流散热器,如图4-38所示,性能见表4-38;另一种散热器内没有钢管,与采暖支管的连接点设在散热器的背后。其背面也设有对流片,以增大散热面积,增加散热量。该散热器按其板数和带对流片的情况有五种组合形式,如图4-39所示,性能见表4-39,尺寸见表4-40
钢扁管散热器	钢扁管散热器如图4-40所示,技术性能及规格见表4-41

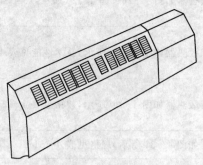

图4-23　基板式散热器外形图

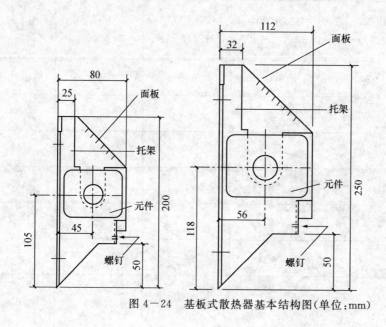

图 4—24　基板式散热器基本结构图（单位：mm）

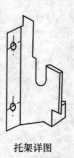

托架详图

图 4—25　箱式螺旋翘片管散热器（单位：mm）

表 4-24 箱式螺旋翘片管散热器技术性能

项目	GXL4A(B) −1.0/2−1.0	GXL4A(B) −1.2/2−1.0	GXL4A(B) −1.4/2−1.0	GXL6A(B) −1.2/3−1.0	GXL6A(B) −1.4/3−1.0
中心距 A(mm)	200	200	200	300	300
高度 H(mm)	400	500	600	500	600
宽度 C(mm)	100	120	140	120	140
尺寸 B(mm)	310	320	320	420	420
尺寸 D(mm)	50	60	—	—	—
管排根数	4	4	4	6	6
金属热强度 [W/(kg·℃)]	1.10	1.08	1.14	1.053	1.041
工作压力(MPa)	1.0	1.0	1.0	1.0	1.0
试验压力(MPa)	1.5	1.5	1.5	1.5	1.5

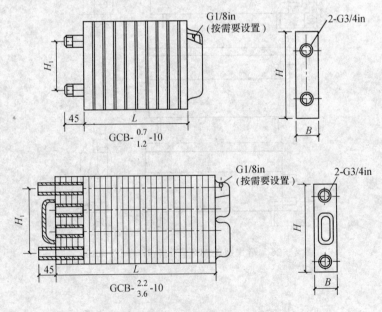

图 4-26 闭式对流散热器(一)(单位:mm)

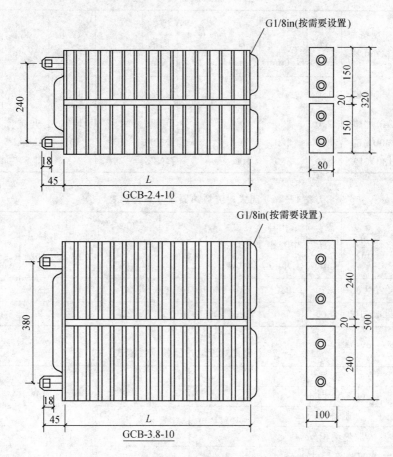

图 4－27　闭式对流散热器(二)(单位:mm)

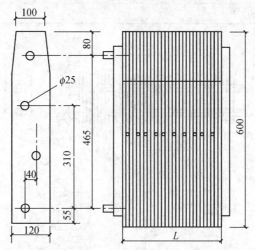

图 4－28　闭式对流散热器(三)(单位:mm)

表 4—25 闭式对流散热器尺寸和性能表（一）

型号	规格 （mm）	总高 H （mm）	进出口 中心距 H_1（mm）	宽度 B （mm）	长度 L （mm）	接口 规格 （mm）	质量 （kg/m）	水容量 （L/m）	散热量 （W/m）	工作 压力 （MPa）	试验 压力 （MPa）
GCB-0.7-10	150×80	150	70	80	400～ 1 400	DN20	10	0.82	844	1.0	1.5
GCB-1.2-10	240×100	240	120	100	间隔 100	DN25	18	1.44	1 161	1.0	1.5
GCB-2.2-10	300×80	300	220	80		DN20	20	165	1 241	1.0	1.5
GCB-3.6-10	480×100	480	360	100		DN25	36	2.88	1 577	1.0	1.5

表 4—26 闭式对流散热器尺寸和性能表（二）

型号	规格 （mm）	总高 H （mm）	进出口 中心距 H_1（mm）	宽度 B （mm）	长度 L （mm）	接口 规格 （mm）	质量 （kg/m）	水容量 （L/m）	工作 压力 （MPa）	试验 压力 （MPa）
GCB-2.4-10	320×80	320	240	80	400～1 400	DN20	21	1.26	1.0	1.5
GCB-3.8-10	500×100	500	380	100	间隔 100	DN20	35	2.94	1.0	1.5

表 4—27 闭式对流散热器技术性能表（三）

型号	GCB-4.65-10
规格尺寸（mm）	600×120
质量（kg）	40
散热面积（m²）	10.36
接口规格尺寸（mm）	DN25
工作压力（MPa）	1.0
试验压力（MPa）	1.5

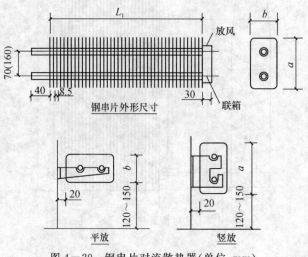

图 4—29 钢串片对流散热器（单位：mm）

表 4—28 钢串片对流散热器的技术性能表

材料	串片特性			钢管特性			散热面积（m²/m）	质量（kg/m）	水容量（L/m）	工作压力（MPa）	试验压力（MPa）
	串片尺寸(mm) $a×b$	片厚（mm）	片距（mm）	管径（mm）	壁厚（mm）	管接头 in					
薄钢板	150×80	0.5	8.5	DN20	2.75	DN20	2.7	9.2	0.625	1.0～1.2	1.5～1.8
	240×100	0.5	8.5	DN25	3.25	DN25				1.0～1.2	1.5～1.8
铝板	150×80	1.0	7.3	DN20	2.75	DN20	3.3	8.0	0.628	1.0～1.2	1.5～1.8
	240×100	1.0	7.3	DN25	3.25	DN25				1.0～1.2	1.5～1.8

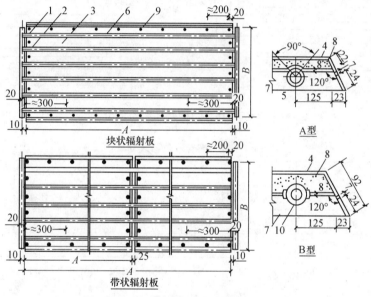

图 4—30 钢制辐射板散热器（单位：mm）

1—加热器；2—连接管；3—辐射板表面；4—辐射板背面；5—垫板；

6—等长双头螺栓；7—侧板；8—隔热材料；9—铆钉；10—内外管卡

表 4—29 钢制块状辐射板散热器规格

型号	1	2	3	4	5	6	7	8	9
加热管数量(板)	3	6	9	3	6	9	3	6	9
管间距(mm)	100	100	100	125	125	125	150	150	150
板宽(mm)	300	600	900	375	750	1125	450	900	1350
板面积(m²)	0.54	1.08	1.62	0.675	1.35	2.025	0.81	1.62	2.43
板长(mm)	1.80								
管径(mm)	DN15								

表 4-30   钢制带状辐射板散热器规格

型号		1	2	3	4	5	6	7	8	9
加热管数量（板）		3	5	7	3	5	7	3	5	7
管间距（mm）		125	125	125	150	150	150	200	200	200
板宽（mm）		375	625	875	450	750	1 050	600	1 000	1 400
板面积 (m²)	板长 3.5 m	1.35	2.25	3.15	1.62	2.70	3.78	2.16	3.60	5.04
	板长 5.4 m	2.03	3.78	4.73	2.43	4.05	5.67	3.24	5.40	7.56
管径（mm）		DN15			DN20			DN25		

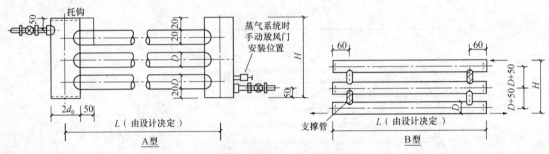

图 4-31   光管散热器（单位：mm）

表 4-31   光管散热器尺寸表   （单位：mm）

形式	管径 / 排数	DN76×35		DN89×3.5		DN108×4		DN133×4	
		三排	四排	三排	四排	三排	四排	三排	四排
H	A 型	344	458	396	530	472	634	572	772
	B 型	328	454	367	506	524	582	499	682

注：L 为 2 000，2 500，3 000，3 500，4 000，4 500，5 000，5 500，6 000 mm 共 9 种。

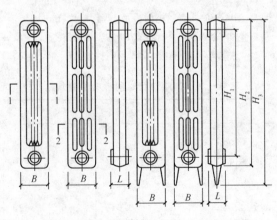

图   4-32

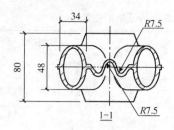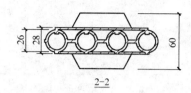

图4—32 灰铸铁柱型散热器(单位:mm)

表4—32 灰铸铁柱型散热器技术性能表

型号	散热面积 (m²/片)	工作压力 (MPa)				试验压力 (MPa)	
		热水		蒸汽		≥HT100	≥HT150
		≥HT100	≥HT150	≥HT100	≥HT150		
TZ2—5—5(8)	0.24	0.5	0.8	0.2		0.75	1.2
TZ4—3—5(8)	0.13						
TZ4—5—5(8)	0.20						
TZ4—6—5(8)	0.235						
TZ4—9—5(8)	0.44						

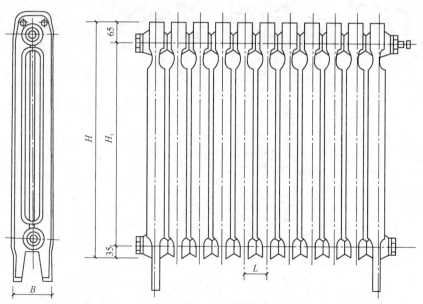

图4—33 灰铸铁辐射对流散热器(单位:mm)

表 4-33   灰铸铁辐射对流散热器规格性能

项目			单位	Ⅰ 型	Ⅱ 型	Ⅲ 型	Ⅳ型/TFD₂			
							3-5(8)	5-5(8)	6-5(8)	9-5(8)
H			mm	700	700	700	385	585	685	1 000
B			mm	90	90	100	120	120	120	140
L			mm	60	75	65	70	70	70	70
H_1			mm	600	600	600	300	500	600	900
工作压力	热水	普通灰铸铁	MPa	≤0.5						
		孕育烯土铸铁	MPa	≤0.8						
	蒸气	普通灰铸铁	MPa	≤0.2						
		孕育烯土铸铁	MPa	≤0.2						
质量			kg/片	6.6	7.5	7.1		5.6	6.7	
水容量			L/片	0.67	0.85	0.9		0.6	0.75	
标准散热量			W/片	132	163	152		140	162	

注:试验压力,普通灰铸铁为 0.8 MPa;孕育烯土铸铁为 1.2 MPa。

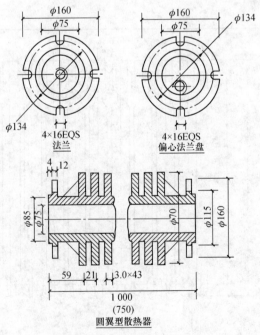

图 4-34   灰铸铁圆翼型散热器及配套法兰盘(单位:mm)

表 4—34 灰铸铁圆翼散热器技术性能表

项目	单位	750 mm/根	1 000 mm/根
质量	kg/根	24.6	30
水容量	L/根	3.32	4.42
工作压力	MPa	≤130℃热水 0.6,蒸气 0.4	
试验压力	MPa	0.9	
标准散热器	W/根	393	550

注:灰铸铁圆翼型散热器按长度分有两种规格:$L=1\ 000$ mm 和 $L=750$ mm。该散热器有良好的耐腐蚀性,但承压能力较低,允许工作压力值与翼型散热器相同。

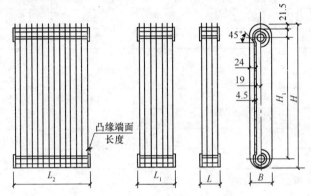

图 4—35 灰铸铁翼型散热器(单位:mm)

表 4—35 灰铸铁翼型散热器尺寸 　　　　　　　　(单位:mm)

型号	高度 H	长度		宽度 B	同侧进出口中心距 H_1
TY0.8/3—5(7)		L	80		
TY1.4/3—5(7)	388	L_1	140	95	300
TY2.8/3—5(7)		L_2	280		
TY0.8/5—5(7)		L	80		
TY1.4/5—5(7)	588	L_1	140	95	500
TY2.8/5—5(7)		L_2	280		

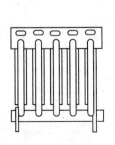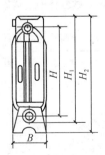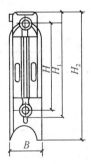

图 4—36 钢管肋柱型散热器

表 4－36 钢管肋柱型散热器技术性能

项目	符号	单位	规格型号			
			GLZ3-1.2/7-1.0	GLZ3-1.2/6-1.0	GLZ3-1.2/5-1.0	GLZ3-1.2/3-1.0
中心距	H	mm	700	600	500	300
片高	H_1	mm	757	657	557	357
总高	H_2	mm	852	752	652	452
	H_3	mm	805	705	605	405
片宽	B	mm	120	120	120	120
片距	h	mm	60	60	60	60
质量	G	kg/片	3.52	3.21	2.43	1.31
水容量	V	L/片	0.54	0.46	0.39	0.24
散热面积	S	m²	0.42	0.36	0.3	0.15
散热量	Q	W/片	150	131	110	62
金属热强度	g	W/(kg·℃)	0.730	0.632	0.696	0.731
工作压力	P_g	MPa	1.0	1.0	1.0	1.0
试验压力	P_s	MPa	1.5	1.5	1.5	1.5

注：表中热工性能数值按 $\Delta=64.5$℃计算，热媒为水。

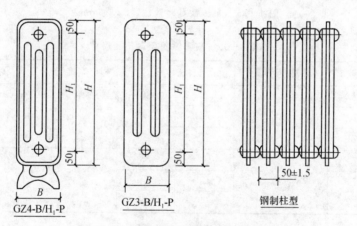

图 4－37 钢制柱型散热器（单位：mm）

表 4－37 钢制柱型散热器技术性能表

项目	单位	GZ74-B/H₁-P　GZ3-B/H₁-P										
H	mm	400			600			700			100		
H_1	mm	300			500			600			900		
B	mm	120	140	160	120	140	160	120	140	160	120	140	160
质量	kg/m	1.26	1.48	1.7	2	2.33	2.66	2.33	2.74	3.08	3.4	4.5	5.6
水容量	L/m	0.68	0.76	0.86	1.0	1.16	1.26	1.1	1.22	1.39	1.94	2.45	3.07

续上表

项目	单位	GZ74-B/H₁-P　GZ3-B/H₁-P											
工作压力 （MPa）	1.2～1.3 mm 板厚	≤100℃,0.6;100℃～150℃,0.46											
	1.4～1.5 mm 板厚	≤100℃,0.8;100℃～150℃,0.7											
试验压力 （MPa）	1.2～1.3 mm 板厚	0.9											
	1.4～1.5 mm 板厚	1.2											
标准散热量	W/片	56	63	71	83	93	103	95	106	108	130	160	189

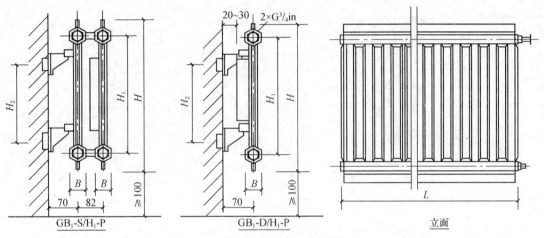

图 4—38　钢板式散热器（一）（单位：mm）

表 4—38　钢板式散热器技术性能表（一）

项目	单位	GB1-S/H₁-P　GB1-D/H₁-P				
H	mm	380	480	580	680	980
H_1	mm	300	400	500	600	900
H_2	mm	130	230	330	430	730
B	mm	50				
L	mm	600～1800（200 进位）				
质量	kg/m	15.7				
水容量	L/m	4.4				
工作压力 （MPa）	1.2～1.3 mm 板厚	≤100℃,0.6;100℃～150℃,0.46				
	1.4～1.5 mm 板厚	≤100℃,0.8;100℃～150℃,0.7				
试验压力 （MPa）	1.2～1.3 mm 板厚	0.9				
	1.4～1.5 mm 板厚	1.2				
标准散热量	W/片	680	825	970	1 113	1 532

注：质量与水容量是单板带对流片的值。

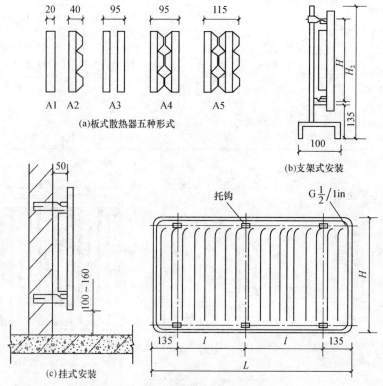

(a)板式散热器五种形式

(b)支架式安装

(c)挂式安装

图4-39 钢板式散热器(二)(单位:mm)

表4-39 钢板式散热器技术性能表(二)

项目	单位		形式	A1	A2	A3	A4	A5
		厚度(mm)		20	40	95	95	115
质量	300	kg/m		7.0	8.2	14.0	16.5	17.7
	400	kg/m		8.8	10.2	17.7	20.8	22.5
	500	kg/m		10.8	12.9	21.8	26.0	28.2
	600	kg/m		12.6	15.3	25.3	30.8	33.5
	900	kg/m		18.2	22.5	36.7	45.4	49.7
水容量	300	L/m		3.5			7.0	
	400	L/m		4.5			8.8	
	500	L/m		5.3			10.6	
	600	L/m		6.3			12.6	
	900	L/m		9.5			19.0	
工作压力		MPa		≤0.6				
试验压力		MPa		≤0.9				
标准散热量		W		889	1 077	1 521	1 893	2 008

注:标准散热量为长度970 mm、高度600 mm时热量。

表 4—40　钢板式散热器尺寸表

项目	单位	A1	A2	A3	A4	A5
H	mm	350	450	550	650	950
H_1	mm	300	400	500	600	900
H_2	mm	490	590	690	790	1 090

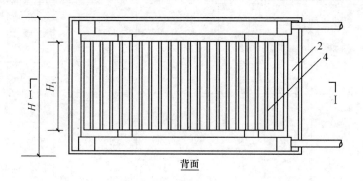

背面

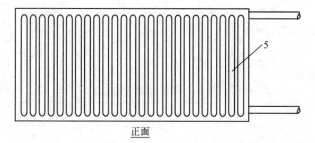

正面

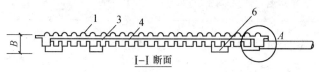

I—I 断面

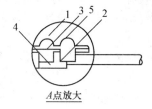

A点放大

图 4—40　钢扁管散热器示意图

1、5—扁管;2—联箱;3—对流片;4、6—挂钩

表 4—41　钢扁管散热器规格及技术性能表

型号	规格	H(mm)	H_1(mm)	B(mm)	L(以 100 为一档)(mm)	热媒温度低于 100℃时工作压力(MPa)	质量	水容量	标准散热量(W/m)
DL				61			17.5	3.76	915
SL	360	416	360	124	600～2 000	0.8	35.0	7.52	1 649
D				45			12.1	3.76	596
DL				61			23	4.71	980
SL	470	520	470	124	600～2 000	0.8	46	9.42	1 933
D				45			15.1	4.71	820
DL				61			27.4	5.49	1 163
SL	570	624	570	124	600～2 000	0.8	54.8	10.98	2 221
D				45			18.1	5.49	978

注:1. 散热器工作压力 0.8 MPa 时试验压力 1.2 MPa。

2. 散热器钢板厚度 1.5 mm。

(2)散热器组对器件方法见表 4—42。

表 4—42　散热器组对器件方法

项目	内　　　容
散热器组对	散热器组对器件如图 4—41～图 4—45 所示
散热器组对准备	钢排管散热器是用钢管焊接而成,钢串片散热器是用管接头连接而成的,圆翼形散热器是用法兰连接而成的。其他散热器一般都是用具有正反螺纹的对丝接头,将片状的散热片组对成所要求的一个整体。散热器的组对准备工作如下。 　　(1)首先检查单片散热器的质量,看每个单片散热器是否有裂纹、砂眼,体腔内是否有砂土等杂物。 　　(2)检查散热器和对丝、丝堵的螺纹是否良好,密封面是否平整,同侧两端连接口的密封面是否在同一平面内。对丝及丝堵,如图 4—46 所示。 　　(3)对单片散热器除锈刷油,对螺纹连接密封面用钢丝刷或细砂布清理干净,露出金属光泽,必要时可涂上机油。 　　(4)做好螺纹连接口密封面的环形垫片。 　　(5)做好组对散热器用的工具钥匙,如图 4—47 所示。 　　(6)准备好组对散热器用的工作台或组对架,如图 4—48 所示

项目	内　　容
长翼型散热器组对	(1)按设计的散热器型号、规格进行核对、检查、鉴定其质量是否符合验收规范规定，并做好记录。 (2)将散热器内的脏物、污垢以及对口处的浮锈清除干净。 (3)备好散热器组对工作台或制作简易支架。 (4)按设计要求的片数及组数，试扣选出合格的对丝、丝堵、补芯，然后进行组对。对口的间隙一般为 2 mm。 　进水(汽)端的补芯为正扣，回水端的补芯为反扣，如图 4－49 和图 4－50 所示。 (5)组对前，根据热源分别选择好衬垫，当介质为蒸气时，选用 1 mm 厚的石棉垫涂抹铅油方可使用；介质为过热水时，采用高温耐热橡胶石棉垫待用；介质为一般热水时，采用耐热橡胶垫。 (6)组对时两人一组，用工作台四人一组，如图 4－51 所示。 　1)将散热器平放在操作台(架)上，使相邻两片散热器之间正扣接口与反扣接口相对着，中间放着上下两个经试装选出的对丝，将其拧 1～2 扣在第一片的正扣接口内。 　2)套上垫片，将第二片反扣接口瞄准对丝，找正后，两人各用一手扶住散热器，另一手将对丝钥匙插入第二片的正扣接口里。首先将钥匙稍微反拧一点，如听到"咔嚓"声，即表明对丝两端已入扣，如图 4－52 和图 4－53 所示。 　3)缓缓均衡地交替拧紧上下的对丝，以垫片挤紧为宜，但垫片不得露出口径外。 　4)按上述程序逐片组对，待达到设计片数为止。散热器以平直而紧密为好。 (7)将组对后的散热器慢慢立起，用人抬或运输小车送至打压处集中，如图 4－54 所示。 (8)长翼型散热器组水压试验。 　1)将散热器安放在试压台上，用管钳子上好临时丝堵和补芯，安上放气阀后，连接好试压泵，如图 4－55 和图 4－56 所示。 　2)试压管路接好后，先打开进水阀门向散热器内充水，用时打开放气阀，排净散热器内的空气，待水灌满后，关上放气阀。 　3)设计若无要求，散热器试压必须符合表 4－36 中的规定。 　当加压到规定压力值时，关闭进水阀门，稳压 2～3 min，再观察接口是否渗漏。 　4)如有渗漏，应用石笔做上记号，再将水放尽，卸下丝堵或补芯，用组对钥匙从散热器的外部比试一下渗漏位置，在钥匙杆上做出标记。再将钥匙伸进至标记位置。按对丝旋紧方向转动钥匙使接口上紧或卸下换垫。返修好后再进行水压试验，直至合格。 　5)打开泄水阀门，拆掉临时丝堵和补芯，水泄尽后将散热器安放稳妥，集中保管好。丝堵和补芯上麻丝(石棉绳)缠绕时，按图 4－57 所示施工。现代热水系统中多采用耐热橡胶垫
圆翼型散热器组对	(1)按设计要求的型号、规格进行核对，并检查及鉴定其质量是否符合质量标准要求，做好记录。

项　目	内　　　容
圆翼型散热器组对	（2）将散热器内的脏物、污垢以及对口处的浮锈清除干净。 （3）备好组装工作台。 （4）按设计要求的片数及组数，选出连接法兰盘。其进气口一端用正心法兰盘，其回水一端用偏心法兰盘，进水口用偏心法兰盘。 （5）散热器组对前，根据热源分别选择衬垫，当介质为蒸气时，可采用 3 mm 厚的石棉垫涂抹铅油；介质为过热水时，采用耐热石棉橡胶垫涂抹铅油；若介质为一般热水，采用耐热橡胶或石棉橡胶垫。衬垫不允许大出法兰盘内外边缘。 （6）圆翼型散热器的连接方式，一般有串联和并联两种，如图 4-58 和图 4-59 所示。根据设计图的要求进行加工草图的测绘，然后加工组装件。 1）按设计连接形式，进行散热器支管连接的加工草图测绘。若设计无特殊要求，也可按图 4-60 中所示尺寸加工预制组装件。 2）计算出散热器的片数、组数，进行短管切割加工。 3）切割加工后的连接短管进行一头螺纹的加工预制。 4）将短管丝头的另一端分别按规格尺寸与正心法兰盘、偏心法兰盘焊接成形。 （7）热器组装前，须清除内部污物、刷净法兰对口的铁锈，除净灰垢。将法兰螺栓上好，试装配找直，再松开法兰螺栓，卸下一根，把抹好铅油的石棉垫或石棉橡胶垫放进法兰盘中间，再穿好全部螺栓，安上垫圈，用扳子对称均匀地拧紧螺母，其水压试验方法、规定值与大 60 散热器相同
柱型散热器组对	（1）按设计的散热器型号、规格进行核对、检查、鉴定其质量是否符合验收规范规定，做好记录。柱型散热器组对，15 片以内两片带腿，16~24 片为三片带腿，25 片以上四片带腿。 （2）将散热器内的脏物、污垢以及对口处的浮锈清除干净。 （3）备好组对散热器的工作台。 （4）按设计要求的片数及组数，试扣后选出合格的对丝、丝堵、补芯，然后进行组装。对口的间隙一般为 2 mm。进水（汽）端的补芯为正扣，另一端回水端的补芯为反扣。 （5）组对前，须根据热源分别选择好衬垫，当介质为蒸气时，选用 1 mm 厚的石棉垫涂抹铅油后方可使用；介质为过热水（高温水），采用耐热橡胶石棉垫涂抹铅油后待用；介质为一般热水时，采用耐热橡胶垫即可。 （6）组对时，根据片数定人分组，由两人持钥匙（专用扳手）同时进行。 1）将散热器平放在专用组装台上，散热器的正扣接口朝上，如图 4-61 所示。 2）把经过试扣选好的对丝，将其正扣接口与散热器的正扣接口对正，拧上 1~2 扣。 3）套上垫片。然后将另一片散热器的反扣接口朝下，对准后轻轻落在对丝上，两个同时用钥匙（专用扳手）向顺时针（右旋）方向交替地拧紧上下的对丝，以垫片挤出油为宜。如此循环，待达到需要数量为止。垫片不得露出颈外。 （7）根据设计组数进行组对。将组对好的散热器用运输小车送至打压地点集中。

续上表

项　目	内　　　容
柱型散热器组对	(8)柱型散热器水压试验。 1)将组对好的散热器安放在试压台上,用管钳子上好临时丝堵和补芯,安上放气阀后,连接好试压泵和临时管路。 2)试压管路接好后,先打开进水阀门向散热器内充水,同时打开放气阀,排净散热器内的空气,待水灌满后,关上放气阀。 3)设计若无要求,散热器试压必须符合表4—44的规定。 当加压到规定压力值时,关闭进水阀门,稳压2～3 min,再观察接口是否渗漏。 4)如有渗漏处,应用石笔做上记号,将水放尽,卸下丝堵或补芯,用组对钥匙从散热器的外部比试一个渗漏位置,在钥匙杆上做出标记。再将钥匙伸进至标记位置,按对丝旋紧方向转动钥匙使接口上紧或卸下换垫。返修好后再进行水压试验,直至合格。 5)打开泄水阀门,拆掉临时丝堵和补芯,将水泄尽后将散热器安放稳妥,集中保管。根据设计要求刷上防锈漆和银粉,将成组散热器的四个丝口安上丝堵和补芯
水压试验及排气阀安装	组对好的散热器,应做水压试验。各种散热器组对后试验压力数值见表4—45。当水压试验发现有渗漏时,应查出原因并进行修理,直至合格为止。需要安装排气阀的散热器组,当水压试验合格后,在散热器上钻孔攻螺纹,装上排气阀。 对于蒸气采暖系统,在每组散热器1/3高度处安装排气阀。 对于热水采暖系统,当散热器为多层布置时,在顶层每组散热器上端安装排气阀;当系统单层水平串联布置时,在每组散热器上端安装排气阀。 散热器排气阀安装位置如图4—62所示

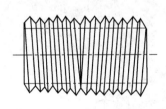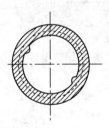

图4—41　散热器对丝

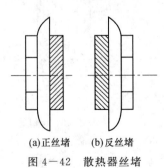

(a)正丝堵　　(b)反丝堵

图4—42　散热器丝堵

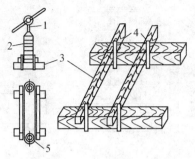

图 4—48 散热器组对架

1—钥匙；2—散热器；3—木架；

4—地桩；5—补心

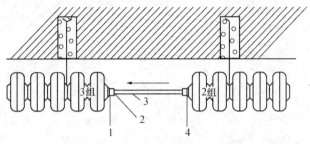

图 4—49 丝堵与对丝的正反扣

1—正扣补芯；2—根母；3—连接管；

4—反扣补芯

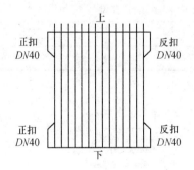

图 4—50 大 60 散热器的接口

图 4—51 组对散热器用的工作台

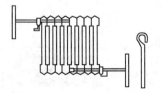

图 4—52 钥匙

图 4—53 对丝

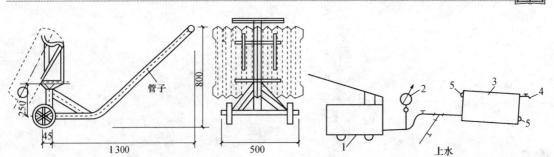

图 4—54　搬运散热器的手推车（单位：mm）　　图 4—55　单组散热器试验

1—手压泵；2—压力表；3—散热器；

4—放气阀；5—散热器堵头

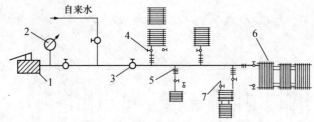

图 4—56　散热器多组试压法

1—水压泵；2—压力表；3—阀；4—开关；5—活接头；

6—组合后的长翼形散热器；7—放水管

表 4—43　长翼型散热器试验压力

散热器型号	大 60 和小 60 长翼型	
工作压力（MPa）	≤0.25	>0.25
试验压力（MPa）	0.4	0.6

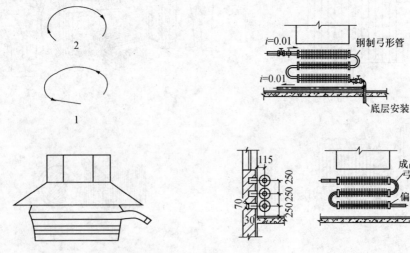

图 4—57　堵头或补芯的麻丝石棉绳缠法　　图 4—58　圆翼型散热器串联组合安装图（单位：mm）

1—堵头或补芯的旋紧方向；2—石棉绳缠绕方向

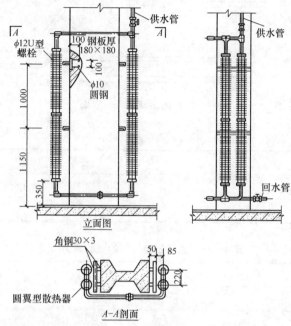

图 4－59　圆翼型散热器并联组合安装图（单位：mm）

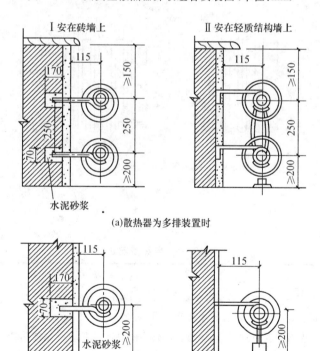

(a)散热器为多排装置时

(b)圆翼型散热器安装

图 4－60　圆翼型散热器安装（单位：mm）

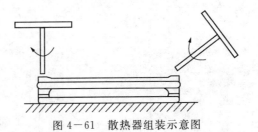

图 4—61　散热器组装示意图

表 4—44　柱型散热器试验压力

散热器型号	柱型、M132 型	
工作压力(MPa)	≤0.25	>0.25
试验压力(MPa)	0.4	0.6

表 4—45　散热器组对后的试验压力

工作压力(MPa)	<0.25	0.25~0.4	0.41~0.6
试验压力(MPa)	0.4	0.6	0.8
要求	试验时间 2~3 min,不渗不漏为合格		

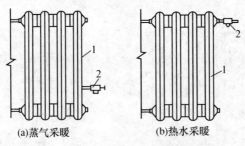

(a)蒸气采暖　　　　　　(b)热水采暖

图 4—62　散热器排气阀安装位置

1—散热器;2—排气阀

2. 散热器安装

散热器安装见表 4—46。

表 4—46　散热器安装

项目	内　　容
散热器的布置	散热器的布置原则是尽量使房间内温度分布均匀,同时也要考虑到缩短管路长度和房间布置协调、美观等方面的要求。 　　根据对流的原理,散热器布置在外墙窗口下最合理。经散热器加热的空气沿外窗上升,能阻止渗入的冷空气沿外窗下降,从而防止了冷空气直接进入室内工作地区。在某些民用建筑中,要求不高的房间,为了缩短系统管路的长度,散热器也可以沿内墙布置。 　　一般情况下,散热器在房间内都是敞露装置的,即明装。这样散热效果好,易于清扫和检修。当在建筑方面要求美观或由于热媒温度高,防止烫伤或碰伤时,就需要将散热器用格栅、挡板、罩等加以围挡,即暗装。

续上表

项目	内　容
散热器的布置	楼梯间或净空高的房间内散热器应尽量布置在下部。因为散热器所加热的空气能自行上升,从而补偿了上部的热损失。当散热器数量多的楼梯间,其散热器的布置参照表4-47。 为了防止冻裂,在双层门的外室以及门斗中不宜设置散热器
散热器安装形式	散热器的安装形式有敞开式装置、上面加盖装置、壁龛内装置、外加围罩装置、外加网格罩装置、加挡板装置等。不同的安装方式,其散热效果也不相同见表4-48。 散热器与支管的连接方式有同侧上进下出、下进下出;异侧下进上出、同侧下进上出等。不同的支管连接方式,其散热效果也不相同见表4-49
散热器托钩	用圆钢制作的托钩形状如图4-63所示,各种散热器具体尺寸为:铸铁M132,L=246 mm;铸铁四柱,L=262;铸铁五柱,L=284 mm;铸铁长翼型,L=228 mm;铸铁圆翼型,L=228 mm;辐射对流散热器,L=228 mm;光管散热器,L=248 mm;细四柱,L=240 mm;细六柱,L=272 mm。托钩可购到成品,或由散热器厂配套供应,安装单位也可自行制作。安装时先在墙上打孔洞,洞深不小于120 mm,用水冲净洞内杂物,填入M20水泥砂浆到洞的一半时,将托钩插入洞内,塞紧;再用DN70的钢管放在相邻的两个托架上,用水平尺找平找正,最后填满水泥砂浆,表面抹平。 散热器的托钩并不都是用圆钢制作的,板式散热器的托钩是用25 mm×3 mm的扁钢制成,如图4-64所示,而其安装方法与圆钢托钩相同
支、托架安装	安装散热器前,应先在墙上画线,确定支、托架的位置,再进行支、托架的安装。常见散热器支、托架安装如图4-65~图4-67所示。 安装好的支、托架应位置正确、平整牢固
散热器安装做法	支、托架安装好后,将组对好的散热器放置于支、托架上。带足的散热器组,将它放于安装位置上,上好散热器的拉杆螺母,防止晃动和倾倒。当散热器放正找平后,用镀锌铁皮或铅皮将散热器足下塞实、垫稳即可。 (1)安装好的散热器应垂直水平,与墙面保持一定的距离。散热器背面与墙表面安装距离见表4-50。 (2)靠窗口安装的散热器,其垂直中心线应与窗口垂直中心线相重合。在同一房间内,同时有几组散热器时,几组散热器应安装在同一条水平线上,高低一致。 (3)圆翼型光管散热器安装,如图4-68所示

表 4-47　楼梯间散热器分配百分率

楼房层数	各层散热器分配百分率(%)					
	Ⅰ	Ⅱ	Ⅲ	Ⅳ	Ⅴ	Ⅵ
2	65	35	—	—	—	—
3	50	30	20	—	—	—

续上表

楼房层数	各层散热器分配百分率（%）					
	Ⅰ	Ⅱ	Ⅲ	Ⅳ	Ⅴ	Ⅵ
4	50	30	20	—	—	—
5	50	25	15	10	—	—
6	50	20	15	15	—	—
7	45	20	15	10	10	—
8	40	20	15	10	10	5

表 4-48　散热器安装方式的修正系数 β_2

装置示意图	说　明	系数	装置示意图	说　明	系数
	敞开装置	1.0		外加围罩,在罩子顶部和罩子前面下端开孔	$A=150$ mm　1.25 $A=180$ mm　1.19 $A=220$ mm　1.13 $A=260$ mm　1.12
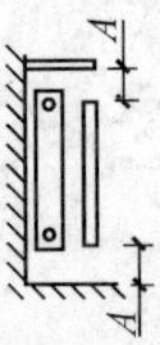	外加围罩,在罩子前面上下端开孔	$A=130$ mm 孔是敞开的　1.2 $A=130$ mm 孔带有格网的　1.4		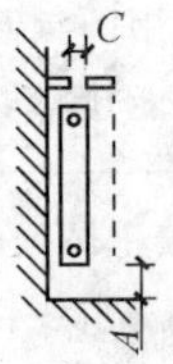 外加网格罩,在罩子顶部开孔,宽度 C 不小于散热器宽度,罩子前面下端开孔	$A=100$ mm　1.15
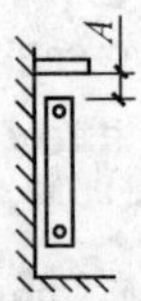	上加盖板	$A=40$ mm　1.05 $A=80$ mm　1.03 $A=100$ mm　1.02		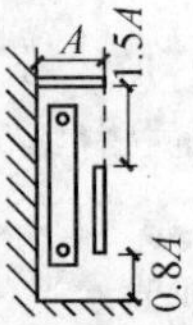 外加围罩,在罩子前面上下两端开孔	1.0
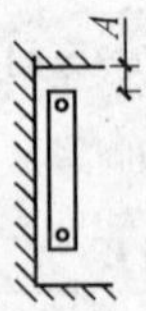	装在壁龛内	$A=40$ mm　1.11 $A=80$ mm　1.07 $A=100$ mm　1.06		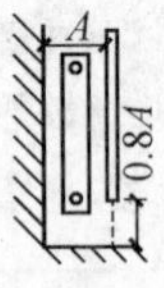 加挡板	0.9

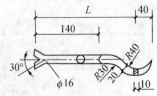

图 4-63　托钩(一)(单位:mm)

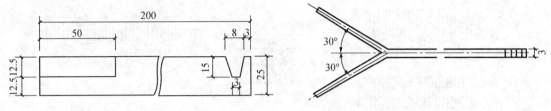

图 4-64 托钩(二)(单位:mm)

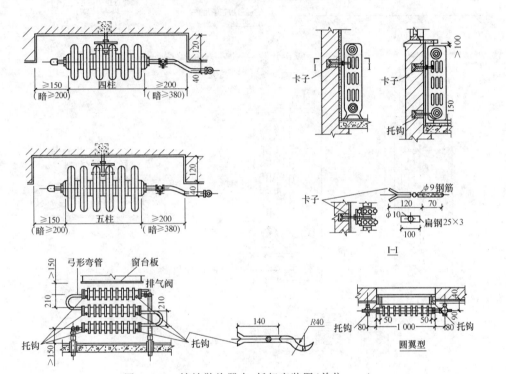

图 4-65 铸铁散热器支、托架安装图(单位:mm)

表 4-49 散热器与支管连接方式不同修正系数 β_3

支管连接形式	图例	修正系数 β_3
同侧上进下出		1.00~0.95
下进下出		0.90~0.85
异侧下进上出		0.85~0.75
同侧下进上出		0.80~0.70

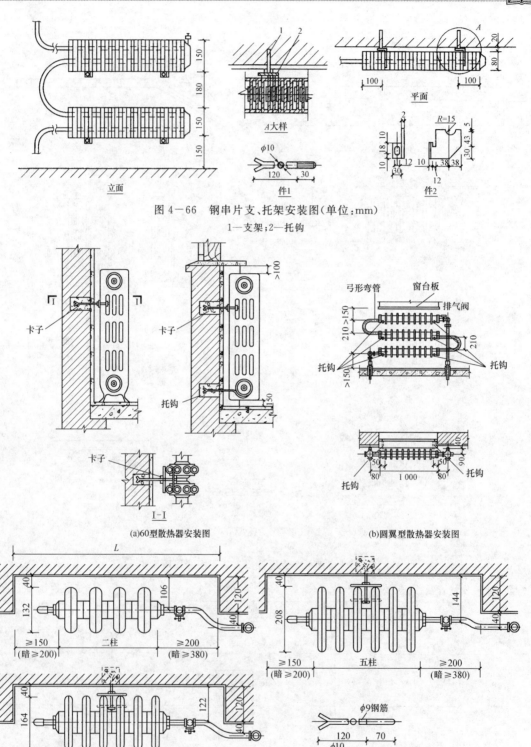

图 4—66　钢串片支、托架安装图(单位:mm)

1—支架;2—托钩

(a)60型散热器安装图

(b)圆翼型散热器安装图

(c)柱型散热器安装图

图 4—67　散热器支、托架安装图(单位:mm)

表 4-50　散热器背面与墙表面距离

散热器型式	闭式串片、板式、偏管式	M132、柱型、柱翼型、长翼型
散热器背面与墙表面距离(mm)	30	40

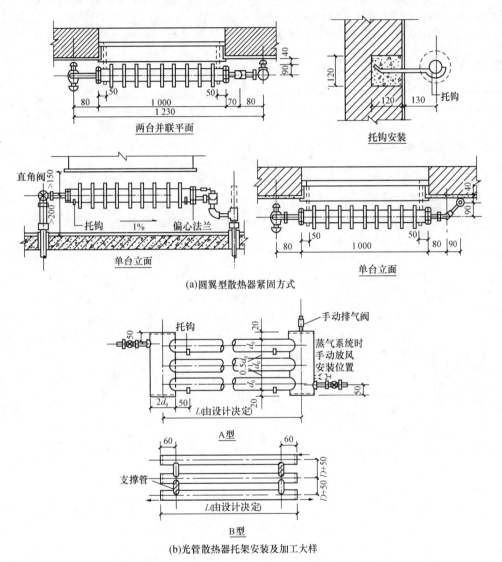

两台并联平面

托钩安装

(a)圆翼型散热器紧固方式

单台立面

单台立面

A型

B型

(b)光管散热器托架安装及加工大样

图 4-68　光管散热器托架安装及加工大样(单位:mm)

第三节　金属辐射板安装

一、验收条文

金属辐射板安装工程施工质量验收标准见表 4-51。

表 4—51   金属辐射板安装工程施工质量验收标准

项 目	内 容
主控项目	辐射板在安装前应作水压试验,如设计无要求时试验压力应为工作压力的 1.5 倍,但不得小于 0.6 MPa。 检验方法:试验压力下 2～3 min 压力不降且不渗不漏
一般项目	(1)水平安装的辐射板应有不小于 5‰的坡度坡向回水管。 检验方法:水平尺、拉线和尺量检查。 (2)辐射板管道及带状辐射板之间的连接,应使用法兰连接。 检验方法:观察检查

二、施工工艺解析

金属辐射板安装工程施工工艺解析见表 4—52。

表 4—52   辐射板水压试验

项 目	内 容
辐射板水压试验	(1)辐射板制作。 辐射板制作简单,将几根 $DN15$、$DN20$ 等管径的钢管制成钢排管形式,然后嵌入预先压出与管壁弧度相同的薄钢板槽内,并用 U 形卡子固定;薄钢板厚度为 0.6～0.75 mm 即可,板前可刷无光防锈漆,板后填保温材料,并用薄钢板包严。当嵌入钢板槽内的排管通入热媒后,很快就通过钢管把热量传递给紧贴着它的钢板,使板面具有较高的温度,并形成辐射面向室内散热。辐射板散热以辐射热为主,还伴随一部分对流热。 (2)辐射板的水压试验。 1)辐射板散热器安装前,必须进行水压试验。试验压力等于工作压力加 0.2 MPa,但不得低于 0.4 MPa。 2)辐射板的组装一般均应采用焊接和法兰连接。按设计要求进行施工
辐射板安装要求	(1)辐射板支吊架的制作与安装。 按设计要求,制作与安装辐射板的支吊架。一般支吊架的形式按其辐射板的安装形式分为 3 种,即垂直安装、倾斜安装、水平安装,如图 4—70 所示。带型辐射板的支吊架应保持 3 m 一个。 1)水平安装板面朝下,热量向下侧辐射。辐射板应有不小于 5‰的坡度坡向回水管,坡度的作用是对于热媒为热水的系统,可以很快地排除空气;对于蒸气,可以顺利地排除凝结水。 2)倾斜安装在墙上或柱间,倾斜一定角度向斜下方辐射。 3)垂直安装板面水平辐射。垂直安装在墙上、柱子上或两柱之间。安装在墙上、柱上的,应采用单面辐射板,向室内一面辐射;安装在两柱之间的空隙处时,可采用双面辐射板,向两面辐射。

续上表

项 目	内 容
辐射板安装要求	(2)辐射板安装技术规定与施工做法。 1)辐射板用于全面采暖,如设计无要求,最低安装高度应符合表4—53的要求。 2)辐射板的安装可采用现场安装和预制装配两种方法。块状辐射板宜采用预制装配法,每块辐射板的支管上可先配上法兰,以便于与干管连接。带状辐射板如果太长,可采用分段安装。块状辐射板的支管与干管连接时应有两个90°弯管,如图4—70所示。 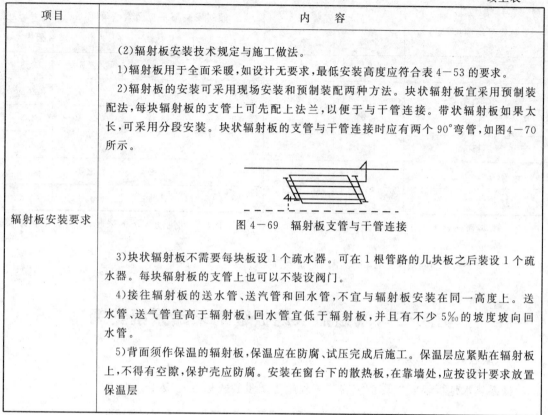 图4—69 辐射板支管与干管连接 3)块状辐射板不需要每块板设1个疏水器。可在1根管路的几块板之后装设1个疏水器。每块辐射板的支管上也可以不装设阀门。 4)接往辐射板的送水管、送汽管和回水管,不宜与辐射板安装在同一高度上。送水管、送气管宜高于辐射板,回水管宜低于辐射板,并且有不少5‰的坡度坡向回水管。 5)背面须作保温的辐射板,保温应在防腐、试压完成后施工。保温层应紧贴在辐射板上,不得有空隙,保护壳应防腐。安装在窗台下的散热板,在靠墙处,应按设计要求放置保温层

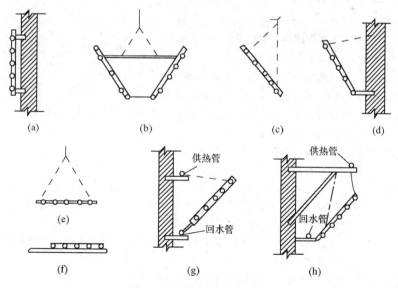

图4—70 辐射板的支、吊架

(a)垂直安装;(b)、(c)、(d)、(g)、(h)倾斜安装;(e)、(f)水平安装

表 4—53　辐射板的最低安装高度　　　　　　　　　（单位:m）

热媒平均温度(℃)	水平安装		倾斜安装与垂直面索偿角度			垂直安装(板中心)
	多管	单管	60°	45°	30°	
115	3.2	2.8	2.8	2.6	2.5	2.3
125	3.4	3.0	3.0	2.8	2.6	2.5
140	3.7	3.1	3.1	3.0	2.8	2.6
150	4.1	3.2	3.2	3.1	2.9	2.7
160	4.5	3.3	3.3	3.2	3.0	2.8
170	4.8	3.4	3.4	3.3	3.0	2.8

注:1. 本表适合于工作地点固定、站立操作人员的采暖;对于坐着或流动人员的采暖,应将表中数字降低 0.3 m。

2. 在车间外墙的边缘地带,安装高度可适当降低。

第四节　低温热水地板辐射采暖系统安装

一、验收条文

低温热水地板辐射采暖系统安装工程施工质量验收标准见表 4—54。

表 4—54　低温热水地板辐射采暖系统安装工程施工质量验收标准

项目	内　容
主控项目	(1)地面下敷设的盘管埋地部分不应有接头。 检验方法:隐蔽前现场查看。 (2)盘管隐蔽前必须进行水压试验,试验压力为工作压力的 1.5 倍,但不小于 0.6 MPa。 检验方法:稳压 1 h 内压力降不大于 0.05 MPa 且不渗不漏。 (3)加热盘管弯曲部分不得出现硬折弯现象,曲率半径应符合下列规定。 1)塑料管:不应小于管道外径的 8 倍。 2)复合管:不应小于管道外径的 5 倍。 检验方法:尺量检查
一般项目	(1)分、集水器型号、规格、公称压力及安装位置、高度等应符合设计要求。 检验方法:对照图纸及产品说明书,尺量检查。 (2)加热盘管管径、间距和长度应符合设计要求。间距偏差不大于±10 mm。 检验方法:拉线和尺量检查。 (3)防潮层、防水层、隔热层及伸缩缝应符合设计要求。 检验方法:填充层浇灌前观察检查。 (4)填充层强度标号应符合设计要求。 检验方法:做试块抗压试验

二、施工工艺解析

低温热水地板辐射采暖系统安装工程施工工艺解析见表4—55。

表4—55　低温热水地板辐射采暖系统安装工程施工工艺解析

项目	内　　　容
盘管敷设	低温辐射供暖形式有多种,其中地面埋管安装如图4—71和图4—72所示。 　　为了保证低温地板辐射采暖系统的安装质量及运行后严密不漏和畅通无阻,安装时必须按照以下程序进行:材料的选择和准备→清理地面→铺设保温板→铺试交联管→试压冲洗。在整个施工过程中,施工人员应经过专业岗位培训,持证上岗是保证施工质量的关键。 　　(1)施工材料的准备和选择。 　　1)选择合格的交联聚乙烯(XLPE)管,禁止用其他塑料管代替交联塑料管,埋地盘管不应有接头,防止渗漏,盘管弯曲部分不能有硬折弯现象,保证管内水流有足够的流通截面及减少流动阻力。 　　选择合格的铝塑复合板及管件、铝箔片、自熄型聚苯乙烯保温板专用塑料卡钉,专用接口连接件,$\phi 4 \sim \phi 6$ mm,网距150 mm×150 mm的钢筋网。 　　2)选好专用膨胀带、专用伸缩节、专用交联聚乙烯管固定卡件。 　　3)准备好砂子、水泥、油毡布、保温材料、豆石、防龟裂添加剂等施工用料。 　　(2)清理地面。 　　在铺设贴有铝箔的自熄型聚苯乙烯保温板之前,将地面清扫干净,不得有凹凸不平的地方,不得有砂石碎块、钢筋头等。 　　(3)铺设保温板。 　　保温板采用贴有铝箔的自熄型聚苯乙烯保温板,必须铺设在水泥砂浆找平层上,地面不得有高低不平的现象。保温板铺设时,铝箔面朝上,铺设平整。凡是钢筋、电线管或其他管道穿过楼板保温层时,只允许垂直穿过,不准斜插,其插管接缝用胶带封贴严实、牢靠。 　　(4)铺设塑料管[特制交联聚乙烯(XLPE)软管]。 　　交联塑料管铺设的顺序是从远到近逐个环圈铺设,凡是交联塑料管穿地面膨胀缝处,一律用膨胀条将分割成若干块地面隔开来,交联塑料管在此处均须加伸缩节,伸缩节为交联塑料管专用伸缩节,其接口用热熔连接,施工中须由土建施工人员事先划分好,相互配合和协调,如图4—73所示。交联聚乙烯管供暖散热量及其管路铺设间距可根据不同位置、不同地面材料参考表4—56和表4—57自行选择。 　　交联塑料管铺设完毕,采用专用的塑料U形卡及卡钉逐一将管子进行固定。U形卡距及固定方式如图4—74所示。若设有钢筋网,则应安装在高出塑料管的上皮10～20 mm的处。铺设前如果规格尺寸不足整块铺设时应将接头连接好,严禁踩在塑料管上进行接头。 　　敷设在地板凹槽内的供回水干管,若设计选用交联塑料软管,施工结构要求与地热供暖相同。

项 目	内 容
盘管敷设	(5)试压、冲洗。 安装完地板上的交联塑料管应进行水压试验。首先接好临时管路及水压泵,灌水后打开排气阀,将管内空气放净后再关闭排气阀,先检查接口,无异样情况方可缓慢地加压,增压过程观察接口,发现渗漏立即停止,将接口处理后再增压。增压至 0.6 MPa 表压后稳压 10 min,压力下降≤0.03 MPa 为合格。由施工单位、建设单位双方检查合格后作隐蔽工程检查记录,双方签字验收,作为工程竣工验收的重要资料
分、集水器规格及安装	(1)分水(回水)器制作。 先按设计图纸进行钢制分水(回水)器的放样、下料、画线、切割、坡口、焊制成形,按工艺标准中各工序严格操作。如设计无规定,可参照图 4—75、图 4—76 中所示制作、安装。分水器或回水器上的分水管和回水管,与埋地交联塑料管的连接采用热熔接口。 (2)分水(回水)器安装、连接。 将进户装置系统管道安装完,系统示意图(图 4—77)。其仪表、阀门、过滤器、循环泵安装时,不得安反
地板各构造层施工	(1)地热采暖构造。 1)常见的地热采暖构造种类如图 4—78 所示。 2)与土壤相邻的地面,必须设绝热层,且绝热层下部必须设置防潮层(图 4—79)。直接与室外空气相邻的楼板,必须设绝热层(图 4—80)。 3)地面构造由楼板或与土壤相邻的地面、绝热层、加热管、填充层、找平层和面层组成,并应符合下列规定。 ①当工程允许地面按双向散热进行设计时,各楼层间的楼板上部可不设绝热层。 ②对卫生间、洗衣间、浴室和游泳馆等潮湿房间,在填充层上部应设置隔离层。 (2)各构造层施工材料及施工要求。 1)地面面层宜采用热阻小于 0.05 m² · K/W 的材料。实测证明,在相同供热条件和地板构造的情况下,在同一个房间里,以热阻为 0.02 m² · K/W 左右的花岗石、大理石、陶瓷砖等作面层的地面散热量,比以热阻为 0.10 m² · K/W 左右的木地板时要高30%~60%;比 0.15 m² · K/W 左右的地毯时要高 60%~90%。由此可见,面层材料对地面散热量的巨大影响。为了节省能耗和运行费用,因此在采用地面辐射供暖方式时,应尽量选用热阻小于 0.05 m² · K/W 的材料做面层。 当面层采用带龙骨的架空木地板时,加热管或发热电缆应敷设在木地板与龙骨之间的绝热层上,可不设置豆石混凝土填充层;发热电缆的线功率不宜大于 10 W/m;绝热层与地板间净空不宜小于 30 mm。 2)地面辐射供暖系统绝热层采用聚苯乙烯泡沫塑料板时,其厚度不应小于表 4—58规定值;采用其他绝热材料时,可根据热阻相当的原则确定厚度。 3)填充层的材料宜采用 C15 豆石混凝土,豆石粒径宜为 5~12 mm。加热管的填充层厚度不宜小于 50 mm,发热电缆的填充层厚度不宜小于 35 mm。当地面荷载大于20 kN/m² 时,应会同结构设计人员采取加固措施

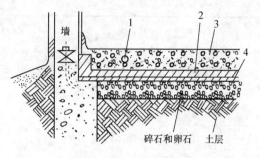

图 4-71 地面埋管

1—加热管;2—隔热层;
3—混凝土板;4—防水层

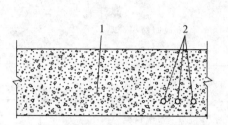

图 4-72 混凝土板内埋管

1—混凝土板;2—加热排管

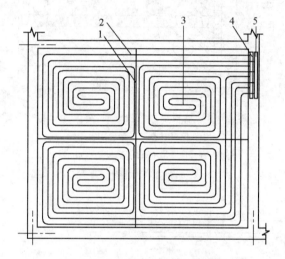

图 4-73 地热管路平面布置图

1—膨胀带;2—伸缩节(300 m);
3—交联管;4—分水器;5—集水器

表 4-56 供水温度:60℃～50℃;室温:28℃

地面材料类别	散热量(W/m²)	
	管间距 150 mm	管间距 200 mm
瓷砖类	212	193
塑料类	159	147
地毯类	119	112
木地板类	143	133

表 4-57　供水温度:60℃;回水温度:50℃;室温:28℃

地面材料类别	散热量(W/m²)	
	管间距 150 mm	管间距 200 mm
瓷砖类	152	138
塑料类	114	104

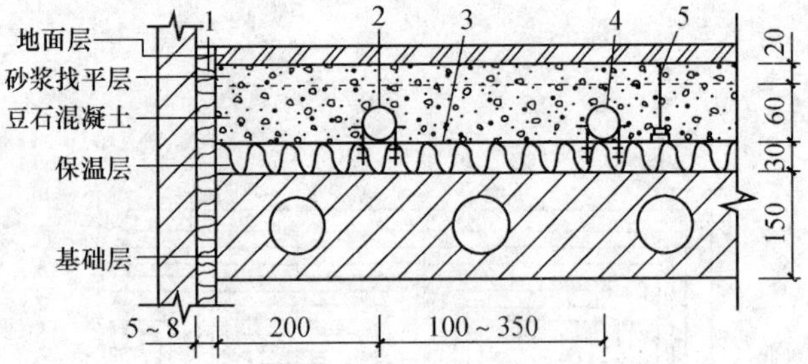

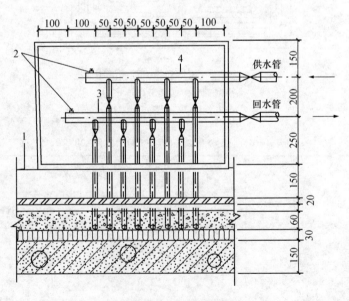

图 4-74　地板辐射供暖剖面(单位:mm)

1-弹性保温材料;2-塑料固定卡钉

(间距直管段 500 mm;弯管段 250 mm);

3-铝箔;4-塑料管;5-膨胀带

图 4-75　分(集)水器正视图(单位:mm)

1-踢脚线;2-防风阀;

3-集水器;4-分水器

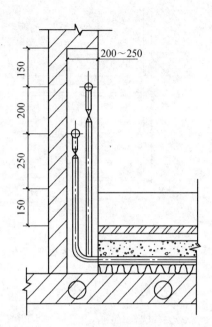

图 4－76　分(集)水器侧视图(单位:mm)

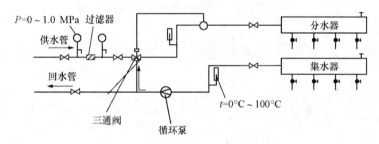

图 4－77　地暖进户装置系统示意图

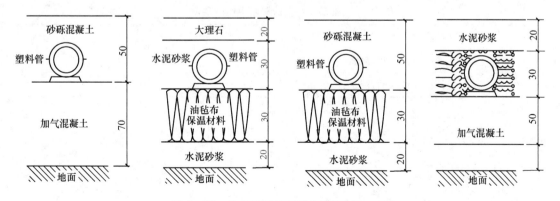

图 4－78　地热采暖构造示意图(单位:mm)

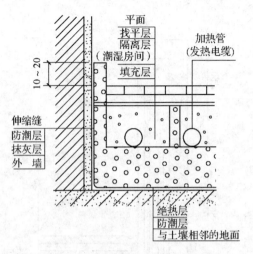

图 4—79 与土壤相邻的地面构造示意图（单位：mm）

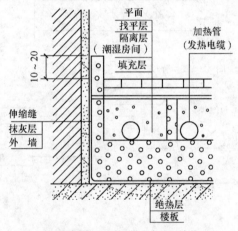

图 4—80 楼层地面构造示意图（单位：mm）

表 4—58 聚苯乙烯泡沫塑料板绝热层厚度   （单位：mm）

楼层之间楼板上的绝热层	20
与土壤或不采暖房间相邻的地板上的绝热层	30
与室外空气相邻的地板上的绝热层	40

第五章　室外给水排水及供热管网安装

第一节　室外给水管道安装

一、验收条文

(1)室外给水管道安装工程施工质量验收标准见表5-1。

表5-1　室外给水管道安装工程施工质量验收标准

项目	内　容
主控项目	(1)给水管道在埋地敷设时,应在当地的冰冻线以下,如必须在冰冻线以上铺设时,应做可靠的保温防潮措施。在无冰冻地区,埋地敷设时,管顶的覆土埋深不得小于500 mm,穿越道路部位的埋深不得小于700 mm。 检验方法:现场观察检查。 (2)给水管道不得直接穿越污水井、化粪池、公共厕所等污染源。 检验方法:观察检查。 (3)管道接口法兰、卡扣、卡箍等应安装在检查井或地沟内,不应埋在土壤中。 检验方法:观察检查。 (4)给水系统各种井室内的管道安装,如设计无要求,井壁距法兰或承口的距离:管径小于或等于450 mm时,不得小于250 mm;管径大于450 mm时,不得小于350 mm。 检验方法:尺量检查。 (5)管网必须进行水压试验,试验压力为工作压力的1.5倍,但不得小于0.6 MPa。 检验方法:管材为钢管、铸铁管时,试验压力下10 min内压力降不应大于0.05 MPa,然后降至工作压力进行检查,压力应保持不变,不渗不漏;管材为塑料管时,试验压力下,稳压1 h压力降不大于0.05 MPa,然后降至工作压力进行检查,压力应保持不变,不渗不漏。 (6)镀锌钢管、钢管的埋地防腐必须符合设计要求,如设计无规定时,可按表5-2的规定执行。卷材与管材间应粘贴牢固,无空鼓、滑移、接口不严等。 检验方法:观察和切开防腐层检查。 (7)给水管道在竣工后。必须对管道进行冲洗,饮用水管道还要在冲洗后进行消毒。满足饮用水卫生要求。 检验方法:观察冲洗水的浊度,查看有关部门提供的检验报告
一般项目	(1)管道的坐标、标高、坡度应符合设计要求,管道安装的允许偏差应符合表5-3的规定。 (2)管道和金属支架的涂漆应附着良好,无脱皮、起泡、流淌和漏涂等缺陷。 检验方法:现场观察检查。

续上表

项目	内　容
一般项目	(3)管道连接应符合工艺要求,阀门、水表等安装位置应正确。塑料给水管道上的水表、阀门等设施其重量或启闭装置的扭矩不得作用于管道上,当管径≥50 mm时必须设独立的支承装置。 检验方法:现场观察检查。 (4)给水管道与污水管道在不同标高平行敷设,其垂直间距在500 mm以内时,给水管管径小于或等于200 mm的,管壁水平距不得小于1.5 m;管径大于200 mm的,不得小于3 m。 检验方法:观察和尺量检查。 (5)铸铁管承插捻口连接的对口间隙应不小于3 mm,最大间隙不得大于表5-4的规定。 检验方法:尺量检查。 (6)铸铁管沿直线敷设,承插捻口连接的环型间隙应符合表5-5的规定;沿曲线敷设,每个接口允许有2°转角。 检验方法:尺量检查。 (7)捻口用的油麻填料必须清洁,填塞后应捻实,其深度应占整个环型间隙深度的1/3。 检验方法:观察和尺量检查。 (8)捻口用水泥强度应不低于32.5 MPa,接口水泥应密实饱满,其接口水泥面凹入承口边缘的深度不得大于2 mm。 检验方法:观察和尺量检查。 (9)采用水泥捻口的给水铸铁管,在安装地点有侵蚀性的地下水时,应在接口处涂抹沥青防腐层。 检验方法:观察检查。 (10)采用橡胶圈接口的埋地给水管道,在土壤或地下水对橡胶圈有腐蚀的地段,在回填土前应用沥青胶泥、沥青麻丝或沥青锯末等材料封闭橡胶圈接口。橡胶圈接口的管道,每个接口的最大偏转角不得超过表5-6的规定。 检验方法:观察和尺量检查

(2)管道防腐层种类见表5-2。

表5-2　管道防腐层种类

防腐层层次	正常防腐层	加强防腐层	特加强防腐层
(从金属表面起)1	冷底子油	冷底子油	冷底子油
2	沥青涂层	沥青涂层	沥青涂层
3	外包保护层	加强包扎层(封闭层)	加强保护层(封闭层)
4	—	沥青涂层	沥青涂层
5	—	外保护层	加强包扎层(封闭层)
6	—	—	沥青涂层

续上表

防腐层层次	正常防腐层	加强防腐层	特加强防腐层
7	—	—	外包保护层
防腐层厚度不小于(mm)	3	6	9

(3)室外给水管道安装的允许偏差和检验方法见表5—3。

表5—3　室外给水管道安装的允许偏差和检验方法

项次	项目			允许偏差(mm)	检验方法
1	坐标	铸铁管	埋地	100	拉线和尺量检查
			敷设在沟槽内	50	
		钢管、塑料管、复合管	埋地	100	
			敷设在沟槽内或架空	40	
2	标高	铸铁管	埋地	±50	拉线和尺量检查
			设在沟槽内	±30	
		钢管、塑料管、复合管	埋地	±50	
			敷设在沟槽内或架空	±30	
3	水平管纵横向弯曲	铸铁管	直段(25 m以上)起点～终点	40	拉线和尺量检查
		钢管、塑料管、复合管	直段(25 m以上)起点～终点	30	

(4)铸铁管承插捻口的对口最大间隙见表5—4。

表5—4　铸铁管承插捻口的对口最大间隙　　　　　　　　(单位:mm)

管径	沿直线敷设	沿曲线敷设
75	4	5
100～250	5	7～13
300～500	6	14～22

(5)铸铁管承插捻口的环形间隙见表5—5。

表5—5　铸铁管承插捻口的环型间隙　　　　　　　　(单位:mm)

管径	标准环型间隙	允许偏差
75～200	10	+3 −2
250～450	11	+4 −2

管径	标准环型间隙	允许偏差
500	12	+4 -2

(6)橡胶圈接口最大允许偏转角见表5－6。

表5－6　橡胶圈接口最大允许偏转角

公称直径(mm)	100	125	150	200	250	300	350	400
允许偏转角度	5°	5°	5°	5°	4°	4°	4°	3°

二、施工材料要求

(1)给水铸铁管。

参见第一章第一节中施工材料要求的相关内容。

(2)给水钢管。

参见第一章第一节中施工材料要求的相关内容。

(3)阀门。

参见第四章第一节中施工材料要求的相关内容。

三、施工机械要求

(1)手电钻、电动套丝机、砂轮切割机。

参见第一章第一节中施工机械要求的相关内容。

(2)管钳。

参见第一章第二节中施工机械要求的相关内容。

(3)弯管机、滚刀、台虎钳。

参见第一章第一节中施工机械要求的相关内容。

四、施工工艺解析

(1)普通给水铸铁管安装方法见表5－7。

表5－7　普通给水铸铁管安装

项目	内　容
安装前的 检查、检验	(1)铸铁管及管件应有制造厂的名称和商标、制造日期及工作压力等标记,管材、管件应符合国家现行的有关标准,并具有出厂合格证。 (2)铸铁管及管件应进行外观检查,每批抽10%检查其表面状况、涂漆质量及尺寸偏差。

续上表

项目	内　　容
安装前的检查、检验	(3)铸铁管及管件内外表面应整洁,不得有裂纹,管子及管件不得凹凸不平。 (4)采用橡胶圈柔性接口的铸铁管,承口的内工作面和插口外工作面应光滑、轮廓清晰,不得有影响接口密封性的缺陷;承口根部不得有凹陷,其他部分的凹陷不得大于5 mm;机械加工部位的轻微孔穴不大于1/3壁厚,且不大于5 mm;间断凹陷、重皮及疤痕的深度不大于壁厚的10%,且不大于2 mm。 (5)铸铁管及管件的尺寸公差应符合现行国家产品标准的规定。 (6)铸铁管及管件下管前,应清除承口内部的油污、飞刺、铸砂及凹凸不平的铸瘤;柔性接口铸铁管及管件承口的内工作面、插口的外工作面应修整光滑,不得有沟槽、凸脊缺陷,有裂纹的管子及管件不得使用。 (7)阀门安装前应检查阀门制造厂家的合格证、产品说明书及装箱单;核对阀门的规格、型号、材质是否与设计相符。 (8)阀门在安装前应进行外观检查,阀体、零件应无裂缝、重皮、砂眼、锈蚀及凹陷等缺陷;检查阀杆有无歪斜,转动是否灵活,有无卡涩现象。 (9)阀门安装前,应做强度和严密性试验,试验应在每批(同型号、同规格、同牌号)中抽查10%,且不少于1个。若有不合格,再抽查20%,如仍有不合格,则需逐个检查、试验。阀门的强度试验压力为公称压力的1.5倍,试验的持续时间不少于5 min,以壳体不变形、破裂、填料无渗漏为合格。严密性试验压力为公称压力的1.1倍,试验的持续时间不少于3 min,试验时间内壳体、填料、阀瓣及密封面无渗漏为合格。 (10)检验合格的阀门暂不安装时,应保存在干燥的库房内;阀门堆放应整齐,不得露天存放。 (11)试验不合格的阀门,须作解体检查,解体检查合格后,应重新进行试验。解体检查的阀门,质量应符合下列要求。 1)阀座与阀体结合应牢固。 2)阀芯(瓣)与阀座、阀盖与阀体应结合良好,无缺陷。 3)阀杆与阀芯(瓣)的连接应灵活、可靠。 4)阀杆无弯曲、锈蚀,阀杆与填料压盖配合适度。 5)垫片、填料、螺栓等齐全,无缺陷
室外给水管道埋设的技术要求	(1)非冰冻区的金属管道管顶埋设深度一般不小于0.7 m,非金属管道管顶的埋设深度一般不宜小于1 m。 (2)冰冻地区的管顶埋设深度除决定于上述因素外,还应考虑土的冻结深度,在无保温措施时,给水管道管顶埋设深度一般不小于土冰冻深度加0.2 m。 (3)沟槽开挖宜分段快速施工,敞沟时间不宜过长,管道安装完毕应及时试验,合格后应立即回填。 (4)给排水管道与建筑物、构筑物、铁路和其他管道的水平净距,应根据建筑物基础的结构、路面种类、卫生安全、管道埋深、管径、管材、施工条件、管内工作压力、管道上附属构筑物的大小及有关规定等条件确定,一般不得小于表5-8的规定

项目	内容
沟槽开挖	(1)沟槽形式。 沟槽按其断面的形式不同可分为:直槽、梯形槽、混合槽和联合槽等4种,如图5—1所示。 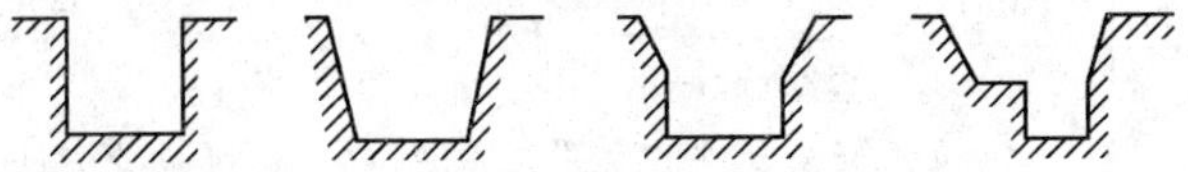 (a)直槽　　(b)梯形槽　　(c)混合槽　　(d)联合槽 图5—1　铸铁管安装沟槽的断面形式 梯形槽边坡尺寸按设计要求确定,如设计无要求时,对于质地良好、土质均匀、地下水位低于槽底、沟槽深度在5 m以内、不加支撑的陡边坡应符合表5—9和表5—10的规定。 (2)沟槽开挖。 沟槽开挖是室外管道工程施工的重要环节,应该合理地组织沟槽开挖。对于埋设较深、距离较长、直径较大的管道,由于土方量大,管道穿越地段的水文地质和工程地质变化较大,在施工前应采取挖探和钻探的方法查明与施工相关的地下情况,以便采取相应的措施。沟槽开挖的方法有人工开挖和机械开挖两种。应根据沟槽的断面形式、地下管线的复杂程度、土质坚硬程度、工作量的大小、施工场地的实际状况以及机械配备、劳动力等条件确定。 1)机械开挖。 机械开挖应注意以下事项。 ①开挖前应做详细的调查,搞清楚地下管线的种类和分布状况,严禁不作调查、分析便盲目开展大规模的机械化施工。 ②机械开挖应严格控制标高,为防止超挖或扰动槽底面,槽底应留0.2~0.3 m厚的土层暂时不挖,待管道铺设前用人工清理至槽底标高,并同时修整槽底。 ③沟槽开挖需要井点降水时,应提前打设井点降水,将地下水位稳定至槽底以下0.5 m时方可开挖,以免产生挖土速度过快,因土层含水量过大支撑困难,贻误支护时机导致塌方。 ④沟槽开挖需要支撑时,挖土应与支撑相配合,机械挖土后应及时支撑,以免槽壁失稳,导致坍塌。当采用挖掘机挖土时,挖掘机不得进入未设支撑的区域。 ⑤对地下管线和各种构筑物应尽可能临时迁移,如不可,应采用人工挖掘的方法使其外露,并采取吊托等加固措施,同时对挖掘机司机作详细的技术交底。 2)人工开挖。 在工作量不大、地面狭窄、地下有障碍物或无机械施工条件的情况下,应采用人工开挖。人工开挖要集中人力尽快挖成,以转入下一道工序施工。人工开挖应注意以下事项。 ①沟槽应分段开挖,并应合理确定开挖顺序和分层开挖深度。若沟槽有坡度,应由低向高处进行,当接近地下水时,应先开挖最低处土方,以便在最低处排水。

续上表

项　目	内　　容
沟槽开挖	②开挖人员疏密布置要合理，一般以间隔 5 m 为宜，在开挖过程中和敞沟期间应保持沟壁完整，防止坍塌，必要时应支撑保护。 ③开挖的沟槽如不能立即铺管，应在沟底留 0.15～0.2 m 的一层暂不挖除，待铺管时再挖至设计标高。 ④沟槽底不得超挖，如有局部超挖，应用相同的土予以填补，并夯实至接近天然密实度，或用砂、砂砾石填补。槽底遇有不易清除的大块石头，应将其凿至槽底以下 0.15 m 处，再用砂土填补夯实。 ⑤开挖沟槽遇有管道、电缆或其他构筑物时，应严加保护，并及时与有关单位联系，会同处理。 （3）沟槽支撑。 　沟槽支撑是防止沟槽坍塌的一种临时性挡土结构。一般情况下，沟槽土质较差、深度较大而又挖成直槽时，或高地下水位、砂性土质并采用表面排水措施时，均应支设支撑。支设支撑的直壁沟槽，可以减少土方量，缩小施工面积，减少拆迁。在有地下水时，支设板桩支撑，由于板桩下端深入槽底，延长了地下水的渗水途径，起到了一定的阻水作用。但支撑增加材料消耗，也给后续作业带来不便。因此，是否设支撑，应根据土质、地下水情况、槽深、槽宽、开挖方法、排水方法和地面荷载等情况综合确定。 　1）沟槽支撑的形式。沟槽支撑一般由木材或钢材制作。支撑形式有横撑、竖撑和板桩撑等。沟槽支撑形式如图 5—4 所示。 　2）支撑的适用范围。 　①横撑。横撑用于土质较好，地下水量较小的沟槽。当在砂质土壤，挖深在 1.5～2.5 m 时，采用如图 5—4(a)所示形式，而沟槽挖深在 2.5～5.0 m，并有少量地下水时，可采用如图 5—4(b)所示形式；如开挖段土质较硬时，可采用如图 5—4(c)所示形式。 　②竖撑。在土质较差，地下水较多或散沙中开挖时，采用如图 5—4(d)所示形式。竖撑的撑板可在开槽过程中先于挖土插入土中，在回填以后再拔出，因此，支撑和拆撑都较安全。 　③板桩撑。在沟槽开挖之前用打桩机打入土中，并且深入槽底有一定长度，故在沟槽开挖及其以后的施工中，不但能起到保证安全的作用，还可延长地下水的渗水路径，有效防止流沙渗入，如图 5—4(e)所示。 　（4）沟基处理。 　土体天然状态下承受荷载能力的大小与土体的天然组分有关。因此，管道地基是否需要处理取决于地基土的强度。若地基土的强度满足不了工程需要时，则应加固。地基土的加固方法较多，管道地基的常用加固方法有换土、压实、挤密和排水三种方式。 　1）换土和压实。换土是管道工程加固基础常采用的一种方法。换土垫层作为地基的持力层，可提高地基承载力，并通过垫层的应力扩散作用，减少对垫层下面地基单位面积的荷载。采用透水性大的材料作垫层时，有助于土中水分的排除，加速含水黏性的固结。 　换土有两种方式，一种是挖除换填，另一种是强挤出换填。挖除换填是将基础底面下一定深度的弱承载土挖去，换为低压缩性的散体材料，如素土、灰土、砂、卵石、碎石、块石等。强制挤出换填是不挖出软弱土层，而借换填土的自重下沉将弱土挤出。这种方法施工方便，但难以保证换填断面的形状正确，从而可能导致上部结构失稳。

续上表

项目	内　　容
沟槽开挖	压实就是用机械的方法，使土孔隙率减小，密度提高。压实加固是各种土加固方法中施工最简单、成本最低的方法，管道基础的压实方法是夯实法。 　　2）挤密桩加固地基。挤密桩加固地基是在承压土层内，打设很多桩或桩孔，在桩孔内灌入砂，成为砂桩，以挤密土层，减小孔隙体积，增加土体强度，或者将圆木打入槽内，成为短木桩加固地基。 　　①砂桩。 　　a. 适用条件。当沟槽开挖遇到粉砂、细砂、亚砂土及薄层砂质黏土，下卧透水层数时，由于排水不利发生扰动，深度在 0.8～2.0 m 时，可采用砂桩法挤密排水来提高承载力。 　　b. 施工工艺。砂桩法是先用钢管打入土中，然后将砂子（中砂、粗砂，含泥量不超过5%）灌入钢管内，并进行捣实，随灌砂随拔出钢管，混凝土桩靴打入土中后自由脱落。砂桩法施工如图 5—5 所示。砂桩施工所用设备主要有落锤、振动式打桩机和拔桩机。在软土地区使用振动式打桩应注意避免过分扰动软土。 　　②短木桩法加固地基。 　　这种方法是用木桩将扰动的土挤密，使其承载能力增加，同时，也可将荷载通过木桩传递给深层地基中，如图 5—6 所示。这种方法处理效果好，但应用木材较多。适用于一般槽底软土深 0.8～2 m 的地基
下管	下管应在沟槽和管道基础验收合格后进行。为了防止将不合格或已经损坏的管材及管件下入沟槽，下管前应对管材进行检查与修补。经检验、修补后，在下管前应先在槽上排列成行，经核对管节、管件无误方可下管。 　　下管的方法有人工下管和机械下管，采用何种下管方法要根据管材种类、管节的质量和长度、现场条件及机械设备等情况来确定。 　　(1) 人工下管。人工下管多用于施工现场狭窄、不便于机械操作或质量不大的中小规格的管道，以方便施工、操作安全为原则。可根据工人操作的熟练程度、管节长度与重量、施工条件及沟槽深浅等情况，考虑采用何种下管方法。 　　(2) 机械下管。机械下管一般是用汽车或履带式起重机进行下管，机械下管有分段下管和长管段下管两种方式。分段下管是起重机械将管子分别起吊后下入沟槽内，这种方式适用于大直径的铸铁管和钢筋混凝土管。长管段下管是将钢管节焊接连接成长串管段，用 2～3 台起重机联合起重下管。由于长管段下管需要多台起重机共同工作，操作要求高，故每段管道一般不宜多于 3 台起重机联合下管。 　　机械下管应注意以下事项。 　　1) 机械下管时，起重机沿沟槽开行距沟边的距离应大于 1 m，以避免沟壁坍塌。 　　2) 起重机不得在架空输电线路下作业，在架空线路附近作业时，其安全距离应符合当地电力管理部门的规定。 　　3) 机械下管应由专人指挥。指挥人员必须熟悉机械吊装的有关安全操作规程和指挥信号，驾驶员必须听从信号进行操作。 　　4) 捆绑管道应找好重心，捆绑阀门时，绳索应绑在阀体上，严禁绑在手轮、阀杆上，不得将绳索穿引在法兰螺栓孔上。 　　5) 起吊管道、管件、阀门时，要平吊轻放，运转平稳，不得忽快忽慢，不得突然制动。

续上表

项目	内　　容
下管	6)起吊作业过程中,任何人不得停留在作业区和从作业区穿过。 7)起吊及搬运管材、配件时,对于法兰盘面、管材的承插口、管道防腐层,均应采取妥善的防护措施,以防损坏。 8)管道下入沟槽时,不得与槽壁支撑及槽下的管道相互碰撞;沟槽内运管时不得扰动天然地基
对口连接	(1)承插式铸铁管安装对口要求。 1)承插口对口最大间隙。铸铁管承插口对口纵向间隙应根据管径、管口填充材料等确定,但一般不得小于 3 mm,最大间隙应符合表5-11的要求。 2)承插口环向间隙。沿直线铺设的承插铸铁管的环向间隙应均匀,环向间隙及其允许偏差见表5-12。 3)允许转角。在管道施工中,由于现场条件的限制,管道微量偏转和弧形安装是经常遇到的问题。承插接口相邻管道微量偏转的角度称为借转角。借转角的大小主要关系到接口的严密性,承插式刚性接口和柔性接口借转角的控制原则有所不同。刚性接口,一方面要求承插口最小缝隙和标准缝宽的减小数相比不大于 5 mm,否则填料难以操作;另一方面借转时填料及嵌缝总深度不宜小于承口总深度的 5/6,以保证其捻口质量。柔性接口借转时,一方面插口凸台处间隙不小于 11 mm,另一方面在借转时,胶圈的压缩比不小于原值的 95%,否则接口的柔性将受到影响,甚至胶圈容易被冲脱。管道沿曲线安装时,接口的允许转角应符合表5-13的规定。 (2)稳管。稳管是将管道按设计高程和位置,稳定在地基或基础上。对距离较长的重力流管道工程一般由下游向上游进行施工,以便使已安装的管道先期投入使用,同时也有利于地下水的排除。 1)高程控制。高程控制是沿管道线每 10~15 m 埋设一坡度板(坡度板又称龙门板、高程样板),板上有中心钉和高程钉,如图5-2所示,利用坡度板上的高程钉进行高程控制。稳管时用一木制样尺(或称高程尺)垂直放入管内底中心处,根据下反数和坡度线控制高程。样尺高度一般取整数,以 50 cm 一档为宜,使样尺高度固定。 图5-2　承插行式铸铁管安装坡度板 1—坡度板;2—中心线;3—中心垂线;4—管基础;5—高程钉

项目	内　容
对口连接	坡度板应设置在稳定地点,每一管段两头的检查井处和中间部位放测的三块坡度板应能通视。坡度板必须经复核后方可使用,在挖至底层土、做基础、稳管等施工过程中应经常复核,发现偏差及时纠正,放样复核的原始记录必须妥善保存,以备查验。 　　2)轴线位置控制。管轴线位置的控制是指所敷设的管线符合设计规定的坐标位置
承插铸铁管接口	承插铸铁管接口由嵌缝材料和密封填料两部分组成,如图5-3所示。 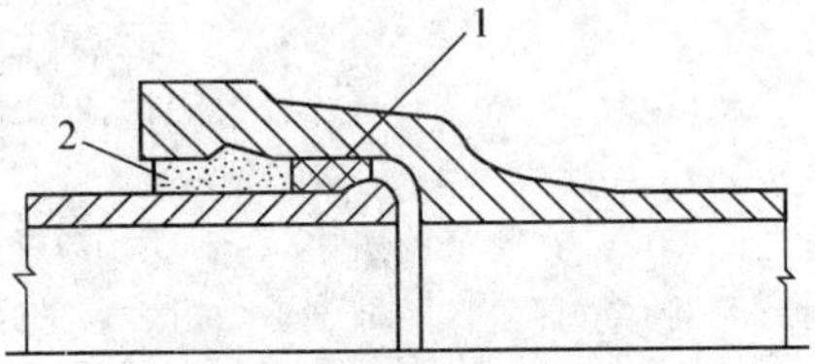 图5-3　承插铸铁管刚性接口 1—嵌缝材料;2—密封材料 　　(1)嵌缝。嵌缝的主要作用是使承插口缝隙均匀和防止密封填料掉入管内,保证密封填料击打密实。嵌缝材料有油麻、橡胶圈、粗麻绳和石棉绳等,给水铸铁管常用的嵌缝材料有油麻和橡胶圈。 　　(2)密封填料。密封填料的作用是养护嵌缝材料和密封接口。常用的密封填料有石棉水泥、自应力水泥、石膏水泥和青铅。 　　1)石棉水泥。石棉水泥用不低于42.5级的普通硅酸盐水泥,软4级或软5级石棉绒并加水湿润调制而成。石棉和水泥的质量配比为3:7,水泥含水量10%左右,气温较高时,水量可适当增加,加水量的多少常用经验法判断。 　　2)自应力水泥砂浆。自应力水泥又称膨胀水泥,有较大的膨胀性,它能弥补石棉水泥在硬化过程中收缩和接口操作时劳动强度大的不足。用于接口的自应力水泥的砂浆是用配比(质量比)为:自应力水泥:砂:水=1:1:(0.28~0.32)拌和而成。自行配制的自应力水泥必须经过技术鉴定合格,才能使用。成品自应力水泥砂浆正式使用前,应进行试接口试验,取得可靠数据后,方可进行规模化施工。 　　3)石膏水泥填料。石膏水泥填料同样具有膨胀性能,但所用的材料不同。石膏水泥是由42.5级硅酸盐水泥和半水石膏配置而成,其中水泥是强度组分。由于硅酸盐水泥中的 Al_2O_3 含量很有限,在初凝前水化硫铝酸钙产生的膨胀性能比不上自应力水泥。但半水石膏在初凝前若没有全部变成二水石膏,则在养护期间内仍要吸收水分转化为二水石膏,这时石膏本身具有微膨胀性能。 　　石膏水泥填料的一般配比(质量比)为42.5级硅酸盐水泥:半水石膏:石棉绒=10:1:1,水灰比为0.35~0.45。 　　4)青铅填料。青铅密封填料接口,不需要养护,施工后即投入运行,发现渗漏也不必剔除,只需补打数道即可。但铅是有色金属,造价高、操作难度大,只有在紧急抢修或振动大的场所使用。铅接口使用的铅纯度在99%以上。

项目	内　　容
承插铸铁管接口	5)快速填料。在刚性接口填料中添加氯化钙,填完之后短时即可通水
沟槽回填	沟槽回填应在管道隐蔽工程验收合格后进行。凡具备回填条件,均应及时回填,防止管道暴露时间过长造成不应有的损失。 　(1)沟槽回填应具备的条件。 　1)预制管节现场铺设的现浇混凝土基础强度、接口抹带或预制构件现场装配的接缝水泥砂浆强度不小于 5 MPa。 　2)现场浇筑混凝土管道的强度达到设计规定。 　3)混合结构的矩形管道或拱形管道,其砖石砌体水泥砂浆强度达到设计规定;当管道顶板为预制盖板时,应装好盖板。 　4)现场浇筑或预制构件现场装配的钢筋混凝土拱形管道或其他拱形管道应采取相应措施,确保回填时不发生位移或损伤管道。 　5)压力管道水压试验前,除接口外,管道两侧及管顶以上回填高度不应小于 0.5 m,水压试验合格后,及时回填剩余部分。 　6)管径大于 900 mm 的钢管道,必要时可采取措施控制管顶的竖向变形。 　7)回填前必须将沟槽底的杂物(草包、模板及支撑设备等)清理干净。 　8)回填时沟槽内不得有积水,严禁带水回填。 　(2)沟槽回填土料的要求。 　1)槽底至管顶以上 0.5 m 的范围内,不得含有机物、冻土以及大于 50 mm 的砖石等硬块;在抹带接口处、防腐绝缘层或电缆周围,应采用细粒土回填。 　2)采用砂、石灰土或其他非素土回填时,其质量要求按施工设计规定执行。 　3)回填土的含水量,宜按土类和采用的压实工具控制在最佳含水量附近。 　(3)回填施工。沟槽回填施工包括还土、摊平和夯实等施工过程。 　还土时应按基底排水方向由高至低分层进行,同时管腔两侧应同时进行。沟槽底至管顶以上 50 cm 的范围内均应采用人工还土,超过管顶 500 mm 以上时可采用机械还土。还土时按分层铺设夯实的需求,每一层采用人工摊平。沟槽回填土的夯实通常采用人工夯实和机械夯实两种方法。 　回填土压实的每层虚铺厚度,与采用的压实工具和要求有关,采用木夯、铁夯夯实时,每层的虚铺厚度不大于 200 mm,采用蛙式夯、火力夯夯实时,每层的虚铺厚度为 200~250 mm,采用压路机夯实时,虚铺厚度为 200~300 mm,采用振动压路机夯实时,虚铺厚度不应大于 400 mm。 　回填压实应逐层进行。管道两侧和管顶以上 500 mm 范围内的压实,应采用薄夯、轻夯夯实,管道两侧夯实面的高差不应超过 300 mm,管顶 500 mm 以上回填时,应分层整平和夯实,若使用重型压实机械或较重车辆在回填土上行驶时,管道顶部应有厚度不小于 700 mm 的压实回填土

表 5—8   给水排水管道与其他管线(构筑物)的最小距离   (单位:mm)

管线(构筑物)名称	与给水管道的水平净距	与排水管道的水平净距	排水管道的垂直净距 (排水管在下)
铁路远期路堤坡脚	5	—	—
铁路远期路堑坡脚	5	—	—
低压燃气管	0.5	1.0	0.15
中压燃气管	0.5	1.2	0.15
次高压燃气管	1.5	1.5	0.15
高压燃气管	2.0	2.0	0.15
热力管沟	1.5	1.5	0.15
街树中心	1.5	1.5	—
通信及照明杆	1.0	1.5	1.5
高压电杆支座	3.0	3.0	—
电力电缆	1.0	1.0	0.5
通信电缆	0.5	1.0	直埋 0.5,穿管 0.15
工艺管道	—	1.5	0.25
排水管	1.0	1.5	0.15
给水管	0.5	1.0	0.15

表 5—9   沟槽底部每侧工作面宽度   (单位:mm)

管道结构的外缘宽度 D_1	管道一侧的工作面宽度 b_1	
	非金属管道	金属管道
$D_1 \leqslant 500$	400	300
$500 < D_1 \leqslant 1\,000$	500	400
$1\,000 < D_1 \leqslant 1\,500$	600	600
$1\,500 < D_1 \leqslant 3\,000$	800	800

注:1. 槽底需设排水沟时,工作面宽度 b_1 应适当增加。

2. 管道有现场施工的外防水层时,每侧的工作面宽度宜取 800 mm。

表 5－10 深度在 5 m 以内的沟槽边坡的最陡坡度

土的类别	边坡坡度（高：宽）		
	坡顶无荷载	坡顶有荷载	坡顶有动载
中密度的砂土	1：1.00	1：1.25	1：1.50
中密度的碎石类土（充填物为砂土）	1：0.75	1：1.00	1：1.25
硬塑的轻压黏土	1：0.67	1：0.75	1：1.0
中密的碎石类土	1：0.50	1：0.67	1：0.75
硬塑的粉质黏土、黏土	1：0.33	1：0.50	1：0.67
老黄土	1：0.10	1：0.25	1：0.33
软土（轻井点降水后）	1：1.00	—	—

注：在软土沟槽坡顶不宜设置静载或动载；需要设置时，应对土地承载力和边坡的稳定性进行验算。

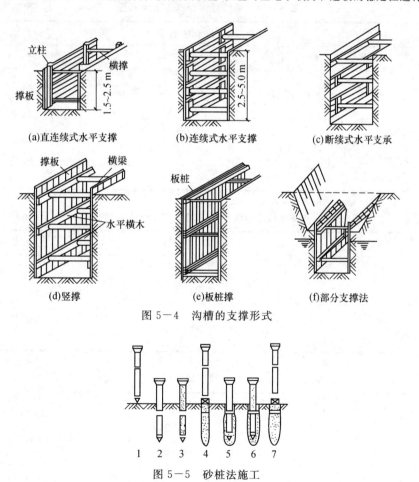

图 5－4 沟槽的支撑形式

图 5－5 砂桩法施工

1—桩架就位，桩尖插在桩位上；2—达到设计标高；3—灌注黄砂；4—拔起桩管（活瓣桩尖张开），黄砂留在桩孔内；

5—将桩管打到设计标高；6—灌注黄砂；7—拔起桩管完成扩大砂桩

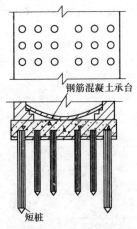

钢筋混凝土承台

短桩

图5—6 短木桩基础

表5—11 铸铁管对口纵向最大间隙   (单位:mm)

管径	沿直线铺设时	沿曲线铺设时
75	4	5
100～250	5	7
300～500	6	10
600～700	7	12
800～900	8	15
1 000～1 200	9	17

表5—12 铸铁管环向间隙及其允许偏差   (单位:mm)

管径	环向间隙	允许偏差
75～200	10	$+3$ -2
250～450	11	$+4$ -2
500～900	12	$+4$ -2
1 000～12 000	13	$+4$ -2

表5—13 管道沿曲线安装时接口的允许转角

接口种类	管径(mm)	允许转角(°)
刚性接口	75～450	2
	500～1 200	1
滑入式T形、梯唇形橡胶圈接口及柔性机械式接口	75～600	3
	700～800	2
	≥900	1

（2）球墨铸铁管安装方法见表5－14。

表5－14 球墨铸铁管安装方法

项目	内 容
滑入式接口（"T"形接口）	球墨铸铁管安装滑入式接口（"T"形接口）形式如图5－7所示。 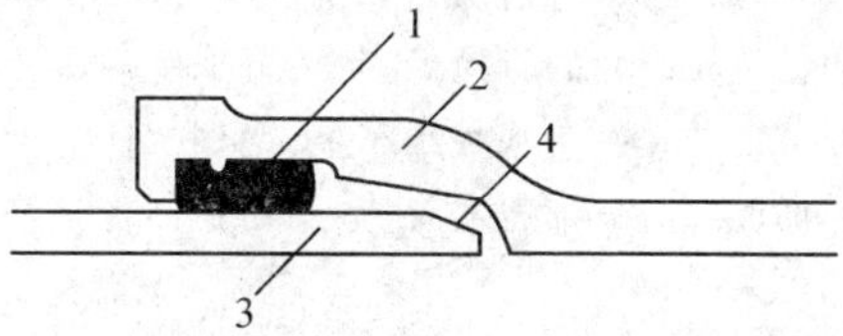 图5－7 滑入式接口（"T"形接口） 1—胶圈；2—承口；3—插口；4—坡口（锥度） （1）安装要点。 1）下管。按下管的技术要求将管道下到沟槽底，如管子有向上的标志，应按标志摆放管子。 2）清理管口。将插口内的所有杂物予以清除，并擦洗干净。 3）清理胶圈、上胶圈。将胶圈上的黏结物擦揩干净；手拿胶圈，把胶圈弯成心形或花形（大口径）装入口槽内，并用手沿整个胶圈按压一遍，确保胶圈各个部分不翘、不扭曲，均匀地卡在槽内，如图5－8所示。 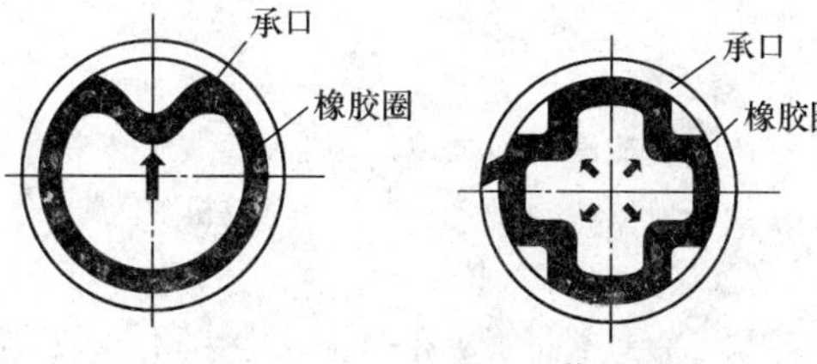 图5－8 橡胶圈安装 （a）心形安装 （b）花形安装 4）安装机具设备。将准备好的机具设备安装到位，安装时注意不要将已清理的管子部位再次污染。 5）在插口外表面和胶圈上刷涂润滑剂。润滑剂宜用厂方提供的，也可用肥皂水，将润滑剂均匀地涂刷在承口内已安装好的胶圈内表面，在插口外表面刷润滑剂时应注意刷至插口端部的坡口处。 6）顶推管道使之插入承口。球墨铸铁管柔性接口的安装一般采用顶推和拉入的方法，可根据现场的施卫条件、管子规格、顶推力的大小以及现场机具及设备的情况确定。 7）检查。检查插口插入承口的位置是否符合要求；用探尺伸入承插口间隙中检查胶圈位置是否正确。 （2）安装方法。 滑入式接口（"T"形接口）球墨铸铁管的安装方法有撬杠顶入法、千斤顶顶入法、捯链拉入法和牵引机拉入等方法。 1）撬杠顶入法。将撬杠插入已对口连接管承口端工作坑的土层中，在撬杠与承口端面间垫以木板，扳动撬杠使插口进入已连接管的承口，将管顶入

项 目	内 容
滑入式接口 （"T"形接口）	2）千斤顶法。先在管沟两侧各挖一竖槽，每槽内埋一根方木作为后背，用钢丝绳、滑轮与符合管节模数的钢拉杆与千斤顶连接。启动千斤顶，将插口顶入承口。每顶进一根管子，加一根钢拉杆，一般安装 10 根管子移动一次方木。也可用特制的弧形卡具固定在已经安装好的管道上，将后背工字钢、千斤顶、顶铁（纵、横）、垫木等组成的一套顶推设备安装在一辆平板小车上，用钢拉杆把卡具和后背工字钢拉起来，使小车与卡具、拉杆形成一个自锁推拉系统。系统安装完好后，启动千斤顶，将插口顶入承口，如图 5—9 所示。 3）捯链（手拉葫芦）拉入法。在已安装稳的管道上拴上钢丝绳，在待拉入管道承口处，放好后背横梁。用钢丝绳和捯链（手拉葫芦）连好绷紧对正，拉动捯链，即将插口拉入承口中，如图 5—10 所示。每接一根管道，将钢拉杆加长一节，安装数根管道后，移动一次拴管位置。 4）牵引机拉入法。在待连接管的承口处。横放一根后背方木，将方木、滑轮（或滑轮组）和钢丝绳连接好，启动牵引机械（如卷扬机、绞磨），将对好胶圈的插口拉入承口中，如图 5—11 所示。 安装一节管道后，当卸下安装工具时，接口有脱开的可能，故安装前应准备好配套工具，如用钢丝绳和捯链将安装好的管子锁住，见如图 5—12 所示。锁管时应在插口端作出标记，锁管前后均应检查使之符合要求
机械式接口 （"K"形接口）	机械式接口（"K"形接口）球墨铸铁管安装又称压兰式球墨铸铁管安装，是柔性接口，是将铸铁管的承插口加以改造，使其适应一个特殊形状的橡胶圈作为挡水材料，外部不需其他任何填料，不需要复杂的安装机具，施工简单。 （1）安装方法及要求。 1）按下管要求将管子和配件放入沟槽，不得抛掷管道和配件以及其他工具和材料。管道放入槽底时应将承口端的标志置于正上方。 2）压兰与胶圈定位。插口、压兰及胶圈定位后，在插口上定出胶圈的安装位置，先将压兰推入插口，然后把胶圈套在插口已定好的位置处。 3）刷润滑剂。刷润滑剂前应将承插口和胶圈再清理一遍，然后将润滑剂均匀地涂刷在承口内表面和插口及胶圈的外表面。 4）对口。将管子稍许吊起，使插口对正承口装入，调整好接口间隙后固定管身，卸去吊具。对口间隙见表 5—15。 5）临时紧固。将密封胶圈推入承插口的间隙，调整压兰的螺栓孔使其与承口上的螺栓孔对正，先用 4 个互相垂直方位的螺栓临时紧固。 6）紧固螺栓。将全部的螺栓穿入螺栓孔，并安上螺母，然后按上下左右交替紧固的顺序，对称均匀地分数次上紧螺栓。 7）检查。螺栓上紧后，用力矩扳手检验每个螺栓的扭矩。螺栓扭矩标准值见表 5—16。 （2）曲线安装。 机械式球墨铸铁管沿曲线安装时，接口的转角不能过大，接口的转角一般是根据管道的长度和允许的转角计算管端偏移的距离进行控制。机械式球墨铸铁管安装的允许转角和管端的偏移距离见表 5—17。

续上表

项　目	内　　容
机械式 （"K"形接口）	（3）注意事项。 1）管道安装前，应认真地对管道、管件进行检查、检验。 2）管道安装前，应将接口工作坑挖好。 3）管道的弯曲部位应尽量使用弯头，如确需利用管道接口借转时，管道转过的角度应符合表5—17的规定。 4）切管一定要用专用切割工具，切管后，应对管口进行清理，切口应与管轴线垂直。切口处如有内衬和防腐层损伤，应进行修补。管子切好后，应对切管部位的外周长和外径进行测量，测量结果应符合规定。 5）管道吊装运输时，应采用兜底两点平吊的方法，使用的吊具应不损伤管道和管件，管道和吊具之间要用柔韧、涩性好的材料予以隔垫。 6）橡胶圈应单独存放，妥善保管。在施工现场，应随用随从包中取出，暂不用的橡胶圈一定用原包装封好，放在阴凉、干燥处

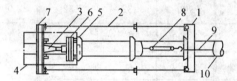

图5—9　千斤顶小车拉杆顶入法

1—卡具；2—钢拉杆（活接头组合）；3—螺旋千斤顶；4—双轮平板小车；5—垫木（一组）；

6—顶铁（一组）；7—后背工字钢（焊有拉杆接点）；8—捯链（卧放手拉葫芦）；

9—钢丝绳套子（遽子绳）；10—已安好的管子的第一节

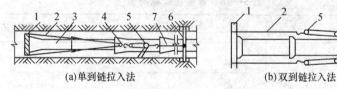

(a)单到链拉入法　　　　　(b)双到链拉入法

图5—10　捯链拉入法

1—管道垫木；2—钢丝绳；3—管子；4—滑轮；5—捯链；6—后背方木；7—钢筋拉杆

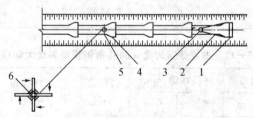

图5—11　牵引机拉入法

1—横木；2—钢丝绳；3—滑轮；4—转向滑轮；

5—转向滑轮固定钢丝绳；6—绞磨

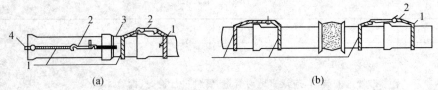

图 5—12   锁管

1—钢丝绳;2—捯链;3—环链;4—钩子

表 5—15   机械式球墨铸铁管安装允许对口间隙   （单位:mm）

公称直径	A 型	K 型	公称直径	A 型	K 型	公称直径	A 型	K 型
75	19	20	500	32	32	1500	—	36
100	19	20	600	32	32	1 600	—	43
150	19	20	700	32	32	1 650	—	45
200	19	20	800	32	32	1 800	—	48
250	19	20	900	32	32	2 000	—	53
300	19	32	1 000	—	36	2 100	—	55
350	32	32	1 100	—	36	2 200	—	58
400	32	32	1 200	—	36	2 400	—	63
450	32	32	1 350	—	36	2 600	—	71

表 5—16   螺栓扭矩标准值

螺母尺寸(mm)	螺栓规格	扭矩值(N·m)
24	M16	98
30	M20	176
36	M24	314
46	M30	588

表 5—17   曲线连接时允许的转角和管端的最大偏移值

公称直径 (mm)	允许转角 θ(°)	管道的允许偏移值(mm)			公称直径 (mm)	允许转角 θ(°)	管道的允许偏移值(mm)		
		4 m	5 m	6 m			4 m	5 m	6 m
75	500	35	—	—	1 000	1 500	—	—	19
100	500	35	—	—	1 100	140	—	—	17
150	500	—	44	—	1 200	130	—	—	15

续上表

公称直径 （mm）	允许转角 θ（°）	管道的允许偏移值（mm）			公称直径 （mm）	允许转角 θ（°）	管道的允许偏移值（mm）		
		4 m	5 m	6 m			4 m	5 m	6 m
200	500	—	44	—	1 350	120	—	—	14
250	400	—	35	—	1 500	110	—	—	12
300	320	—	—	35	1 600	130	10	13	—
350	450	—	—	50	1 650	130	10	13	—
400	410	—	—	43	1 800	130	10	13	—
450	350	—	—	40	2 000	130	10	13	—
500	320	—	—	35	2 100	130	10	13	—
600	250	—	—	29	2 200	130	10	13	—
700	230	—	—	26	2 400	130	10	—	—
800	210	—	—	22	2 600	130	10	—	—
900	200	—	—	21					

（3）室外消火栓及水表安装见表5—18。

表5—18　室外消火栓及水表安装

项目	内　容
消火栓安装	（1）严格检查消火栓的各处开关是否灵活、严密吻合，所配带的附属设备配件是否齐全。 （2）室外地下消火栓应砌筑消火栓井，室外地上消火栓应砌筑消火栓闸门井。在高级路面和一般路面上，井盖表面同路面相平，允许偏差±5 mm；明确规定时，井盖高出室外设计标高50 mm，并应在井口周围以2%的坡度向外做护坡。 （3）室外地下消火栓与主管连接的三通或弯头，下部带座和无座的，均应先稳固在混凝土支墩上，管下皮距井底不应小于0.2 m，消火栓顶部距井盖底部不应大于0.4 m，如果超过0.4 m，应增加短管，见图5—13。 图5—13　室外地下消火栓安装图（单位：mm） 1—地下式消火栓；2—弯管底座；3—法兰接管；4—圆形阀门井

续上表

项目	内 容
消火栓安装	(4)按本标准有关工艺要求,进行法兰闸阀、双法兰短管及水龙带接扣安装,接出的直管高于1 m时,应加固定卡子一道,井盖上铸有明显的"消火栓"字样。 (5)室外消火栓地上安装时,一般距地面高度450 mm,首先应将消火栓下部的弯头带底座安装在混凝土支墩上,安装应稳固,如图5—14所示。 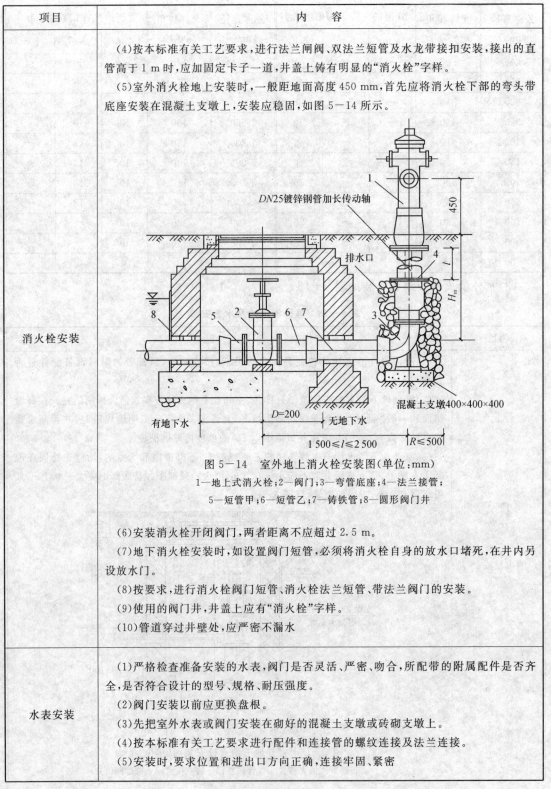 图5—14 室外地上消火栓安装图(单位:mm) 1—地上式消火栓;2—阀门;3—弯管底座;4—法兰接管; 5—短管甲;6—短管乙;7—铸铁管;8—圆形阀门井 (6)安装消火栓开闭阀门,两者距离不应超过2.5 m。 (7)地下消火栓安装时,如设置阀门短管,必须将消火栓自身的放水口堵死,在井内另设放水门。 (8)按要求,进行消火栓阀门短管、消火栓法兰短管、带法兰阀门的安装。 (9)使用的阀门井,井盖上应有"消火栓"字样。 (10)管道穿过井壁处,应严密不漏水
水表安装	(1)严格检查准备安装的水表,阀门是否灵活、严密、吻合,所配带的附属配件是否齐全,是否符合设计的型号、规格、耐压强度。 (2)阀门安装以前应更换盘根。 (3)先把室外水表或阀门安装在砌好的混凝土支墩或砖砌支墩上。 (4)按本标准有关工艺要求进行配件和连接管的螺纹连接及法兰连接。 (5)安装时,要求位置和进出口方向正确,连接牢固、紧密

图中标注:DN25镀锌钢管加长传动轴;排水口;混凝土支墩400×400×400;有地下水;无地下水;D=200;1 500≤l≤2 500;R≤500;450;H_m;l

(4)水压试验和管道冲洗见表5—19。

表5—19　水压试验和管道冲洗

项目	内　容
水压试验	对已安装好的管道应进行水压试验,试验压力值按设计要求及施工规范规定确定
管道冲洗	管道安装完毕,验收前应进行冲洗,使水质达到规定洁净要求,并请有关单位验收,作好管道冲洗验收记录

第二节　室外消防水泵接合器、消火栓安装

一、验收条文

室外消防水泵接合器、消火栓安装工程施工质量验收标准见表5—20。

表5—20　室外消防水泵接合器、消火栓安装工程施工质量验收标准

项目	内　容
主控项目	(1)系统必须进行水压试验,试验压力为工作压力的1.5倍,但不得小于0.6 MPa。 检验方法:试验压力下,10 min内压力降不大于0.05 MPa,然后降至工作压力进行检查,压力保持不变,不渗不漏。 (2)消防管道在竣工前,必须对管道进行冲洗。 检验方法:观察冲洗出水的浊度。 (3)消防水泵接合器和消火栓的位置标志应明显,栓口的位置应方便操作。消防水泵接合器和室外消火栓当采用墙壁式时,如设计未有要求,进、出水栓口的中心安装高度距地面应为1.10 m,其上方应设有防坠落物打击的措施。 检验方法:观察和尺量检查
一般项目	(1)室外消火栓和消防水泵接合器的各项安装尺寸应符合设计要求,栓口安装高度允许偏差为±20 mm。 检验方法:尺量检查。 (2)地下式消防水泵接合器顶部进水口或地下式消火栓的顶部出水口与消防井盖底面的距离不得大于400 mm,井内应有足够的操作空间,并设爬梯。寒冷地区井内应做防冻保护。 检验方法:观察和尺量检查。 (3)消防水泵接合器的安全阀及止回阀安装位置和方向应正确,阀门启闭应灵活。 检验方法:现场观察和手扳检查

二、施工工艺解析

(1)消防水泵接合器设置及安装见表5—21。

表 5—21　消防水泵接合器设置及安装

项目	内　　容
室外地下式消防水泵接合器安装	(1)阀门和接口本体应设置在预制好的支墩上。 (2)接口本体距设备井盖底部不大于400 mm。 (3)具体安装见图5—15,安装规格见表5—22。 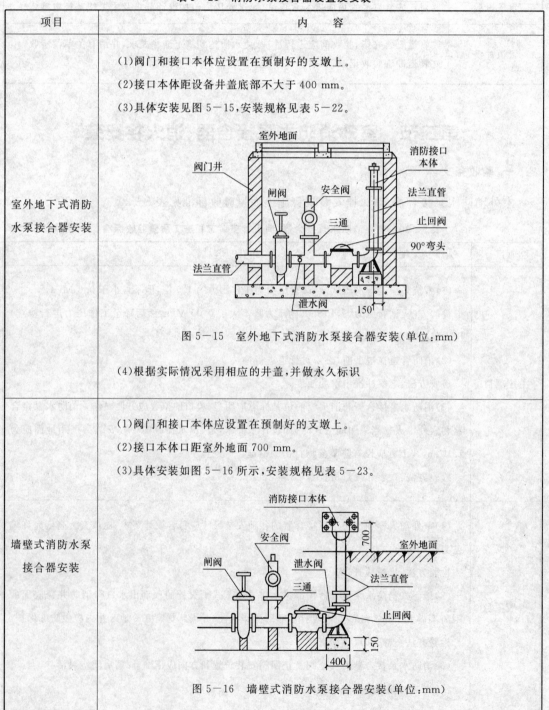 图5—15　室外地下式消防水泵接合器安装(单位:mm) (4)根据实际情况采用相应的井盖,并做永久标识
墙壁式消防水泵接合器安装	(1)阀门和接口本体应设置在预制好的支墩上。 (2)接口本体口距室外地面700 mm。 (3)具体安装如图5—16所示,安装规格见表5—23。 图5—16　墙壁式消防水泵接合器安装(单位:mm)

表5－22　室外地下式消防水泵接合器安装规格　　　　　　　（单位:mm）

名称	规格
消防接口本体	DN100 或 DN150
止回阀	DN100 或 DN150
安全阀	DN32
闸阀	DN100 或 DN150
三通	100×32 或 150×32
90°弯头	DN100 或 DN150
法兰直管	DN100 或 DN150
泄水阀	DN25
法兰直管	DN25
阀门井	DN100 或 DN150

表5－23　墙壁式消防水泵接合器安装规格　　　　　　　（单位:mm）

名称	规格
消防接口本体	DN100 或 DN150
止回阀	DN100 或 DN150
安全阀	DN32
闸阀	DN100 或 DN150
三通	100×32 或 150×32
法兰直管	DN100 或 DN150
泄水阀	DN100 或 DN150
法兰直管	DN100 或 DN150

（2）室外消火栓安装见表5－24。

表5－24　室外消火栓安装

项目	内　　容
消火栓的配置	为了满足灭火供给强度的需要,其配置要求见表5－25

续上表

项目	内　　容
地下消火栓规格及安装	(1)地下消火栓外形及参数。 地下消火栓的外形如图5-17所示,基本参数见表5-26。 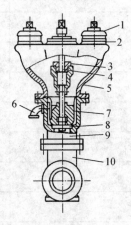 图5-17　SX65型地下消火栓(栓出口) 1—阀盖;2—出水口接口;3—阀杆螺母;4—阀杆;5—本体 6—排水阀;7—阀瓣;8—阀座;9—阀体;10—弯管 　　地下消火栓出水口径有单出口和双出口之分,且其出水口径大小也有区别,型号规格分别为SX100和SX65。在本体与阀体之间还可根据不同的管道埋深要求加接250~1 500 mm长的法兰接管(图5-17上未示出)。 (2)室外地下式消火栓安装。 1)具体安装如图5-18所示,规格见表5-27。 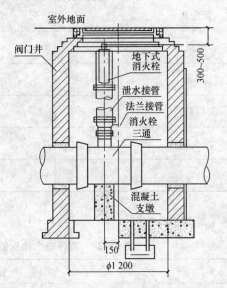 图5-18　室外地下式消火栓安装(单位:mm)

项目	内　　容
地下消火栓规格及安装	2)安装时,消火栓井内径为 φ1 200 mm,消火栓三通支墩规格为 240 mm×150 mm×300 mm混凝土支墩。 3)消火栓顶部应距室外地面 300～500 mm。 4)采用钢制三通时,其内外壁应做防腐处理
地上消火栓规格及安装	(1)地上消火栓外形及参数。 地上消火栓(SS型)的外形如图 5－19 所示,基本尺寸见表 5－28,基本参数见表 5－29。它的型号规格分别为 SS-100 及 SS-150。 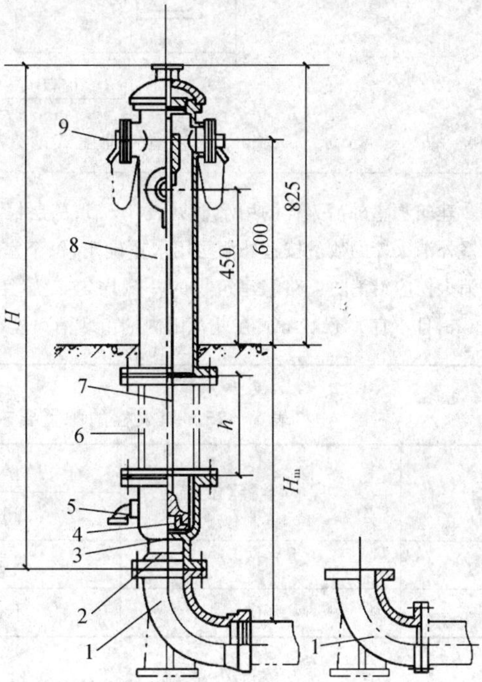 图 5－19　SS型地上消火栓(单位:mm) 1—弯管;2—阀体;3—阀座; 4—阀瓣;5—排水阀;6—法兰接管; 7—阀杆;8—本体;9—出水口接口 (2)室外地上式消火栓安装。 1)安装时,阀门井内径为 φ1 200 mm,阀门底下应用水泥砂浆砌筑 300 mm×300 mm×300 mm的砖支墩,弯管底座应浇筑 400 mm×400 mm×100 mm的混凝土支墩。 2)支墩应设置在夯实的基础或垫层上。 3)地面上消火栓口距地面 450 mm,其朝向应易操作、检修。 4)具体安装如图 5－20 所示,部件规格见表 5－30

项 目	内 容
地上消火栓规格及安装	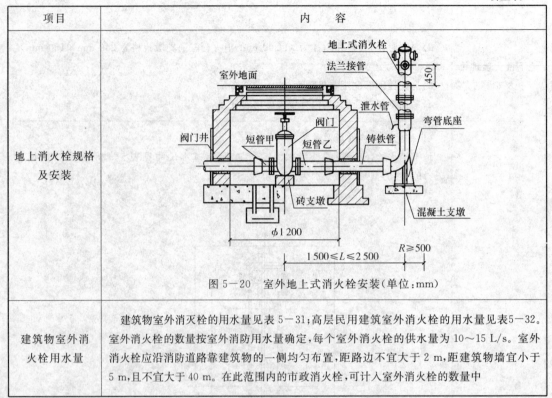 图 5—20　室外地上式消火栓安装(单位:mm)
建筑物室外消火栓用水量	建筑物室外消灭栓的用水量见表 5—31;高层民用建筑室外消火栓的用水量见表5—32。室外消火栓的数量按室外消防用水量确定,每个室外消火栓的供水量为 10~15 L/s。室外消火栓应沿消防道路靠建筑物的一侧均匀布置,距路边不宜大于 2 m,距建筑物墙宜小于5 m,且不宜大于 40 m。在此范围内的市政消火栓,可计入室外消火栓的数量中

表 5—25　消火栓的配置要求

公称压力(MPa)	保护半径(m)	配置要求	
		间距(m)	数量
1.0	150	不超过 120	按消火栓间距布置
1.6	60	不超过 60	

表 2—26　地下消火栓基本参数

公称通径(mm)	出水口径(mm)		公称压力(MPa)	开启高度(mm)	适用介质
	单出口	双出口			
100	100	65×65	1.0,1.6	50	水、泡沫混合液

表 5—27　室外地下式消火栓规格

名称	规格	
	1.0 MPa	1.6 MPa
地下式消火栓	SX100-1.0	SX100-1.6
消火栓三通	铸铁或钢制三通	钢制三通

续上表

名称	规格	
	1.0 MPa	1.6 MPa
法兰连接	—	
泄水管	—	
混凝土支墩	240 mm×150 mm×300 mm	
阀门井	φ1 200	

表 5-28　地上消火栓基本尺寸　　（单位:mm）

H	h	H_m 管道埋深
1 250	—	550
1 500	2 500	800
1 750	500	1 050
2 000	750	1 300
2 250	1 000	1 550
2 500	1 250	1 800
2 750	1 500	2 050
3 000	1 750	2 300
3 250	2 000	2 550
3 500	2 250	2 800

表 5-29　地上消火栓基本参数

公称通径(mm)	出水口径(mm)	公称压力(MPa)	开启高度(mm)	适用介质
100	100×65×65	1.0,1.6	50	水、泡沫混合液
150	150×65×65		55	

表 5-30　室外地上式消火栓各部件规格

名称	规格	
	1.0 MPa	1.6 MPa
地上式消火栓	SS100-1.0	SS100-1.6
阀门	Z45T-1.0Q,DN100	Z45T-1.6Q,DN100
弯管底座	DN100×90°承盘	DN100×90°双盘
法兰连接	—	
短管甲	DN100 mm	
短管乙	DN100 mm	
铸铁管	DN100 mm	
泄水管	—	
阀门井	φ1 200	
砖支墩	300 mm×300 mm×300 mm	
混凝土支墩	400 mm×400 mm×100 mm	

表5－31　建筑物的室外消火栓用水量

耐火等级	建筑物名称及类别		建筑物体积(m³)					
			≤1 500	1 501~3 000	3 001~5 000	5 001~20 000	20 001~50 000	>50 000
			一次灭火用水量(L/s)					
一、二级	厂房	甲、乙	10	15	20	25	30	35
		丙	10	15	20	25	30	40
		丁、戊	10	10	10	15	15	20
	库房	甲、乙	15	15	25	25	—	—
		丙	15	15	25	25	35	45
		丁、戊	10	10	10	15	15	20
	民用建筑		10	15	15	20	25	30
三级	厂房或库房	乙、丙	15	20	30	40	45	—
		丁、戊	10	10	15	20	25	35
	民用建筑		10	15	20	25	30	
四级	丁、戊类厂房或库房		10	15	20	25	—	—
	民用建筑		10	15	20	25	—	—

注:1. 室外消火栓用水量应按消防需水量最大的一座建筑物或一个防火分区计算。成组布置的建筑物应按消防需水量较大的相邻两座计算。

2. 水车站、码头和机场的中转库房,其室外消火栓用水量应按相应耐火等级的丙类物品库房确定。

3. 国家级文物保护单位的重点砖木、木结构的建筑物室外消防用水量,按三级耐火等级民用建筑物消防用水量确定。

表5－32　高层民用建筑消火栓给水系统的用水量

高层建筑类别	建筑高度(m)	消火栓用水量(L/s)		每根竖管最小流量(L/s)	每支水枪最小流量(L/s)
		室外	室内		
普通住宅	≤50	15	10	10	5
	>50	15	20	10	5
(1)高级住宅。 (2)医院。 (3)二类建筑的商业楼、展览楼、综合楼、财贸金融楼、电信楼、商住楼、图书馆、书库。 (4)省级以下的邮政楼、防灾指挥调度楼、广播电视楼、电力调度楼。 (5)建筑高度不超过50 m的教学楼和普通的旅馆、办公楼、科研楼、档案楼等	≤50	20	20	10	5
	>50	20	30	15	5

高层建筑类别	建筑高度(m)	消火栓用水量(L/s)		每根竖管最小流量(L/s)	每支水枪最小流量(L/s)
		室外	室内		
(1)高级旅馆。 (2)建筑高度超过50 m或每层建筑面积超过1 000 m² 的商业楼、展览楼、综合楼、财贸金融楼、电信楼。 (3)建筑高度超过50 m或每层建筑面积超过1 500 m² 的商住楼。 (4)中央和省级(含计划单列市)广播电视楼。	≤50	30	30	15	5
(5)网局级和省级(含计划单列市)电力调度楼。 (6)省级(含计划单列市)邮政楼、防灾指挥调度楼。 (7)藏书超过100万册的图书馆、书库。 (8)重要的办公楼、科研楼、档案楼。 (9)建筑高度超过50 m的教学楼和普通的旅馆、办公楼、科研楼、档案楼等	>50	30	40	15	5

注:建筑高度不超过50 m,室内消火栓用水量超过20 L/s,且设有自动喷水灭火系统的建筑物,其室内、外消防用水量可按本表减少5 L/s。

(3)室外消防系统见表5－33。

表5－33　室外消防系统

项目	内　　容
试压装置	根据调研及多年的工程实践,统一规定试验压力为工作压力的1.5倍,但不得小于0.6 MPa。这样既便于验收时掌握,也能满足工程需要。试压装置如图5－21所示 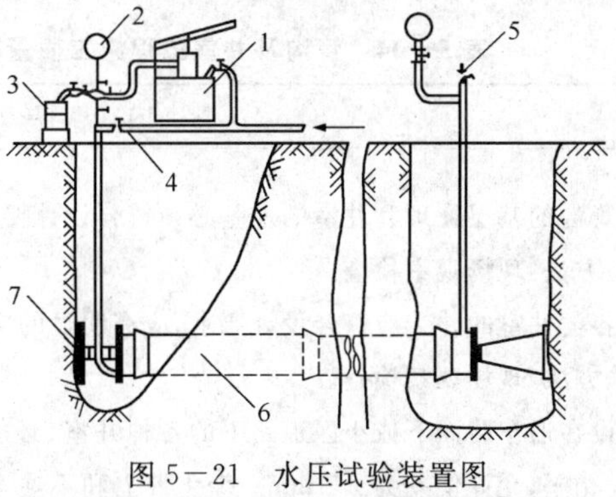 图5－21　水压试验装置图 1—手摇泵;2—压力表;3—量水箱;4—注水管; 5—排气阀;6—试验管段;7—后背

续上表

项　目	内　　　容
试压方法及 注意事项	灌水后,试压管段内应加压,在0.2～0.3 MPa水压下,浸泡2～3 d。其间对所有后背、支墩、接口、试压设备进行检查。试压方法及注意事项如下: 　　(1)应有统一指挥,明确分工,对后背、支墩、接口设专人检查。 　　(2)开始升压时,对两端管堵及后背应特别注意,发现问题及时停泵处理。 　　(3)应逐步升压,每次升压以0.2 MPa为宜,然后观察,如无问题,再继续加压。 　　(4)在试压时,后背、支撑附近不得站人,检查时应在停止升压后进行。 　　(5)冬期进行水压试验应采取防冻措施,如采取加厚回填土、覆盖草帘等。试压结束立即放空。 　　消防管道进行冲洗的目的是为保证管道畅通,防止杂质、焊渣等损坏消火栓,见图5-22 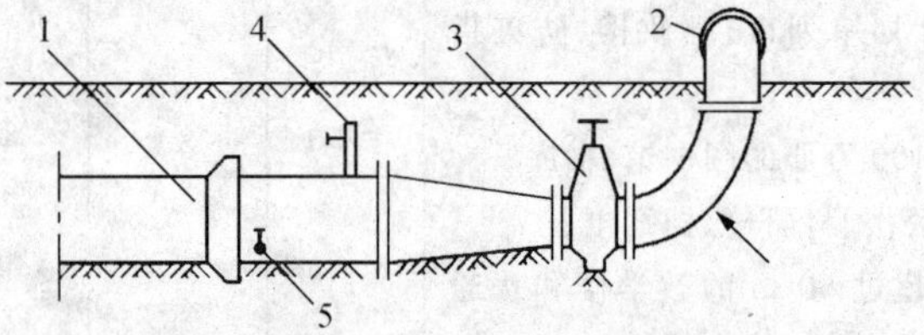 图5-22　冲洗管放水口 1—冲洗管;2—放水口;3—闸阀; 4—排水管;5—放水截门(取水样)

第三节　管沟及井室

一、验收条文

管沟及井室工程施工质量验收标准见表5-34。

表5-34　管沟及井室工程施工质量验收标准

类别	内　　　容
主控项目	(1)管沟的基层处理和井室的地基必须符合设计要求。 　检验方法:现场观察检查。 (2)各类井室的井盖应符合设计要求,应有明显的文字标识,各种井盖不得混用。 　检验方法:现场观察检查。 (3)设在通车路面下或小区道路下的各种井室,必须使用重型井圈和井盖,井盖上表面应与路面相平,允许偏差为±5 mm。绿化带上和不通车的地方可采用轻型井圈和井盖,井盖的上表面应高出地坪50 mm,并在井口周围以2%的坡度向外做水泥砂浆护坡。

类别	内　　容
主控项目	检验方法：观察和尺量检查。 （4）重型铸铁或混凝土井圈，不得直接放在井室的砖墙上，砖墙上应做不少于 80 mm 厚的细石混凝土垫层。 检验方法：观察和尺量检查
一般项目	（1）管沟的坐标、位置、沟底标高应符合设计要求。 检验方法：观察、尺量检查。 （2）管沟的沟底层应是原土层，或是夯实的回填土，沟底应平整，坡度应顺畅，不得有尖硬的物体、块石等。 检验方法：观察检查。 （3）如沟基为岩石、不易清除的块石或为砾石层时，沟底应下挖 100～200 mm，填铺细砂或粒径不大于 5 mm 的细土，夯实到沟底标高后，方可进行管道敷设。 检验方法：观察和尺量检查。 （4）管沟回填土，管顶上部 200 mm 以内应用砂子或无块石及冻土块的土，并不得用机械回填；管顶上部 500 mm 以内不得回填直径大于 100 mm 的块石和冻土块；500 mm 以上部分回填土中的块石或冻土块不得集中。上部用机械回填时，机械不得在管沟上行走。 检验方法：观察和尺量检查。 （5）井室的砌筑应按设计或给定的标准图施工。井室的底标高在地下水位以上时，基层应为素土夯实；在地下水位以下时，基层应打 100 mm 厚的混凝土底板。砌筑应采用水泥砂浆，内表面抹灰后应严密不透水。 检验方法：观察和尺量检查。 （6）管道穿过井壁处，应用水泥砂浆分两次填塞严密、抹平，不得渗漏。 检验方法：观察检查

二、施工工艺解析

（1）管沟施工要求见表 5-35。

表 5-35　管沟施工要求

项目	内　　容
沟槽断面形式	常用沟槽断面形式有直槽、梯形槽、混合槽等，如图 5-23 所示。 　(a)直槽　　　(b)梯形槽　　　(c)混合槽 图 5-23　管沟沟槽断面形式

续上表

项　目	内　　容
沟槽断面形式	合理选择沟槽断面形式,可以为管道安装创造便利作业条件,保证施工安全,减少土方量的开挖,加快施工进度。选定沟槽断面应考虑以下因素土壤的种类、沟管截面尺寸、水文地质条件、施工方法和管道埋深等因素
测量放线	室外地下管线按照设计位置和高程敷设在地下面,通常采取坡度板法,如图 5—24 所示。 在挖槽时,由测量人员埋设坡度板,给水管道一般每隔 20 m 设置 1 块;排水管道每隔 10 m 设置 1 块。若遇有阀门、消火栓、三通、检查井等处增设坡度板。 图 5—24　管沟坡度板 1—坡度板;2—中心钉;3—高程钉;4—立板 坡度板之间中心钉连线即为管道轴线位置,坡度板之间高程钉的连线即为管内底的平行坡度线。安管时,从坡度线上取一下反常数,垂直放入管内底中心处,即可控制管道高程
沟槽开挖尺寸	(1)按当地冻结层深度,通过计算决定沟槽开挖尺寸(见表 5—36): $d<300$ mm 时为 $d+$ 管皮 $+$ 冻结深 $+0.2$ m; $d>300$ mm 时为 $d+$ 管皮 $+$ 冻结深; $d>600$ mm 时为 $d+$ 管皮 $+$ 冻结深 -0.3 m。 管径(mm)　　　　　　　　沟底宽(m) 50～75　　　　　　　　　　0.5 100～300　　　　　　　　　管径+0.4 350～600　　　　　　　　　管径+0.5 700～1 000　　　　　　　　管径+0.6 (2)按设计图纸要求及测量定位的中心线,依据沟槽开挖计算尺寸,撒好灰线。当设计无规定时,其沟槽底的宽度应符合表 5—37 的要求
沟槽开挖施工要求	(1)按人数和最佳操作面划分段,沿灰线直边切出沟槽边轮廓线,按照从深到浅的顺序进行开挖。

项 目	内 容
沟槽开挖施工要求	(2)一、二类土可按 30 cm 分层逐层开挖,倒退踏步形挖掘,三、四类土先用镐翻松,再按 30 cm 左右分层正向开挖。 (3)每挖 1 层清底 1 次,挖深 1 m 切坡成形 1 次,并同时抄平,在边坡上打好水平控制小木桩。 (4)挖掘管沟和检查井底槽时,沟底留出 15~20 cm 暂不挖。待下道工序进行前,按事前抄好平的沟槽木桩挖平,如果个别地方因不慎破坏了天然土层,须先清除松动土壤,用砂或砾石填至标高。 (5)岩石类的管基填以厚度不小于 100 mm 的砂层或砾石层。 (6)在遇有地下水时,排水或人工抽水应保证在下道工序进行前将水排除。 (7)为了防止塌方,沟槽开挖后应留有一定的边坡,边坡的大小与土质和沟深有关,当设计无规定时,深度在 5 m 以内的沟槽,最大边坡应符合表 5-38 的规定。 (8)为便于管段下沟,挖沟槽的土应堆放在沟的一侧,且土堆底边与沟边应保持一定距离。 (9)机械挖槽应确保槽底土层结构不被扰动或破坏,用机械挖槽或开挖沟槽后,当天不能下管时,沟底应留出 0.2 m 左右一层不挖,待铺管前人工清挖。 (10)沟槽开挖时,如遇有管道、电缆、建筑物、构筑物或文物古迹应予保护,并及时与有关单位和设计部门联系,严防事故发生造成损失。 (11)沟底要求是坚实的自然土层,如果是松散的回填土或沟底有不易清除的石块时,都要进行处理,防止管子产生不均匀下沉而造成质量事故。松土层应夯实,加固密实,对块石则应将其上部铲除,然后铺上一层大于 150 mm 厚度的回填土整平夯实或用黄砂铺平。管道的支撑和支墩不得直接铺设在冻土和未经处理的松土上。 (12)沟槽检验合格后,即可开挖操作坑。先根据单根管子长度在沟中准确量得各管接口的位置,并作上标记(注意各部件、附件的长度和操作坑的位置),再画出各操作坑的实挖位置。操作坑的大小和深度因土质、管径、接口方法的差异而不同,一般以方便操作为宜
沟槽回填	给水管道的回填应分两次,首次回填在安管之后试压之前先将管道两侧和高出管顶 0.5 m 以内进行回填,其管道接口部位不得回填,以便水压试验时观察。试压合格后,再进行沟槽其余部位的回填。 (1)管道两侧回填。 1)回填清理沟内杂物,严禁带水回填。 2)管顶上部 200 mm 以内应用砂子或无块石及冻土块的土回填。 3)只能采用人工夯实,每层厚度 150 mm 以内,做到夯夯相接。 4)管道两侧应对称回填,防止管道产生位移。 (2)管顶以上回填。 1)管顶以上 500 mm 以内不得回填直径大于 100 mm 的石块和冻土块;500 mm 以上部分回填土中的石块冻土块不得集中。

续上表

项目	内 容
沟槽回填	2)管顶以上500 mm采用人工分层回填,摊铺厚度200 mm以内;超过管顶500 mm以上时,可采用蛙式打夯机,每层厚度300 mm以内。其压实度应达到规定要求。 (3)井室周围回填。 1)路面范围内的井室周围,应采用石灰土、砂、砂砾等材料回填,其宽度不小于400 mm。 2)井室周围的回填,应与管道回填同时进行,若不同时,应留台阶形接茬。 3)井室回填压实应对称进行,防止井室移位。 (4)沟槽回填要求。 沟槽回填要求见表5—39

表5—36 管道沟槽尺寸   (单位:m)

管径(mm)	沟宽	下口宽	上口宽					
			坡 度					
			1：0.15	1：0.2	1：0.3	1：0.4	1：0.5	1：0.6
50～75	1.80	0.50	1.04	1.22	1.58	1.94	2.30	2.66
100	1.80	0.50	1.04	1.22	1.58	1.94	2.30	2.66
125	1.85	0.53	1.08	1.27	1.64	2.01	2.38	2.75
150	1.90	0.55	1.12	1.31	1.69	2.07	2.45	2.83
200	1.90	0.60	1.17	1.39	1.74	2.12	2.50	2.88
250	1.95	0.65	1.24	1.43	1.82	2.21	2.60	2.99
300	1.80	0.70	1.24	1.42	1.78	2.14	2.50	2.86
350	1.85	0.85	1.41	1.59	1.96	2.33	2.70	3.07
400	1.90	0.90	1.47	1.66	2.04	2.42	2.80	3.18
450	1.98	0.95	1.54	1.74	2.14	2.53	2.93	3.33
500	2.00	1.00	1.60	1.80	2.20	2.60	3.00	3.40
600	2.10	1.00	1.73	1.94	2.39	2.78	3.20	3.62

续上表

管径(mm)	沟宽	下口宽	上口宽					
			坡度					
			1：0.15	1：0.2	1：0.3	1：0.4	1：0.5	1：0.6
700	1.90	1.30	1.87	2.06	2.44	2.83	3.30	3.58
800	2.00	1.40	2.00	2.20	2.60	3.00	3.40	3.80
900	2.14	1.50	2.14	2.36	2.78	3.21	3.64	4.07
1 000	2.24	1.60	2.27	2.50	2.94	3.39	3.84	4.29

表 5－37　沟槽底宽尺寸

管材名称	管径(mm)				
	50～75	100～200	250～350	400～450	500～600
铸铁管、钢铁、石棉、水泥管	0.70	0.80	0.90	1.10	1.50
陶土管	0.80	0.80	1.00	1.20	1.60
钢筋混凝土	0.90	1.00	1.00	1.30	1.70

注：1. 当管径大于 1 000 mm 时，对任何管材沟底净宽均为 D_w＋0.6 m（D_w 为管箍外径）。

　　2. 当用支撑板加固管沟时，沟底净宽加 0.1 m；当沟深大于 2.5 m 时，每增深 1 m，净宽加 0.1 m。

　　3. 在地下水位高的土层中，管沟的排水沟宽为 0.3～0.5 m。

表 5－38　深度在 5 m 以内的沟槽最大边坡坡度（不加支承）

土的类别	边坡坡度		
	人工挖土，并将土抛于沟边上	机械挖土	
		在沟底挖土	在沟上挖土
砂土	1：1.00	1：0.75	1：1.00
粉质砂土	1：0.67	1：0.50	1：0.75
粉质黏土	1：0.50	1：0.33	1：0.75
砂粒土	1：0.33	1：0.25	1：0.67
含砾石、卵石	1：0.67	1：0.50	1：0.75
泥炭岩白土	1：0.33	1：0.25	1：0.67
干黄土	1：0.25	1：0.10	1：0.33

注：1. 如人工挖土不把土抛于沟槽上边而随时运走时，即可采用机械在沟底挖土的坡度。

　　2. 表中砂土不包括细砂和松砂。

　　3. 在个别情况下，如有足够依据或采用多种挖土机，均可不受本表的限制。

　　4. 距离沟边 0.8 m 以内，不应堆集弃土和材料，弃土堆置高度不超过 1.5 m。

表 5－39　沟槽回填要求

回填部位	压实度	
管道两侧回填	压实度应达到 95%	
管顶以上 0.5 m 以内	压实度应达到 87%	
管顶以上 0.5 m 至地面	当年修路时	压实度应达 95%
	当年不修路时	压实度应达 90%

(2)井室施工要求见表 5－40。

表 5－40　井室施工要求

项目	内容
井室砌筑	(1)井室的施工应遵守管沟施工的有关规定。 (2)在井室砌筑时,应同时安装爬梯,其位置应准确,安装应牢固。在砌筑砂浆未达到规定抗压强度前不得踩踏。 (3)在砌筑井室时应按要求安装预留套管,管道与井壁衔接处应用水泥砂浆分两次填塞密实。 (4)砌筑圆形井室时,应随时检测直径尺寸,当四面收口时,每层收进不应大于 30 mm;当偏心收口时,每层收进不应大于 50 mm。外缝应用砖渣嵌平,平整大面向外,上下两层砖间竖缝应错开。 (5)井室的内壁应采用水泥砂浆勾缝。有抹面要求时,内壁抹面应分层压实,外壁应采用水泥砂浆勾缝挤压密实。 (6)给水管道的井室安装闸阀时,井底距承口或法兰盘的下缘不小于 100 mm,井壁与承口或法兰盘外缘的距离,当管径小于或等于 450 mm 时,不应小于 250 mm;当管径大于或等于 450 mm 时,不应小于 350 mm
抹面	(1)墙体表面粘接的杂物应清理干净,并洒水湿润。 (2)水泥砂浆抹面宜分两道抹成,第一道抹成后应刮平并使表面形成粗糙纹,第二道砂浆抹平后,应分两次压实抹光。 (3)抹面应压实抹平,施工缝留成阶梯形;接茬时,应先将留茬均匀涂刷水泥浆 1 道,并依次抹压,使接茬严密;阴阳角应抹成圆角。 (4)抹面砂浆终凝后,应及时保持湿润养护
预制板安装	(1)管沟预制板应在符合要求的预制构件厂加工制作,并有出厂合格证和相应检测证明。 (2)按设计吊点起吊、搬运和堆放,不得反向放置。 (3)搁置预制板的墙体顶面应找平。预制板安装前,墙顶应清扫干净,洒水湿润。安装时应坐浆,当设计无具体要求时,应采用 M2.5 的水泥砂浆。 (4)预制板安装的板缝宽度应均匀一致,吊装时应轻放,不得碰撞。 (5)板缝及板端的三角灰应采用水泥砂浆填抹密实。 (6)预制板就位后吊环应卧平

第四节　室外排水管道安装

一、验收条文

(1)室外排水管道安装工程施工质量验收标准见表5—41。

表5—41　室外排水管道安装工程施工质量验收标准

类别	内　　　容
主控项目	(1)排水管道的坡度必须符合设计要求,严禁无坡或倒坡。 检验方法:用水准仪、拉线和尺量检查。 (2)管道埋设前必须做灌水试验和通水试验,排水应畅通,无堵塞,管接口无渗漏。 检验方法:按排水检查井分段试验,试验水头应以试验段上游管顶加1 m,时间不少于30 min,逐段观察
一般项目	(1)管道的坐标和标高应符合设计要求,安装的允许偏差应符合表5—42的规定。 (2)排水铸铁管采用水泥捻口时,油麻填塞应密实,接口水泥应密实饱满,其接口面凹入承口边缘且深度不得大于2 mm。 检验方法:观察和尺量检查。 (3)排水铸铁管外壁在安装前应除锈,涂二遍石油沥青漆。 检验方法:观察检查。 (4)承插接口的排水管道安装时,管道和管件的承口应与水流方向相反。 检验方法:观察检查。 (5)混凝土管或钢筋混凝土管采用抹带接口时,应符合下列规定。 1)抹带前应将管口的外壁凿毛,扫净,当管径小于或等于500 mm时,抹带可一次完成;当管径大于500 mm时,应分二次抹成,抹带不得有裂纹。 2)钢丝网应在管道就位前放入下方,抹压砂浆时应将钢丝网抹压牢固,钢丝网不得外露。 3)抹带厚度不得小于管壁的厚度,宽度宜为80~100 mm。 检验方法:观察和尺量检查

(2)室外排水管道安装的允许偏差和检验方法见表5—42。

表5—42　室外排水管道安装的允许偏差和检验方法

项次	项目		允许偏差(mm)	检验方法
1	坐标	埋地	100	拉线尺量
		敷设在沟槽内	50	

续上表

项次	项目		允许偏差（mm）	检验方法
2	标高	埋地	±20	用水平仪、拉线和尺量
		敷设在沟槽内	±20	
3	水平管道纵横向弯曲	每5m长	10	拉线尺量
		全长（两井间）	30	

二、施工材料要求

室外排水管道安装工程施工材料要求见表5—43。

表5—43　室外排水管道安装工程施工材料要求

项目	内　容
室外排水管道	室外排水管道应采用混凝土管、钢筋混凝土管、排水铸铁管或塑料管。常用的塑料管有 UPVC 塑料管道、ABS 塑料管道、HDPE 双壁螺纹管等。管材、管件、胶圈等材料，应符合设计要求和现行产品标准，宜用同一厂家产品，应有出厂合格证、相关部门的检测报告和产品性能说明书，并应标明生产厂家、规格和生产日期
管材	管材的外观结构应特征明显、颜色一致、内壁光滑，端面应平整，与管中心轴线垂直，管材长度方向不应有明显的弯曲现象，外观光泽、顺直、无裂纹、毛刺、气泡、脱皮和痕纹及可见的缺损，壁厚均匀直管扰度不大于1‰，有良好的抗冲击性好如耐腐蚀性。钢筋混凝土管、混凝土管的表面应无裂纹、无蜂窝麻面、无缺损，颜色均匀一致
平接管口的胶圈	平接管口所用的胶圈，必须与管材规格配套，严禁使用不与管材配套的密封胶圈；接口哈夫保护箍必须与橡胶圈及管材配套，紧密结合；密封胶圈外观应光滑平整，不得有气孔、裂缝、卷褶、破损等现象，发现上述缺陷的密封胶圈一律禁止使用
管材管件运输、装卸	管材管件在运输、装卸、堆放时，严禁抛落、拖滚及管材相互撞击；管材如长时间保存，宜放置于棚库内，如露天堆放，应加以遮盖，不得受日光长时间暴晒，管道应堆放在平整的地面上，堆放高度不超过2.5m，并应远离火源（热源）、化学品及油品存放地，存放温度应不超过30℃
胶黏剂	胶黏剂宜采用同一厂家产品，符合有效的使用期，具备出厂合格证和检测报告，合格证上应表明生产日期
辅料	辅料：黏结剂、型钢、卡架、螺栓螺母、清洗剂、砂纸、沥青油膏、橡胶圈、石棉绒、密封胶圈、灰口铸铁压兰、螺栓螺母、密封橡胶套、不锈钢管箍、水泥、油麻、膨胀水泥、防水油膏、防锈漆、沥青漆、玻璃布等，质量都必须符合设计及相应产品标准的要求、规定
验收	所有材料、成品、半成品、配件、器具和设备进场时应对品种、规格、外观等进行验收，包装应完好，表面无划痕及外力冲击破损，无腐蚀，并经监理工程师核查确认

三、施工机械要求

室外排水管道安装工程施工机械要求见表5－44。

表5－44　室外排水管道安装工程施工机械要求

项目	内　　容
机械	打夯机、压路机、搅拌机、挖土机、推土机、吊车、手电钻、冲击钻、砂轮锯、电焊机、套丝机、手动葫芦等
工具	大锤、錾子、捻凿、麻钎、压力案、管钳、手锯、铣口器、毛刷、非金属大绳、小线、厂家提供的配套工具等
量具及其他	水平尺、钢卷尺、压力表、线坠、小线等

四、施工工艺解析

室外排水管道安装工程施工工艺解析见表5－45。

表5－45　室外排水管道安装工程施工工艺解析

项目	内　　容
安装准备	（1）认真熟悉本专业和相关专业图纸,施工图纸已经设计、建设以及施工单位会审,并办理了图纸会审记录。 （2）依据图纸会审、设计交底,编制施工组织设计、施工方案,进行技术交底。 （3）根据施工图纸及现场实际情况绘制施工草图。然后按照施工图纸和实际情况测量预留孔口尺寸,绘制管沟、管线节点详图和管道施工草图,并注明实际尺寸
管道预制加工	（1）检查管材、管件的接口质量,磨合度及偏差配合。 （2）按照管沟、管线节点详图和管道施工草图,并注明实际尺寸进行断管。 （3）按照不同管材的连接要求,根据施工现场的实际情况在管沟外进行预连接
定位放线	（1）根据地下原有构筑物、管线和设计图纸,充分分析、合理布局,管道布置遵循小管让大管、有压让无压、新管让原有管、临时让永久、可弯管让不能弯管道原则;充分考虑现行规范要求的各种管线间距要求、现有建筑物和构筑物进出口管线的标高和坐标、堆土、堆料、运料、下管区间等。 （2）按照交接的永久性水准点,将施工水准点设在稳固和通视的位置,尽量设置在永久性建筑物、距沟边10 m的位置,水准点的闭合差应符合规定;新建排水管道及构筑物与地下原有管道或者构筑物交叉点处要设置明显标记;要认真核对新旧排水管道的管底标高是否合适。

续上表

项　目	内　　容
定位放线	（3）根据设计坡度计算挖槽深度，放出挖槽线，沟槽深度必须大于当地冻土层深度；测量污水井以及附属构筑物的位置。 （4）混凝土排水管道，在开槽前应控制好管道中心线、高程、坡度，槽深在 2.5 m 以内时，应于开槽前在槽口上每隔 10～15 m 埋设一块坡度板，埋设要牢固，顶面要保持水平，在坡度板上设置坡度钉，坡度钉钉好之后，立尺于坡度钉上，检查实读前视与应读前视是否一致
管沟开挖	（1）槽底开挖宽度等于管道结构基础宽度加两侧工作面宽度，两侧工作面宽度不应小于 300 mm；人工开槽时，宜将槽上部混杂土与槽下的土分开堆放，人工挖槽深度宜为 2 m 左右，人工开挖多层槽的层间留台宽度应不小于 500 mm；用机械开槽或者开挖槽后，当天不能进行下道工序时，沟底应留出 200 mm 左右的土不挖，待下道工序施工前人工清底。 （2）沟槽土应堆在沟的一侧，以便于下道工序施工；堆土底边与沟边应保持一定的距离，不得小于 1 m，高度应小于 1.5 m；堆土严禁掩埋消火栓、地面井盖以及雨水口，不得掩埋测量标志及道路附属的构筑物等。 （3）沟槽边坡的大小与土质和沟深有关，当设计无规定时，应符合表 5－38、表 5－46 和表 5－47 的规定。 （4）设基础的重力流管道沟槽槽底高程的允许偏差为 ±10 mm；非重力流无管道基础的沟槽槽底高程的允许偏差为 ±20 mm。 （5）开挖沟槽时，遇有事先没有探明的其他管道及地下构筑物时，应予以保护，并及时与有关单位和设计部门联系协同处理
基底处理	（1）沟底如有不易清除的石块、碎石、砖块等坚硬物体时应铲除，到设计标高以下 200 mm 后铺上砂石料，面层铺上砂土整平夯实。 （2）基础垫层应夯实紧密，表面平整，超挖回填部分也应夯实。如果局部超挖或发生扰动，槽底有地下水或者基底土壤含水量较大，可铺上粒径为 10～15 mm 的砂石料或中、粗砂，并整平夯实；含水量接近最佳含水量的疏干槽超挖小于或等于 150 mm 时，可用含水率接近的原土回填夯实，或者用石灰土处理，其压实度不应低于 95%。 （3）排水不良造成基底土壤扰动时，深度在 100 mm 以内，可换砂石或者砂砾石处理；深度在 300 mm 以内，但下部坚硬时，可换大卵石或填石块，并用砾石填充空隙和找平层。 （4）管道基础的接口部位，应挖预留凹槽以便接口操作，凹槽宽度为 400～600 mm，槽深度为 50～100 mm，槽长度约为管道直径的 1.1 倍，凹槽在接口完成后，随即用砂石料填实。 （5）管道基础，应按设计要求铺设，基底毛垫层厚度应不小于设计规定，如果设计没有规定时，应按下面要求执行，$DN315$ mm 以下为 100 mm，$DN600$ mm 以下为 150 mm。 （6）对槽宽、基础垫层厚度、基础表面标高、排水沟畅通情况、沟内是否有污泥杂物、基面有无扰动等作业项目，应分别验收，合格后才能进行下一道工序，槽底不得受水浸泡或冻伤

项　目	内　　　容
施工排水（降水）	（1）对地下水位高于开挖沟槽槽底的地区，施工时应采取降水措施，防止沟槽失稳。 （2）排水管道邻近建筑物的地方，降低水位时，应采取预防措施，防止对建筑物产生影响。 （3）降低地下水位的方法，应根据土层的渗透能力、降水深度、设备条件等选用
管道安装	（1）主管道安装，首先将预制好的管段按照编号运至安装部位；各管道连接时，必须按照连接工艺依次进行，保证顺直、坡度均匀、预留位置准确，承口朝向来水；主管道安装完毕后，依设计图纸和规范安装支架，做好临时封堵和局部灌水试验。 （2）分支管道安装，根据室内排出管道位置，参照室外管线图，确定建筑物外排水管道井位置；安装前一定要核实管道承口朝向、标高、坡度，以便管井的砌筑；分支管按水流方向敷设，根据管段长短调整坡度，分支管穿越管沟和道路的地方要埋设金属套管，然后设置管卡固定。 （3）室外管井连接，根据设计图纸确定管井位置、标高。砌筑时要保护好分支管甩口，排水管应伸进管井 $80\sim120$ mm，将管口四周抹齐，套管用水泥抹平，井底流槽与管内壁接合平顺。 （4）管道及各种配件运抵现场，应检查规格、型号是否与设计相符，目测管道是否损伤，是否符合设计；在铺管前，应根据设计要求，对管材及连接管件类型、规格、数量进行检验和外观检查。 （5）搬运管材，一般可用人工搬运，必须轻抬，轻放，禁止在地面上拖拉、滚动或用铲车，叉车拖拉机牵引等方法搬运管材。 （6）下管作业中，必须保证沟槽排水畅通，严禁泡槽。雨期施工时，应注意防止管材漂浮，管材安装完毕尚未还土回填时，一旦沟槽遭到水泡，应进行中心线和管顶高程复测和外观检查，发生位移、漂浮、错口现象，应作返工处理。 （7）$DN600$ mm 以下的管材一般可采用人工下管，有人抬管的两端传递给槽底的施工人员。明开槽，槽深大于 3 m 或管径 $DN400$ mm 的管材可用非金属绳索溜管，用非金属绳索系住管材两侧 1/4 管长处，保持管身平衡匀速溜放，使得管材平稳地放在沟槽线位上。禁止用绳索勾住两端管口或将管材自槽边翻滚抛入槽中。混合开槽或支撑开槽，应支撑影响宜采用从槽的一端集中下管，在槽底将管材运至安装位置进行安装作业，注意插口朝向水流方向。 （8）非金属管道（塑料管、复合管）。 1）橡胶圈接口连接。 ①接口前，应先检查密封胶圈是否配套完好，确认密封胶圈的安装位置，然后将接口范围内的工作面用棉纱清理干净，不得有泥土等杂物。 ②接口作业时，应先将密封胶圈严密的套在一侧管口，调整另一侧管道，使得两侧管道在同一轴线上，然后套上橡胶密封圈，调整橡胶密封接圈使其与管道外壁结合紧密，最后套上外固管箍。 2）电熔接口连接。 ①连接前，应作常规检查，检查电熔丝是否完整，承插口是否有损伤，并记录编号。 ②连接作业时，先将承口电熔丝区和插口外表面用擦布或毛刷清理干净，再用 95%

续上表

项目	内 容
管道安装	的工业酒精擦拭,连接区不得有水油泥土等杂物。然后将插口端中心再对准承口端中心,相连两管上分别系上软绳索,将管子套紧,用手动葫芦将管道插口拉入被连接管道的承口,使之紧密配合,并在管内焊接区安装涨紧内撑环。 ③将锁紧钢带套在承口端固定槽内打紧并锁住,再将承口端预埋的电熔丝的两个线头擦净,与电熔焊机的适配器插接,用螺钉紧固。启动电熔焊机,根据设定的电压和参数,电熔焊接机开始工作,当焊接达到给定的时间,电熔焊接机自动停止,待管道冷却后,拆下锁紧钢带,适配器及内撑环,进行下一个接口的焊接,焊接时使用的电源为交流两相380 V±10 V。 (9)金属管道。 1)管道防腐。焊接口处要预留50~80 mm的施焊作业面,待焊接完成后进行二次防腐处理,内壁采用拉膛的方法进行防腐处理;管道焊接完毕以后,如果管底距沟地面太近,可采用油毡兜抹法进行焊口防腐处理。 2)根据管道长度,以尽量减少固定(死口)接口、承口集中设置为原则,在切割处做好标记,切割采用机械或者手工切割,应将切割口内外清理干净。 3)向沟内下管前,应在管沟内的管端接口处或钢管焊接处,挖好工作坑,坑的尺寸见表5-48。 4)在管沟内进行捻口前,先将管道调直、找正,用捻凿将承口缝隙找均匀,把油麻打实,管道两侧用土培好,以防止捻灰口时管道位移。捻口时先将油麻打进承口内,一般打两圈为宜,约为承口深度的1/3,然后将油麻打实,边打边找正、找平。 5)拌和捻口灰应随拌随用,拌好的灰应控制在1.5 h内用完为宜,同时要根据气候条件适当调整用水量,将水灰比1:9的水泥捻口灰拌好,放在承插口下部,由上而下,分层用手锤、捻凿打实,直至捻凿打在灰口上有回弹的感觉为合格。 (10)混凝土排水管道。 1)基底钎应根据设计图纸要求进行,如设计无要求时,无需进行基底钎探;如遇松软土层、杂土层等深于槽底标高时,应予以加深处理。 2)打钎可采用人工打钎,直径25 mm,钎头为60°尖锤状,长多为20 m,打钎用10kg的穿心锤,重锤高度500 mm,打钎时一般分五步打,每贯入300 mm,记录一次,填入相应表格,钢钎上留500 mm;钎探后钎孔要进行灌砂,钎孔的布置见表5-50。 3)管道下槽前应检查垫层标高、中心线位置是否符合设计;垫层强度是否达到设计强度的50%。 4)稳管前必须内外清理干净,两侧必须设置保险杠,防止管从垫块上滚下伤人;管径小于700 mm时可不留间隙;管道铺好后,必须用预制锲块等将管的两侧卡牢、固定;管道铺好后应及时灌注混凝土管座。 5)管道接口一般分两种方式,抹带和承插。 ①抹带。 a. 接口用水泥砂浆配合比应符合设计要求,当设计无规定时,嵌缝、抹带砂浆可采用水泥:砂子质量比为1:2.5,水灰比不应大于0.5。 b. 抹带宜在灌注管座混凝土以后进行。 c. 污水管口外壁凿毛后应洗刷干净,并刷水泥浆一道,放上钢丝网,抹水泥砂浆。

续上表

项目	内　容
管道安装	d. 管径小于或等于 500 mm,抹带宜一次抹压完成。 e. 抹带完成后,应立即进行养护。 f. 管座混凝土在常温下 4～6 h 拆除模板,拆模时应保护抹带的边角不受破坏。 ②承插。 a. 接口前应将承口内部和插口外部清洗干净,将胶圈套在插口端部,胶圈应保持平正,无扭曲现象。 b. 对口时将管子稍微吊离槽底,使插口胶圈准确地对入承口锥面内。 c. 利用边线调整管道位置。 d. 认真检查胶圈与承口接触是否均匀紧密,不均匀时应进行调整,以便安装时胶圈准确入位。 e. 安装接口时,顶拉速度应缓慢,并设专人检查胶圈就位情况,发现就位不均匀,应马上停止顶拉,调整胶圈位置均匀后,再继续顶拉,胶圈到达承、插口工作面预定的位置后,停止顶拉,立即用机具降解扣锁定,连续锁定接口不少于两个。 6)沥青油膏、套环节口目前使用较少,如设计采用此接口应按产品说明和设计要求进行施工。 7)当管径小于 400 mm 时,管道施工可以采用"四合一"施工法,即垫层混凝土、管道敷设、管座混凝土、接口抹带四个工序连续作业
管沟回填	(1)管沟回填应在灌水试验完成后进行,中间层用素土和粗砂沿管线两侧、对称分层回填并夯实;每层回填 150～200 mm 为宜,管顶 500 mm 以内,宜回填粗砂石、素土,必须人工回填、人工夯实;管顶 700 mm 以上可用机械回填,但必须从管向两侧同时碾压。 (2)沟槽内如果有支撑,随回填同时拆除,横撑板的沟槽,线支撑后回填,自上而下拆除支撑;若采用支撑板或桩板时,可在回填土过半时再拔出,然后立即灌砂充实;如支撑不安全可以保留支撑。 (3)混凝土排水管道回填还应遵照以下要求。 1)虚铺厚度设计无要求时每层回填 200～300 mm 为宜,机械夯实不大于 300 mm,人工夯实不大于 200 mm。 2)管顶 500 mm 以内,宜回填粗砂石、素土,必须人工回填、人工夯实,回填土不得含有机物、冻土及大于 50 mm 的砖、石头等;管顶 500 mm 以上可用机械回填,回填土含有的砖、石头等硬物不得大于 100 mm,而且必须从管向两侧同时碾压;抹带接口、防腐层周围等部位,应采用细粒土回填
施工试验及验收	(1)排水管道安装完毕后,必须进行灌(通)水试验。 (2)全部预留孔应用钢质堵板封堵严密,不得渗水,管井出口处已封闭。按排水段进行分段试验,试验水头应以试验段上游管顶加 1 m,向管内充水,管道充满水后,浸泡时间不得少于 24 h,然后逐段观察管道和接口,时间不小于 30 min,接口无渗漏、排水畅通、无堵塞为试验合格。 (3)试验合格后,排净管道中积水并封堵各管口,并按照相应要求对管道进行防腐修补处理。对埋地管道进行隐检,并填写隐蔽工程验收记录,办理隐蔽工程验收手续。隐蔽验收合格后,配合土建填堵孔、洞,按规定回填土

续上表

项目	内　　容
季节性施工	（1）雨期施工。 1）编制雨期施工方案,防止雨水从地面带泥浆流到沟槽、管道内,沟槽边坡要采取防塌方措施,沟槽一侧分段设置集水坑,分段施工及时设置卡架和固定点,及时清理沟槽积水,防止塌方和漂管。 2）应尽可能的缩短开槽长度,做到成槽快、回填快。一旦发生泡槽,应将水排除,把基底受泡软化的表层土清除,换填砂石料或中、粗砂,做好基础处理,然后在下管安装。 3）当天工作环境湿度大于 90％时,应采取保护措施进行管道焊接施工,焊条应根据具体情况在 70℃～135℃烘箱内烘干 1 h。 4）雨天不宜进行粘接接口施工,管端连接时采取预制,或在干燥、干净地方进行粘接,防止胶水未干透,影响黏结效果,出现漏水现象。 5）雨季回填土,应随填随夯实,填土高度不应高于检查井。 6）管道敷设后要及时砌筑检查井和连接井,敷设管道中断或未及时砌筑井的管口应及时临时封堵。 （2）冬期施工 1）编制冬期施工方案,严寒冬季管道捻口施工应采取有效的防冻措施,拌灰用水可加适量的盐水,捻好的灰口严禁受冻,存放环境温度应保持在 5℃以上,捻口处采用草帘子遮盖,室外管道联结要在每天中午室外温度最高而且满足温度要求时施工。 2）冬季回填土时,冻土块不得作为回填土使用,沟底用草帘子覆盖,严禁将管道敷设在冻土上,应将管道、模板上的冰霜清理干净,以防管道连接效果不好。 3）冬季进行混凝土施工宜采用热水搅拌水泥砂浆,水泥抹带接口应及时保温养护,保温材料覆盖厚度应根据气候情况确定。 4）混凝土搅拌物的出机温度宜控制在 10℃左右,且不得高于 30℃,入模温度宜控制在5℃以上

表 5－46　无地下水的天然湿土壤沟槽开挖,不设护坡条件

项　次	土壤类别	沟深度（m）
1	填实的砂土	1.0
2	砂质粉土、砂质黏土	1.25
3	黏　土	1.5
4	特别密实土	2.0

表 5－47　埋深在 1.5 m 以内管沟沟底尺寸

管径（mm）	50～70	100～200	200～500	100～450
沟底尺寸（m）	0.6	0.7	0.8	1.0

表 5－48　工作坑尺寸

公称直径(mm)	工作坑宽度(m)	工作坑长度(m)		工作坑深度(m)
		承口前	承口后	管底以下
75～200	管径＋0.6	0.8	0.2	0.3
＞200	管径＋1.2	1.0	0.3	0.4

表 5－49　钎的布置要求

槽宽(m)	排列方式	钎探深度(m)	钎探间距(m)
＜0.8	中心一排	1.2	1.0～1.5
0.8～2.0	两排错开	1.5	1.0～1.5
＞2.0	梅花形	2.1	1.0～1.5

第五节　室外排水管沟及井池

一、验收条文

室外排水管沟及井池工程施工质量验收标准见表 5－50。

表 5－50　室外排水管沟及井池工程施工质量验收标准

项目	内　容
主控项目	(1)沟基的处理和井池的底板强度必须符合设计要求。 检验方法:现场观察和尺量检查,检查混凝土强度报告。 (2)排水检查井、化粪池的底板及进、出水管的标高,必须符合设计,其允许偏差为±15 mm。 检验方法:用水准仪及尺量检查
一般项目	(1)井、池的规格、尺寸和位置应正确,砌筑和抹灰符合要求。 检验方法:观察及尺量检查。 (2)井盖选用应正确,标志应明显,标高应符合设计要求。 检验方法:观察、尺量检查

二、施工工艺解析

室外排水管沟及井池工程施工工艺解析见表 5－51。

表5－51　室外排水管沟及井池工程施工工艺解析

项　目	内　　容
沟基处理 与井池底板	(1)管沟开挖。 1)槽底开挖宽度等于管道结构基础宽度加两侧工作面宽度,每侧工作面宽度应不小于300 mm。 2)用机械开槽或开挖沟槽后,当天不能进行下一道工序作业时,沟底应留出200 mm左右一层土不挖,待下道工序前用人工清底。 3)沟槽土方应堆在沟的一侧,便于下道工序作业。 4)堆土底边与沟边应保持一定的距离,不得小于1 m,高度应小于1.5 m。 5)堆土时严禁掩埋消火栓、地面井盖及雨水口,不得掩埋测量标志及道路附属的构筑物等。 6)沟边坡的坡度大小与土质和沟深有关,当设计无规定时,应符合表5－52的规定。 7)人工挖槽深度宜为2 m左右。 8)人工开挖多层槽的层间留台宽度应不小于500 mm。 (2)基底处理。 1)地基处理应按设计规定进行;施工中遇有与设计不符的松软地基及杂土层等情况,应会同设计单位协商解决。 2)挖槽应控制槽底高程,槽底局部超挖宜按以下方法处理。 ①含水量接近最佳含水量的疏干槽超挖深度小于或等于150 mm时,可用含水量接近最佳含水量的挖槽原土回填夯实,其压实度不应低于原天然地基上的密实度,或用石灰土处理,其压实度不应低于95%。 ②槽底有地下水或地基土壤含水量较大不适于压实时,可用天然级配砂石回填夯实。 3)排水不良造成地基上土壤扰动,可按以下方法处理。 ①扰动深度在100 mm以内,可换天然级配砂石或砂砾石处理。 ②扰动深度在300 mm以内,但下部坚硬时,可换大卵石或填块石,并用砾石填充空隙和找平表面。填块石时应由一端顺序进行,大面向下,块与块相互挤紧。 4)设计要求采用换土方案时,应按要求清槽,并经检查合格,方可进行换土回填。回填材料、操作方法及质量要求,应符合设计规定
排水检查井、 化粪池、 集水池	排水检查井、化粪池的底板及进出水管的标高直接影响排水系统的使用功能,一处变动会迁动多处。所以相关标高必须严格控制好。 (1)排水检查井。 1)常用排水检查井的形式。 ①直筒式排水检查井如图5－25所示。 ②收口式排水检查井如图5－26所示。 ③边沟式单算雨水口如图5－27所示。 2)检查井设置间距。 在排水管与室内排出管连接处,管道交汇、转弯、管道管径或坡度改变、跌水处和直线管段上每隔一定距离,均应设置检查井,最大井距见表5－53。不同管径的排水管在检查井中宜采用管顶平接。

项　目	内　　容
排水检查井、 化粪池、 集水池	3)检查井砌筑要点。 ①井底基础与管道基础混凝土同时浇筑。 ②砖砌圆形检查井应随砌随检查直径尺寸,当需要收口时,每次收进不大于 30 mm; 如三面收进,每次最大部分不大于 50 mm。 ③检查井内的流槽,宜在井壁砌至管顶以上时进行砌筑。 ④井内踏步应随砌随安,位置准确;混凝土井壁踏步在预制或现浇时安装。 ⑤检查井预留支管应随砌随稳,其管径、方向、高程应符合设计要求。管与井壁接触 处用砂浆灌满,不得漏水。预留管口宜用砂浆砌砖封口抹平。 ⑥检查井接入圆管,管顶应砌砖拱,其尺寸见标准图。 ⑦检查井和雨水口砌筑或安装至规定高程后,应及时浇筑和安装井圈,盖好井盖。 ⑧井室内壁和流槽需要抹面,应按要求分层操作,赶光压实。 (2)化粪池。 　化粪池有圆形、矩形两种,如图 5—28 所示。材料为砖砌和钢筋混凝土两类。为提高 处理水质,减少污水与腐化污泥的接触,化粪池常做成双格和三格。第一格用于污泥的 沉淀、发酵、熟化,第二、三格供剩余污泥继续沉淀和污水澄清。当污水量≤10 m³/d 时,应采用双格化粪池;污水量≥10 m³/d 时,应采用三格化粪池。 　因化粪池清淘时常散发臭气,对周围环境有一定影响,故设置位置应尽量隐蔽,但 要便于清淘。一般设在小区内或建筑物背大街一面靠近卫生间处。化粪池离建筑物 外墙不宜小于 5 m,如条件限制可酌情减小距离,但不能影响环境卫生和建筑物的基 础。为防止污染,化粪池离地下取水构筑物不得小于 30 m,且池壁、池底都应做防渗 漏处理。 　通常化粪池容积、结构尺寸、所用材料、进出水管方向和标高均由设计人确定,也可选 用标准图。为便于施工管理,化粪池的容积不宜过小,其最小尺寸为:长 1 m,宽 0.75 m,深 1.3 m。 　砖砌化粪池施工要点如下。 1)化粪池池底均应采用混凝土(无地下水)或钢筋混凝土(有地下水)做底板,其厚度 不小于 100 mm,强度为 C25。 2)池壁砌筑所用机砖和砂浆符合设计要求,砌筑质量满足砌体质量验收标准。 3)化粪池进、出水管标高符合设计要求,其允许偏差为±15 mm。 4)化粪池顶盖可用预制或现浇钢筋混凝土施工。 5)池内壁应用防水砂浆抹面,其厚度为 20 mm,赶光压实。 6)化粪池井座和井盖砌筑要求与检查井相同。 7)冬期施工应按冬施要求,采取防冻措施。 (3)集水池。 　民用和公共建筑的地下室、人防建筑,以及工业建筑内部标高低于室外地坪的车间和 其他用水设备房间,其污、废水不能自流排出室外,而必须通过集水池将污水和废水汇 集起来,然后利用抽水设备抽升排泄,以保持室内良好的卫生条件。

续上表

项目	内　　容
排水检查井、化粪池、集水池	局部抽升污、废水最常用的设备是水泵,其他尚有气压扬液器、手摇泵和喷射器等。采用何种抽升设备,应根据污、废水的性质(悬浮物含量、腐蚀程度、水温高低和污水的其他危害性)、所需抽升高度和建筑物性质等具体情况确定。 　　抽升建筑内部污水所使用的水泵,一般均为离心泵。当水泵为自动启闭时,其流量按排水的设计秒流量选定;人工启闭时,按排水的最大小时流量选定。 　　集水池容积的确定是设计污水泵房的关键问题之一。当水泵为自动启闭时,有效容积不得小于一台最大水泵 5 min 的出水量(水泵每 1 h 启动次数不得超过 6 次);水泵为人工启闭时,为了便于运行管理,水泵可作人工定时启动,此时集水池的有效容积应能容纳两次启动间的最大流入量。但为防止污水在集水池内腐化而使建筑物卫生条件变坏,对于生活排水不得大于 6 h 的平均流入量;对于工业废水不得大于最大 4 h 的流入量;对于排除工厂淋浴废水,可采用一次淋浴的排水量。 　　污水泵房和集水池间的建造布置,应特别注意良好的通风设施。 　　气压扬液器,又称气压排水器,它是利用压缩空气抽升液体。一般在有压缩空气管道的工业厂房和对卫生要求较高的民用建筑内采用。 　　当污、废水量较小,并且提升高度不大于 10 m 时,可采用手摇泵或喷射器等提升设备

表 5—52　沟槽边坡坡度

土壤类别	坡度(高∶宽)		
	槽深 0～1 m	槽深 1～3 m	槽深 3～5 m
砂土	1∶0.50	1∶0.75	1∶1.00
亚砂土	1∶0.00	1∶0.50	1∶0.67
亚黏土	1∶0.00	1∶0.33	1∶0.50
黏土	1∶0.00	1∶0.25	1∶0.33
干黄土	1∶0.00	1∶0.20	1∶0.25
砖土和砂砾土	1∶0.00	1∶1.00	1∶1.25

注:此表适用于坡顶无荷载,有荷载时应调整放缓。

表 5—53　检查井最大间距

管径(mm)	最大间距(m)	
	污水管道	雨水管和合流管道
150	20	—
200～300	30	30
400	30	40
≥500	—	50

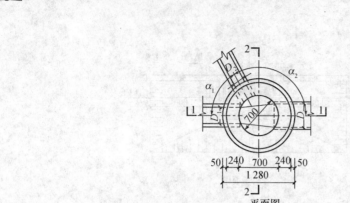

平面图

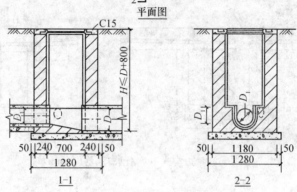

1—1　　　2—2

图 5—25　直筒式排水检查井(单位:mm)

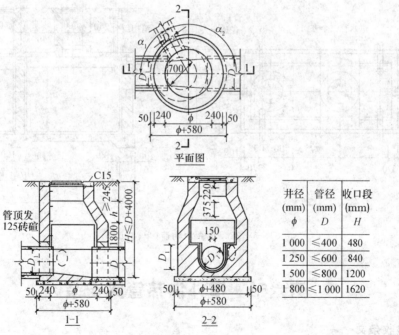

图 5—26　收口式排水检查井(单位:mm)

井径 (mm) ϕ	管径 (mm) D	收口段 (mm) H
1 000	≤400	480
1 250	≤600	840
1 500	≤800	1200
1 800	≤1 000	1620

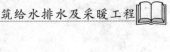

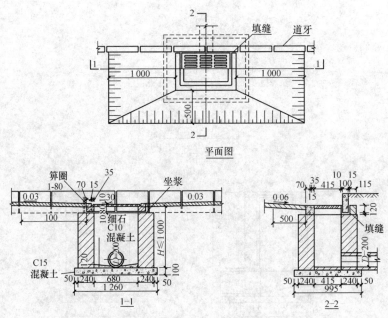

图5-27　边沟式单算雨水口(单位:mm)

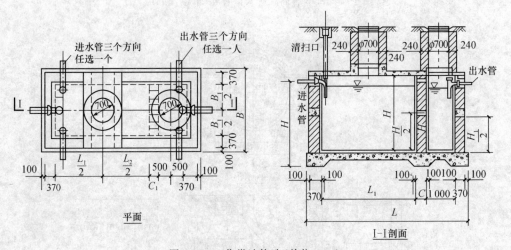

图5-28　化粪池构造(单位:mm)

第六节　室外供热管网安装

一、验收条文

(1)室外供热管道及配件安装工程施工质量验收标准见表5-54。

表 5－54　室外供热管道及配件安装工程施工质量验收标准

项目	内　　　容
主控项目	（1）平衡阀及调节阀型号、规格及公称压力应符合设计要求。安装后应根据系统要求进行调试，并做出标志。 检验方法：对照设计图纸及产品合格证，并现场观察调试结果。 （2）直埋无补偿供热管道预热伸长及三通加固应符合设计要求。回填前应注意检查预制保温层外壳及接口的完好性。回填应按设计要求进行。 检验方法：回填前现场验核和观察。 （3）补偿器的位置必须符合设计要求，并应按设计要求或产品说明书进行预拉伸。管道固定支架的位置和构造必须符合设计要求。 检验方法：对照图纸，并查验预拉伸记录。 （4）检查井室、用户入口处管道布置应便于操作及维修，支、吊、托架稳固，并满足设计要求。 检验方法：对照图纸，观察检查。 （5）直埋管道的保温应符合设计要求，接口在现场发泡时，接头处厚度应与管道保温层厚度一致，接头处保护层必须与管道保护层成一体，符合防潮防水要求。 检验方法：对照图纸，观察检查
一般项目	（1）管道水平敷设其坡度应符合设计要求。 检验方法：对照图纸，用水准仪（水平尺）、拉线和尺量检查。 （2）除污器构造应符合设计要求，安装位置和方向应正确。管网冲洗后应清除内部污物。 检验方法：打开清扫口检查。 （3）室外供热管道安装的允许偏差应符合表 5－55 的规定。 （4）管道焊口的允许偏差应符合表 1－136 的规定。 （5）管道及管件焊接的焊缝表面质量应符合下列规定。 1）焊缝外形尺寸应符合图纸和工艺文件的规定，焊缝高度不得低于母材表面，焊缝与母材应圆滑过渡。 2）焊缝及热影响区表面应无裂纹、未熔合、未焊透、夹渣、弧坑和气孔等缺陷。 检验方法：观察检查。 （6）供热管道的供水管或蒸气管，如设计无规定时，应敷设在载热介质前进方向的右侧或上方。 检验方法：对照图纸，观察检查。 （7）地沟内的管道安装位置，其净距（保温层外表面）应符合下列规定： 与沟壁 100～150 mm； 与沟底 100～200 mm；

续上表

项目	内　容
一般项目	与沟顶(不通行地沟)50～100 mm； (半通行和通行地沟)200～300 mm。 检验方法:尺量检查。 (8)架空敷设的供热管道安装高度,如设计无规定时,应符合下列规定(以保温层外表面计算)。 1)人行地区,不小于2.5 m。 2)通行车辆地区,不小于4.5 m。 3)跨越铁路,距轨顶不小于6 m。 检验方法:尺量检查。 (9)防锈漆的厚度应均匀,不得有脱皮、起泡、流淌和漏涂等缺陷。 检验方法:保温前观察检查。 (10)管道保温层的厚度和平整度的允许偏差应符合表1-98的规定

(2)室外供热管道安装的允许偏差和检验方法见表5-55。

表5-55　室外供热管道安装的允许偏差和检验方法　　　　　(单位:mm)

项次	项目		允许偏差	检验方法
1	坐标	敷设在沟槽内及架空	20	水准仪(水平尺)、直尺、拉线
		埋地	50	
2	标高	敷设在沟槽内及架空	±10	尺量检查
		埋地	±15	
3	水平管道纵、横方向弯曲	每1 m	管径≤100	1	水准仪(水平尺)、直尺、拉线和尺量检查
			管径>100	1.5	
		全长(25 m以上)	管径≤100	不大于13	
			管径>100	不大于25	
4	弯管	椭圆率 $\dfrac{D_{max}-D_{min}}{D_{max}}$	管径≤100mm	8%	外卡钳和尺量检查
			管径>100	5%	
		折皱不平度	管径≤100	4	
			管径125～200	5	
			管径250～400	7	

二、施工材料要求

（1）无缝钢管

参见第一章第一节中施工材料要求的相关内容。

（2）阀门

参见第四章第一节中施工材料要求的相关内容。

三、施工机械要求

参见第一章第一节中施工机械要求的相关内容。

四、施工工艺解析

（1）室外供热管道的敷设见表5－56。

表5－56　室外供热管道的敷设

项目	内　容
直埋敷设	直埋敷设又称无地沟敷设，是工程中最常见的管道敷设方法之一，供热管道直埋敷设时，由于绝热结构与土壤直接接触，所以对绝热材料的要求较高；绝热材料应具有导热系数小、吸水率低、电阻率高的性能特点，有一定的机械强度。 　（1）测量放线。 　埋地管道施工时，首先要根据管道总平面图和纵（横）断面图，在现场进行管沟的测量放线工作。 　（2）沟槽开挖。 　对于管沟开挖的断面形式，应根据现场的土层、地下水位、管子规格、管道埋深及施工方法而定。管沟一般有直槽、梯形槽、混合槽和联合槽四种。管沟断面形式确定后，根据管径的大小即可确定合理的开槽宽度，依次在中心桩两侧各打入一根边桩，边桩离沟边约700 mm，地面以上留200 mm，将一块高150 mm厚25～30 mm的木板钉在两边桩上，板顶应水平，该板即为龙门板，如图5－29所示，然后将中心桩的中心钉引到龙门板上，用水准仪测出每块龙门板上中心钉的绝对标高，并用红漆在板上标出表示标高的红三角，把测得的标高标在红三角旁边。根据中心钉标高和管底标高计算出该点距沟底的下反距离，写在龙门板上，以便挖沟人员使用。 　用钢卷尺量出沟槽需开挖的宽度，以中心钉为基准各分一半划在龙门板上，用线绳在两块龙门板之间拉直，涂上白灰粉，经复查无误后即可挖沟。 　（3）沟槽尺寸。 　沟槽形式确定后，再根据管道布置的数量、管子外径的大小，管子间的净距计算出沟底宽W，如图5－30所示。

续上表

项目	内　容
直埋敷设	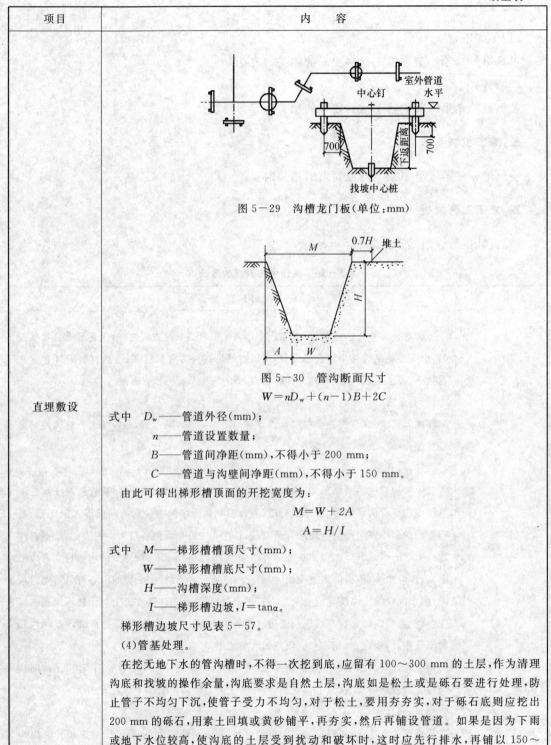 图 5－29　沟槽龙门板(单位:mm) 图 5－30　管沟断面尺寸 $$W = nD_w + (n-1)B + 2C$$ 式中　D_w——管道外径(mm); 　　　n——管道设置数量; 　　　B——管道间净距(mm),不得小于 200 mm; 　　　C——管道与沟壁间净距(mm),不得小于 150 mm。 　　由此可得出梯形槽顶面的开挖宽度为: $$M = W + 2A$$ $$A = H/I$$ 式中　M——梯形槽槽顶尺寸(mm); 　　　W——梯形槽槽底尺寸(mm); 　　　H——沟槽深度(mm); 　　　I——梯形槽边坡,$I = \tan\alpha$。 　　梯形槽边坡尺寸见表 5－57。 　　(4)管基处理。 　　在挖无地下水的管沟槽时,不得一次挖到底,应留有 100～300 mm 的土层,作为清理沟底和找坡的操作余量,沟底要求是自然土层,沟底如是松土或是砾石要进行处理,防止管子不均匀下沉,使管子受力不均匀,对于松土,要用夯夯实,对于砾石底则应挖出 200 mm 的砾石,用素土回填或黄砂铺平,再夯实,然后再铺设管道。如果是因为下雨或地下水位较高,使沟底的土层受到扰动和破坏时,这时应先行排水,再铺以 150～200 mm 的碎石(或卵石)后,再在垫层上铺 150～200 mm 厚的黄砂。

续上表

项　目	内　　容
直埋敷设	（5）下管。 下管方法分机械下管和人工下管两种，主要是根据管材种类、单节重量及长度、现场情况而定，机械下管采用汽车吊、履带吊、下管机等起重机械进行下管。下管时若采用起重机下管，起重机应沿沟槽方向行驶，起重机与沟边至少要有 1 m 的距离，以保证槽壁不坍塌。管子一般是单节下管，但为了减少沟内接口的工作量，在具有足够强度的管材和接口的条件，如埋地无缝钢管，可采用在地面上预制接长后再下到沟里。 人工下管的方法很多，常用人工立桩压绳法下管：在距沟槽边 2.5～3 m 的地面上，打入两根深度不小于 0.8 m，直径为 50～80 mm 的钢管做桩，在桩头各拴一根较长的麻绳（亦可为白棕绳），绳子的另一端绕过管子由人拉着，待管子撬至沟边时应随时注意拉紧，当管子撬下沟缘后，再拉紧绳子使管子缓慢地落到沟底；也可利用装在塔架上的滑轮、捯链等设备下管。为确保施工安全，下管时沟内不得站人。 在沟槽内连接管子时必须找正，固定口的焊接处要挖出一个操作坑，其大小以满足焊接操作为宜。 （6）回填土。 沟槽回填必须在管道试验合格后进行，回填土除设计允许管路自然沉降外，一般均应分层回填，分层夯实，其密度应达到设计要求。及早回填土可保护管道的正常位置，避免沟槽坍塌。回填土施工包括返土、推平、夯实、检查等几道工序，回填方法是先用砂子填至 100～150 mm 处，再用松软土回填，填至 0.5 m 处夯实，以后每层回填厚度不超过 300 mm，并层层夯实，直至地面，不得将砖、石块等填入沟内
地沟管道敷设	地沟管道敷设是把管道敷设在由混凝土或砖（石）砌筑的地沟内的敷设方式。地沟按人在里面的通行情况分为通行地沟、半通行地沟和不通行地沟。地沟的沟底应有 3‰ 的坡度，最低点应设积水坑、沟盖板应有 3%～5% 的坡度。盖板之间及盖板和沟壁之间应用水泥砂浆封缝防水，盖板上的覆土厚度不小于 0.3 m。地沟内敷设的管道绝热表面与沟顶净距为 200～300 mm，管道绝热表面与沟底净距不得小于 100 mm，多根管道平行敷设时，管道绝热表面间净距不得小于 150 mm，管道绝热表面与沟壁净距不得小于 100 mm。 （1）通行地沟。 通行地沟如图 5-31 所示，当地沟内管道数目较多，管道在地沟内一侧的排列高度（绝热层计算在内）不小于 1.50 m 时，应设通行地沟，通行地沟内净高不应低于 1.80 m，净宽不小于 0.70 m，沟内应有良好的自然通风或设有机械通风设备。沟内空气温度按人工检修条件的要求不应超过 40℃，沟内管道应有良好的绝热措施。经常需检护维修的管道地沟内应有照明措施，照明电压不高于 36 V，通行地沟应设事故入孔，便于运行管理人员出入。设有蒸气管道的通行地沟，事故入孔间距不应大于 100 m；设有热水管道的通行地沟，事故入孔间距不应大于 400 m。 （2）半通行地沟。 半通行地沟如图 5-32 所示，地沟净高为 1.20～1.60 m，净通行宽度为 0.6～0.8 m，以人能弯着腰走路并能进行一般的维修管理为宜。

项　目	内　　容
地沟管道敷设	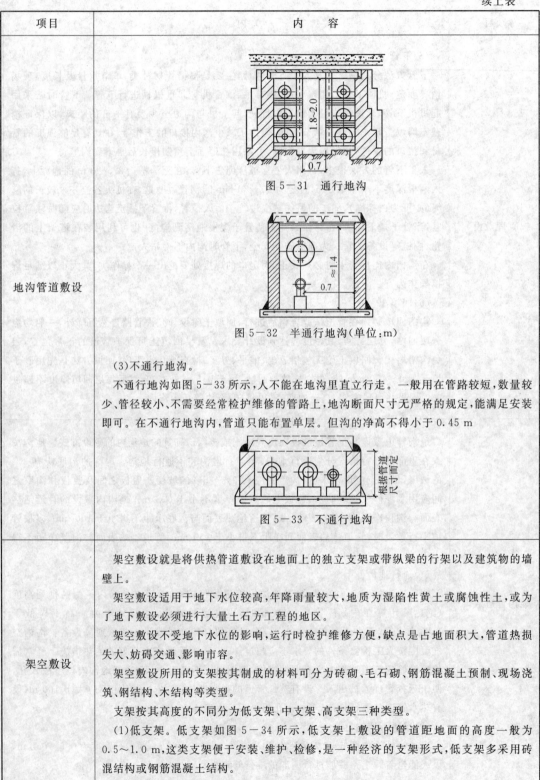

图 5—31　通行地沟

图 5—32　半通行地沟(单位:m)

(3)不通行地沟。

不通行地沟如图 5—33 所示,人不能在地沟里直立行走。一般用在管路较短,数量较少、管径较小、不需要经常检护维修的管路上,地沟断面尺寸无严格的规定,能满足安装即可。在不通行地沟内,管道只能布置单层。但沟的净高不得小于 0.45 m

图 5—33　不通行地沟

项目	内容
架空敷设	架空敷设就是将供热管道敷设在地面上的独立支架或带纵梁的行架以及建筑物的墙壁上。 架空敷设适用于地下水位较高,年降雨量较大,地质为湿陷性黄土或腐蚀性土,或为了地下敷设必须进行大量土石方工程的地区。 架空敷设不受地下水位的影响,运行时检护维修方便,缺点是占地面积大,管道热损失大、妨碍交通、影响市容。 架空敷设所用的支架按其制成的材料可分为砖砌、毛石砌、钢筋混凝土预制、现场浇筑、钢结构、木结构等类型。 支架按其高度的不同分为低支架、中支架、高支架三种类型。 (1)低支架。低支架如图 5—34 所示,低支架上敷设的管道距地面的高度一般为0.5～1.0 m,这类支架便于安装、维护、检修,是一种经济的支架形式,低支架多采用砖混结构或钢筋混凝土结构。

项目	内容
架空敷设	（2）中支架。中支架如图5-35所示，中支架是常用的一种架空敷设形式，支架距地面的高度为2.5～4.0 m，这样，可以便于行人来往和机动车辆通行。中支架采用钢筋混凝土或钢结构。 （3）高支架。高支架如图5-35所示，支架距地面高度为4.5～6.0 m，主要在管路跨越公路或铁路时采用，为维修方便，在阀门、流量孔板、补偿器处设置操作平台，高支架采用钢筋混凝土或钢结构 100 mm　0.5～1 m 图5-34　低支架 2.5～6.0 m 图5-35　高、中支架

表 5-57　梯形槽尺寸

土质类别	边坡 $I(I=\tan\alpha=H/A)$		土质类别	边坡 $I(I=\tan\alpha=H/A)$	
	槽深 $H<3$ m	槽深 $H=3\sim5$ m		槽深 $H<3$ m	槽深 $H=3\sim5$ m
砂土	1：0.75	1：1.00	黏土	1：0.25	1：0.33
粉质黏土	1：0.50	1：0.67	干黄土	1：0.20	1：0.25
砂质粉土	1：0.33	1：0.50			

　　（2）室外供热管道的安装见表5-58。

表 5－58　室外供热管道的安装

项目	内　　容
管材及连接	室外供热管道常用管材为无缝钢管、螺旋缝钢管和焊接钢管,其连接方式为焊接,与阀门或设备连接时,采用法兰连接,当公称直径 $DN\leqslant50$ mm 时,可采用氧-乙炔焊;当公称直径 $DN>50$ mm 时,应采用电弧焊
管道坡度	供热管道水平敷设时,应满足其坡度的需求,蒸气管道汽、水同向流动时,坡度为 3‰,不得小于 2‰,汽、水逆向流动时,不得小于 5‰;热水管道敷设的坡度一般为 3‰不得小于 2‰,坡向应有利于空气排除
排水与放气	对于用汽品质较高的热用户,从干管上接出支、立管时,应从干管的上部或侧部接出,以免凝结水流入。蒸气管道在运行时不断产生凝结水,它要通过永久性疏水装置将冷凝水排除,永久性疏水装置的关键部件是疏水器。 蒸气管道刚开始运行时,由于管道温度较低,管道内很多蒸气凝结为冷凝水,这些冷凝水靠永久性疏水装置排除比较困难,因此必须在管道上设置启动疏水装置,通过它排除系统的凝结水和污水,启动疏水装置由集水管和启动疏水管排水阀组成,如图 5－36 所示。蒸气管网的低位点、垂直上升的管段前,应设启动疏水装置和永久性疏水装置。在同一坡向的直线管段,顺坡时每隔 400～500 m,逆坡时,每隔 200～300 m,设启动疏水装置,同时,在管网的高位点设放气装置,如图 5－37 所示。 接往疏水管 图 5－36　疏水装置 热力管道在最低点设排水阀,在最高点设放气阀如图 5－37 所示,放水阀与放气阀一般采用 $DN15\sim DN20$ mm 的截止阀。 热水　水平安装　$i=0.003$　$i=0.003$　$i=0.003$ 图 5－37　热力管道的排水及放气阀的设置 1—排水阀;2—放气阀;3—控制阀 方形补偿器垂直安装时,如管道输送的介质是热水,应在补偿器的最高点安装放气阀,在最低点安装放水阀,如果输送的介质是蒸气,应在补偿器的最低点安装疏水器或

续上表

项 目	内 容
排水与放气	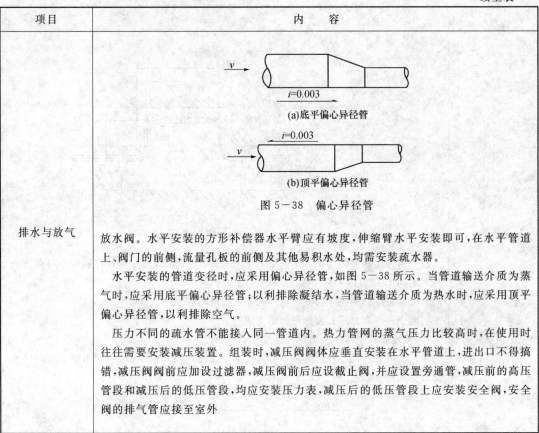 图 5—38　偏心异径管 放水阀。水平安装的方形补偿器水平臂应有坡度,伸缩臂水平安装即可,在水平管道上、阀门的前侧,流量孔板的前侧及其他易积水处,均需安装疏水器。 　　水平安装的管道变径时,应采用偏心异径管,如图 5—38 所示。当管道输送介质为蒸气时,应采用底平偏心异径管;以利排除凝结水,当管道输送介质为热水时,应采用顶平偏心异径管,以利排除空气。 　　压力不同的疏水管不能接入同一管道内。热力管网的蒸气压力比较高时,在使用时往往需要安装减压装置。组装时,减压阀阀体应垂直安装在水平管道上,进出口不得搞错,减压阀阀前应加设过滤器,减压阀前后应设截止阀,并应设置旁通管,减压前的高压管段和减压后的低压管段,均应安装压力表,减压后的低压管段上应安装安全阀,安全阀的排气管应接至室外

（3）附件安装见表 5—59。

表 5—59　附件安装

项 目	内 容
支托架的选择	选择何种类型的支架与管道的敷设方式、管道内输送介质的性质以及管道设计采取的补偿措施密切相关。 　　(1)方形补偿器补偿的热力管道支架的加设采用方形补偿器进行热补偿的热力管道支架加设如图 5—39 所示,支架位置及间距应满足以下要求。 图 5—39　方形补偿器两侧管道支架的设置 1—固定支架;2—导向支架;3—滑动支架 　　1)方形补偿器两侧的第一个支架应为滑动支架(图 5—40),设置在距方形补偿器弯头弯曲起点 0.5～1.0 m 处,不得设置导向支架和固定支架,以使补偿器伸缩时管道有横向滑动的空间。

项目	内 容
支托架的选择	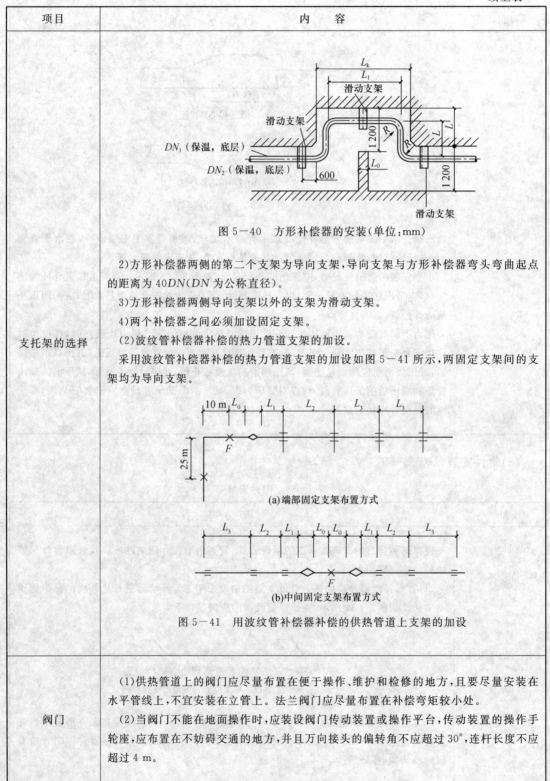图 5—40　方形补偿器的安装(单位:mm) 2)方形补偿器两侧的第二个支架为导向支架,导向支架与方形补偿器弯头弯曲起点的距离为 40DN(DN 为公称直径)。 3)方形补偿器两侧导向支架以外的支架为滑动支架。 4)两个补偿器之间必须加设固定支架。 (2)波纹管补偿器补偿的热力管道支架的加设。 采用波纹管补偿器补偿的热力管道支架的加设如图 5—41 所示,两固定支架间的支架均为导向支架。 (a)端部固定支架布置方式 (b)中间固定支架布置方式 图 5—41　用波纹管补偿器补偿的供热管道上支架的加设
阀门	(1)供热管道上的阀门应尽量布置在便于操作、维护和检修的地方,且要尽量安装在水平管线上,不宜安装在立管上。法兰阀门应尽量布置在补偿弯矩较小处。 (2)当阀门不能在地面操作时,应装设阀门传动装置或操作平台,传动装置的操作手轮座,应布置在不妨碍交通的地方,并且万向接头的偏转角不应超过 30°,连杆长度不应超过 4 m。

续上表

项　目	内　　容
阀门	(3)管路上的切断阀,在下列情况下,须装设旁通阀。 1)当供热系统补水能力有限,需控制管道充水流量或蒸气管道启动暖管需控制启动流量时,管道阀门应装设口径较小的旁通阀作为控制阀门,阀门规格宜为 $DN20\sim DN32$ mm。 2)对于截止阀,介质作用在截止阀阀瓣的力超过 49 kN 时,应安装旁通阀。 3)工作压力 $P\geqslant1.6$ MPa 且公称直径 $DN\geqslant350$ mm 管道上的闸阀应安装旁通阀,旁通阀规格为阀门公称直径的 1/10。 4)公称直径 $DN\geqslant500$ mm 的阀门,宜采用电动驱动阀门,由监控系统远程操作、控制的阀门,其旁通阀亦应采用电驱动阀门。 5)当动态水力分析需延长输送干线,分段阀门关闭以降低压力瞬变值时,宜采用主阀并联旁通阀的方法解决。旁通阀直径可取主阀直径的 1/4。主阀和旁通阀应连锁控制,旁通阀必须在开启状态主阀方可进行关闭操作,主阀关闭后旁通阀才可关闭
流量测量装置	流量测量装置(测量孔板或喷嘴)前后应有一定长度的直管段,装置长度不应小于管子公称直径的 20 倍,装置后长度不应小于管子公称直径的 6 倍
除污装置的加设、安装	公称直径 $DN\geqslant500$ mm 的热水热力网干管在低点、垂直升高管段前、分段阀门前宜设阻力较小的永久性除污装置
检查室	地下敷设的管道安装套筒式补偿器、波纹管补偿器、阀门、放水和除污装置等设备附件时,应设检查室。检查室应符合下列规定。 (1)净空高度不应小于 1.8 m。 (2)人行通道宽度不应小于 0.6 m。 (3)干管保温结构表面与检查室地面距离不应小于 0.6 m。 (4)检查室的入孔直径不应小于 0.7 m,入孔数量不应少于 2 个,并应呈对角布置,入孔应避开检查室内的设备,当检查室净空面积小于 4 m 时,可只设一个入孔。 (5)检查室内至少应设一个集水坑,并应置于入孔下方。 (6)检查室地面应低于管沟内底不小于 0.3 m。 (7)检查室内爬梯高度大于 4 m 时应设护栏或在爬梯中间设平台。 检查室内需更换的设备、附件不能从入孔进出时,应在检查室顶板上设安装孔。安装孔的尺寸和位置应保证需更换设备的出入和便于安装。 当检查室内装有电动阀门时,应采取措施,保证安装地点的空气温度、湿度应满足电气装置的技术要求

第六章　建筑中水系统及游泳池水系统

第一节　建筑中水系统安装

一、验收条文

建筑中水系统管道及辅助设备安装工程施工质量验收标准见表6—1。

表6—1　建筑中水系统管道及辅助设备安装工程施工质量验收标准

项目	内　　容
主控项目	(1)中水高位水箱应与生活高位水箱分设在不同的房间内,如条件不允许只能设在同一房间时,与生活高位水箱的净距离应大于2 m。 检验方法:观察和尺量检查。 (2)中水给水管道不得装设取水水嘴。便器冲洗宜采用密闭型设备和器具。绿化、浇洒、汽车冲洗宜采用壁式或地下式的给水栓。 检验方法:观察检查。 (3)中水供水管道严禁与生活饮用水给水管道连接,并应采取下列措施。 1)中水管道外壁应涂浅绿色标志。 2)中水池(箱)、阀门、水表及给水栓均应有"中水"标志。 检验方法:观察检查。 (4)中水管道不宜暗装于墙体和楼板内。如必须暗装于墙槽内时,必须在管道上有明显且不会脱落的标志。 检验方法:观察检查
一般项目	(1)中水给水管道管材及配件应采用耐腐蚀的给水管管材及附件。 检验方法:观察检查。 (2)中水管道与生活饮用水管道、排水管道平行埋设时,其水平净距离不得小于0.5 m;交叉埋设时,中水管道应位于生活饮用水管道下面,排水管道的上面,其净距离不应小于0.15 m。 检验方法:观察和尺量检查

二、施工材料要求

建筑中水系统安装工程施工材料要求见表6—2。

表 6—2　建筑中水系统安装工程施工材料要求

项目	内　容
规格、型号及性能要求	工程所使用的主要材料、成品、半成品、配件、器具和设备必须具有中文质量合格证明文件,规格、型号及性能检测报告应符合国家技术标准或设计要求
材料进场时要求	所有材料进场时应对品种、规格、外观等进行验收;包装应完好,表面无划痕及外力冲击破损。包装上应标有批号、数量、生产日期和检验代码;并经监理工程师核查确认
器具和设备的运输、保管及施工要求	主要器具和设备必须有完整的安装使用说明书。在运输、保管和施工过程中,应采取有效措施防止损坏或腐蚀
原水管道管材及配件要求	中水系统中原水管道管材及配件要求按本工艺排水部分执行。中水系统给水管道管材及配件应采用耐腐蚀的给水管管材及附件

三、施工机械要求

建筑中水系统安装工程施工机械要求见表 6—3。

表 6—3　建筑中水系统安装工程施工机械要求

项目	内　容
机械	套丝机、砂轮锯、台钻、电锤、手电钻、电焊机、热容机、滚槽机、开孔机、试压泵等
工具	套丝板、管钳、压力案、台虎钳、克丝钳、手锯、手锤、活扳手、链钳、撅弯器、手压泵、捻凿、管剪、断管器、卡压工具、螺钉旋具(改锥)、大锤、铣口器、钢刮板、錾子、麻钎、压力案、气焊工具、小车、毛刷、钢刷等
量具及其他	水平尺、六角量规、钢卷尺、压力表、线坠、小线、汽油、机油、清洁剂、棉布(丝)、胶皮布、焊条、砂纸、铁丝、皮堵等

四、施工工艺解析

建筑中水系统安装工程施工工艺解析见表 6—4。

表 6—4　建筑中水系统安装工程施工工艺解析

项目	内　容
中水原水管道系统	(1)中水原水管道系统宜采用分流集水系统,宜采用洗浴、空调冷却水、洗衣机排水及杂排水等为水源,以便于选择污染较轻的原水,简化处理流程和设备,降低处理经费。 (2)便器与洗浴设备应分设或分侧布置,以便于单独设置支管、立管,有利于分流集水。

续上表

项　目	内　　　容
中水原水管道系统	(3)污、废水支管不宜交叉,以免横支管标高降低过多,影响室外管线及污水处理设备的标高。 (4)室内外原水管道及附属构筑物均应防渗漏,井盖应做"中"字标识
中水原水供水系统	(1)中水原水系统应设分流、溢流设施和跨越管,其标高及坡度应能满足排放要求。 (2)中水供水系统是给水供水系统的一个特殊部分,所以其供水方式与给水系统相同。主要依靠最后处理设备的余压供水系统、水泵加压供水系统和气压罐供水系统等。 (3)中水供水系统必须单独设置。中水管道严禁与生活饮用水给水管道连接,并应采取下列措施。 　1)中水管道及设备、受水器等外壁应涂浅绿色标识。 　2)中水池(箱)、阀门、水表及给水栓均应有"中水"标志
中水管道	(1)中水管道不宜暗装于墙体或楼板内。如必须暗装于墙槽内时,必须在管道上有明显且不会脱落的标志。 (2)中水管道与生活饮用水管道、排水管道平行埋设时,其水平净距离不得小于0.5 m;交叉埋设时,中水管道应位于生活饮用水管道下面,排水管道上面,其净距离不应小于0.15 m。 (3)中水给水管道不得装设取水水嘴。便器冲洗宜采用密闭型设备和器具。绿化、浇洒、汽车冲洗宜采用壁式或地下式的给水栓。 (4)中水高位水箱应与生活高位水箱分设在不同的房间内,如条件不允许只能设在同一房间时,与生活高位水箱的净距离应大于2 m。止回阀安装位置和方向应正确,阀门启闭应灵活。 (5)中水供水系统的溢流管、泄水管均应采取间接排水方式排出,溢流管应设隔网。 (6)中水供水管道应考虑排空的可能性,以便维修。 (7)原水处理设备安装后,应经试运行检测中水水质符合国家标准后,方可办理验收手续。 (8)施工试验及验收按照给水系统及排水系统工艺标准的规定执行

第二节　游泳池水系统安装

一、验收条文

游泳池水系统安装工程施工质量验收标准见表6—5。

表 6—5 游泳池水系统安装工程施工质量验收标准

项目	内 容
主控项目	(1)游泳池的给水口、回水口、泄水口应采用耐腐蚀的铜、不锈钢、塑料等材料制造。溢流槽、格栅应为耐腐蚀材料制造,并为组装型。安装时其外表面应与池壁或池底面相平。 检验方法:观察检查。 (2)游泳池的毛发聚集器应采用铜或不锈钢等耐腐蚀材料制造,过滤筒(网)的孔径应不大于 3 mm,其面积应为连接管截面积的 1.5~2 倍。 检验方法:观察和尺量计算方法。 (3)游泳池地面,应采取有效措施防止冲洗排水流入池内。 检验方法:观察检查
一般项目	(1)游泳池循环水系统加药(混凝剂)的药品溶解池、溶液池及定量投加设备应采用耐腐蚀材料制作。输送溶液的管道应采用塑料管、胶管或铜管。 检验方法:观察检查。 (2)游泳池的浸脚、浸腰消毒池的给水管、投药管、溢流管、循环管和泄空管应采用耐腐蚀材料制成。 检验方法:观察检查

二、施工材料要求

游泳池水系统安装工程施工材料要求见表 6—6。

表 6—6 游泳池水系统安装工程施工材料要求

项目	内 容
给(回)水口、泄水口	游泳池的给水口、回水口、泄水口应采用耐腐蚀的铜、不锈钢、塑料等材料制造。溢流槽、格栅应为耐腐蚀材料制造,并为组装型
毛发聚集器	游泳池的毛发聚集器应采用铜或不锈钢等耐腐蚀材料制造,过滤筒(网)的孔径应不大于 3 mm,其面积应为连接管截面积的 1.5~2 倍
溶解池、溶液池	游泳池循环水系统加药(混凝剂)的药品溶解池、溶液池及定量投加设备应采用耐腐蚀材料制作。输送溶液的管道应采用塑料管、胶管或铜管
给水管、投药管、循环管、泄空管	游泳池的浸脚、浸腰消毒池的给水管、投药管、溢流管、循环管和泄空管应采用耐腐蚀材料制成

三、施工机械要求

参见第六章第一节中施工机械要求的相关内容。

四、施工工艺解析

游泳池水系统安装工程施工工艺解析见表 6—7。

表 6—7　游泳池水系统安装工程施工工艺解析

项目	内　容
游泳池水系统	(1)游泳池水系统包括给水系统、水加热系统、排水系统及附属装置,另外还有跳水制波系统。游泳池给水系统分直流式给水系统、直流净化给水系统、循环净化给水系统三种。一般应采用循环净化给水系统。 (2)循环净化给水系统包括充水管、补水管、循环水管和循环水泵、预净化装置(毛发聚集器)、净化加药装置、过滤装置(压力式过滤器等)、压力式过滤器反冲洗装置、消毒装置、水加热系统等。 (3)游泳池水系统的安装须严格按照设计要求进行。游泳池排水系统的安装参照本工艺排水系统安装的相关规定执行。游泳池水加热系统的安装参照本工艺给水系统安装的相关规定执行。游泳池水系统设备的安装参照本工艺给水系统及设备安装的相关规定执行
循环水系统管道	(1)循环水系统的管道,一般应采用给水铸铁管、给水塑料管、钢管。如采用钢管时,管内壁应采用符合饮用水要求的防腐措施。 (2)循环水管道,宜敷设在沿游泳池周边设置的管廊或管沟内。如埋地敷设,应采取必要的防腐措施
排水	(1)游泳池地面,应采取有效措施防止冲洗排水流入池内。冲洗排水管(沟)接入雨、污水管系统时,应设置防止雨、污水回流污染的措施。 (2)重力泄水排入排水管道时,应设置防止雨、污水回流污染的措施。 (3)机械方法泄水时,宜采用循环水泵兼作提升泵,并利用过滤设备反冲洗排水管兼作泄水排水管。 (4)认真做好并审核各种预留孔洞及预埋件,以保证游泳池的给水口、回水口、泄水口、溢流槽、格栅等安装时其外表面应与池壁或池底面相平

第七章　供热整装锅炉及辅助设备安装

第一节　锅炉安装

一、验收条文

(1)锅炉安装工程施工质量验收标准见表 7-1。

表 7-1　锅炉安装工程施工质量验收标准

类别	内　　容
主控项目	(1)锅炉设备基础的混凝土强度必须达到设计要求,基础的坐标、标高、几何尺寸和螺栓孔位置应符合表 7-2 的规定。 (2)非承压锅炉,应严格按设计或产品说明书的要求施工。锅筒顶部必须敞口或装设大气连通管,连通管上不得安装阀门。 检验方法:对照设计图纸或产品说明书检查。 (3)以天然气为燃料的锅炉的天然气释放管或大气排放管不得直接通向大气,应通向储存或处理装置。 检验方法:对照设计图纸检查。 (4)两台或两台以上燃油锅炉共用一个烟囱时,每一台锅炉的烟道上均应配备风阀或挡板装置,并应具有操作调节和闭锁功能。 检验方法:观察和手扳检查。 (5)锅炉的锅筒和水冷壁的下集箱及后棚管的后集箱的最低处排污阀及排污管道不得采用螺纹连接。 检验方法:观察检查。 (6)锅炉的汽、水系统安装完毕后,必须进行水压试验。水压试验的压力应符合表 7-3 的规定。 检验方法 1)在试验压力下 10 min 内压力降不超过 0.02 MPa;然后降至工作压力进行检查,压力不降,不渗,不漏。 2)观察检查,不得有残余变形,受压元件金属壁和焊缝上不得有水珠和水雾。 (7)机械炉排安装完毕后应做冷态运转试验,连续运转时间不应少于 8 h。 检验方法:观察运转试验全过程。 (8)锅炉本体管道及管件焊接的焊缝质量应符合下列规定。 1)焊缝表面质量应符合表 5-55 的相关规定。 2)管道焊口尺寸的允许偏差应符合表 1-136 的规定。 3)无损探伤的检测结果应符合锅炉本体设计的相关要求。 检验方法:观察和检验无损探伤检测报告

项目	内　容
一般项目	(1)锅炉安装的坐标、标高、中心线和垂直度的允许偏差应符合表7－4的规定。 (2)组装链条炉排安装的允许偏差应符合表7－5的规定。 (3)往复炉排安装的允许偏差应符合表7－6的规定。 (4)铸铁省煤器破损的肋片数不应大于总肋片数的5%,有破损肋片的根数不应大于总根数的10%。 　铸铁省煤器支承架安装的允许偏差应符合表7－7的规定。 (5)锅炉本体安装应按设计或产品说明书要求布置坡度并坡向排污阀。 　检验方法:用水平尺或水准仪检查。 (6)锅炉由炉底送风的风室及锅炉底座与基础之间必须封、堵严密。 　检验方法:观察检查。 (7)省煤器的出口处(或入口处)应按设计或锅炉图纸要求安装阀门和管道。 　检验方法:对照设计图纸检查。 (8)电动调节阀门的调节机构与电动执行机构的转臂应在同一平面内动作,传动部分应灵活、无空行程及卡阻现象,其行程及伺服时间应满足使用要求。 　检验方法:操作时观察检查

(2)锅炉及辅助设备基础的允许偏差和检验方法见表7－2。

表7－2　锅炉及辅助设备基础的允许偏差和检验方法

项次	项　目		允许偏差(mm)	检验方法
1	基础坐标位置		20	经纬仪、拉线和尺量
2	基础各不同平面的标高		$\begin{array}{c}0\\-20\end{array}$	水准仪、拉线尺量
3	基础平面外形尺寸		20	尺量检查
4	凸台上平面尺寸		$\begin{array}{c}0\\-20\end{array}$	
5	凹穴尺寸		$\begin{array}{c}+20\\0\end{array}$	
6	基础上平面水平度	每米	5	水平仪(水平尺)和楔形塞尺检查
		全长	10	
7	竖向偏差	每米	5	经纬仪或吊线和尺量
		全高	10	
8	预埋地脚螺栓	标高(顶端)	$\begin{array}{c}+20\\0\end{array}$	水准仪、拉线和尺量
		中心距(根部)	2	
9	预留地脚螺栓孔	中心位置	10	尺量
		深度	$\begin{array}{c}0\\-20\end{array}$	
		孔壁垂直度	10	吊线和尺量

续上表

项次	项目		允许偏差(mm)	检验方法
10	预埋活动地脚螺栓锚板	中心位置	5	拉线和尺量
		标高	$+20$ 0	
		水平度(带槽锚板)	5	水平尺和楔形塞尺检查
		水平度(带螺纹孔锚板)	2	

(3)水压试验压力规定见表7—3。

表7—3　锅炉汽、水系统水压试验压力规定

项次	设备名称	工作压力 P(MPa)	试验压力(MPa)
1	锅炉本体	$P<0.59$	$1.5P$ 但不小于 0.2
		$0.59 \leqslant P \leqslant 1.18$	$P+0.3$
		$P>1.18$	$1.25P$
2	可分式省煤器	P	$1.25P+0.5$
3	非承压锅炉	大气压力	0.2

注:1. 工作压力 P 对蒸气锅炉指锅筒工作压力。对热水锅炉指锅炉额定出水压力。

2. 铸铁锅炉水压试验同热水锅炉。

3. 非承压锅炉水压试验压力为 0.2 MPa,试验期间压力应保持不变。

(4)锅炉安装的允许偏差和检验方法见表7—4。

表7—4　锅炉安装的允许偏差和检验方法

项次	项目		允许偏差(mm)	检验方法
1	坐标		10	经纬仪、拉线和尺量
2	标高		±5	水准仪、拉线和尺量
3	中心线垂直度	卧式锅炉炉体全高	3	吊线和尺量
		立式锅炉炉体全高	4	吊线和尺量

(5)组装链条炉排安装的允许偏差和检验方法见表7—5。

表7—5　组装链条炉排安装的允许偏差和检验方法

项次	项目	允许偏差(mm)	检验方法
1	炉排中心位置	2	经纬仪、拉线和尺量
2	墙板的标高	±5	水准仪、拉线和尺量
3	墙板的垂直度,全高	3	吊线和尺量
4	墙板间两对角线的长度之差	5	钢丝线和尺量
5	墙板框的纵向位置	5	经纬仪、拉线和尺量

项次	项目		允许偏差(mm)	检验方法
6	墙板顶面的纵向水平度		长度 1/1 000,且≤5	拉线、水平尺和尺量
7	墙板间的距离	跨距≤2 m	+3 0	钢丝线和尺量
		跨距>2 m	+5 0	
8	两墙板的顶面在同一水平面上相对高差		5	水准仪、吊线和尺量
9	前轴、后轴的水平度		长度 1/1 000	拉线、水平尺和尺量
10	前轴和后轴与轴心线相对标高差		5	水准仪、吊线和尺量
11	各轨道在同一水平面上的相对高差		5	水准仪、吊线和尺量
12	相邻两轨道间的距离		±2	钢丝线和尺量

(6)往复炉排安装的允许偏差和检验方法见表7-6。

表7-6　往复炉排安装的允许偏差和检验方法

项次	项目		允许偏差(mm)	检验方法
1	两侧板的相对标高		3	水准仪、吊线和尺量
2	两侧板间距离	跨距≤2 m	+3 0	钢丝线和尺量
		跨距>2 m	+4 0	
3	两侧板的垂直度,全高		3	吊线和尺量
4	两侧板间对角线的长度之差		5	钢丝线和尺量
5	炉排片的纵向间隙		1	钢板尺量
6	炉排两侧的间隙		2	

(7)铸铁省煤器支承架安装的允许偏差和检验方法见表7-7。

表7-7　铸铁省煤器支承架安装的允许偏差和检验方法

项次	项目	允许偏差(mm)	检验方法
1	支承架的位置	3	经纬仪、拉线和尺量
2	支承架的标高	0 -5	水准仪、吊线和尺量
3	支承架的纵、横向水平度(每米)	1	水平尺和塞尺检查

二、施工材料要求

锅炉安装工程施工材料要求见表7-8。

表7-8 锅炉安装工程施工材料要求

项目	内容
必须具备条件	锅炉必须具备图纸、产品合格证书、安装使用说明书、质量技术监督部门的质量监检证书,技术资料应与实物相符。设备进场进行开箱检验,并经相关人员确认
锅炉配套附件及附属设备	(1)锅炉设备外观应完好无损,炉墙绝热层无空鼓,无脱落,炉拱无裂纹,无松动,受压元件可见部位无变形,无损坏。 (2)锅炉配套附件和附属设备应齐全完好,并符合要求,根据设备清单对所有设备及零部件进行清点验收,对缺损件应做记录并及时解决,清点后应妥善保管
管材、管件、仪表阀门	各种管材、管件、型钢、仪表阀门及管件的规格、型号符合设计要求,并符合产品出厂质量标准,外观质量良好,不得有损伤,锈蚀或其他表面缺陷
材料进场要求	所有材料、成品、半成品、配件、器具和设备进场时应对品种、规格、外观等进行验收,包装应完好,表面无划痕及外力冲击破损,无腐蚀,并经监理工程师核查确认

三、施工机械要求

锅炉安装工程施工机械要求见表7-9。

表7-9 锅炉安装工程施工机械要求

项目	内容
施工机具设备	(1)机械:起重机械、磨管机、胀管器、千斤顶、砂轮机、套丝机、手电钻、冲击钻、砂轮锯、角向磨光机、内磨机、交、直流电焊机、电烤箱等。 (2)工具:各种扳手、夹钳、手锯、榔头、布剪、道木、滚杠、钢丝绳、大绳、索具、气焊工具等。 (3)量具及其他:水准仪、经纬仪、电子硬度计、内径百分表、弹簧拉力计、钢板尺、钢卷尺、卡钳、塞尺、水平仪、水平尺、游标卡尺、焊缝检测器、温度计、压力表、线坠等
施工机具设备基本要求	(1)电动卷扬机。 1)电动卷扬机的构造。 电动卷扬机由于起重能力大,速度可慢可快,操作方便安全,是起重作业中经常用的牵引设备。它主要由卷筒、减速器、电动机和鼓形控制器等部件组成(见图7-1)。一般分为单卷筒和双卷筒两种。在起重作业中常用的是慢速卷扬机

项目	内　　容
施工机具设备 基本要求	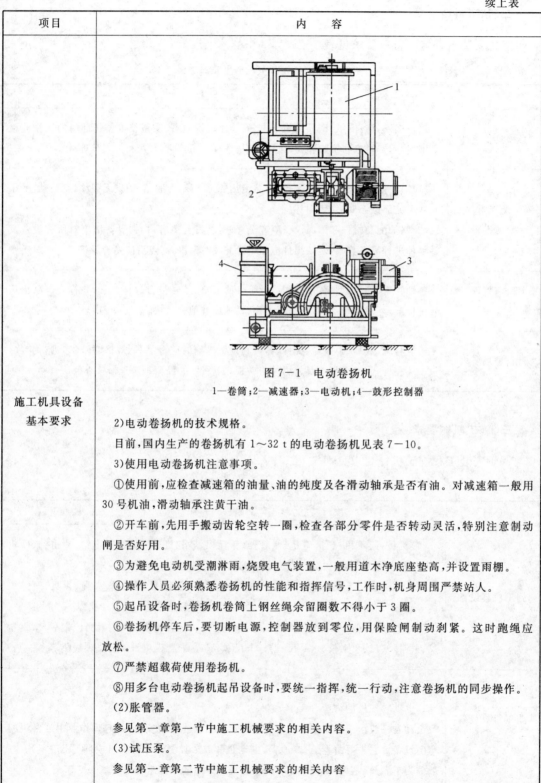 图7—1　电动卷扬机 1—卷筒；2—减速器；3—电动机；4—鼓形控制器 2)电动卷扬机的技术规格。 目前,国内生产的卷扬机有1～32 t 的电动卷扬机见表7—10。 3)使用电动卷扬机注意事项。 ①使用前,应检查减速箱的油量、油的纯度及各滑动轴承是否有油。对减速箱一般用30 号机油,滑动轴承注黄干油。 ②开车前,先用手搬动齿轮空转一圈,检查各部分零件是否转动灵活,特别注意制动闸是否好用。 ③为避免电动机受潮淋雨,烧毁电气装置,一般用道木净底座垫高,并设置雨棚。 ④操作人员必须熟悉卷扬机的性能和指挥信号,工作时,机身周围严禁站人。 ⑤起吊设备时,卷扬机卷筒上钢丝绳余留圈数不得小于 3 圈。 ⑥卷扬机停车后,要切断电源,控制器放到零位,用保险闸制动刹紧。这时跑绳应放松。 ⑦严禁超载荷使用卷扬机。 ⑧用多台电动卷扬机起吊设备时,要统一指挥,统一行动,注意卷扬机的同步操作。 (2)胀管器。 参见第一章第一节中施工机械要求的相关内容。 (3)试压泵。 参见第一章第二节中施工机械要求的相关内容

表 7—10 电动卷扬机的技术规格

类型	起重能力（kN）	卷筒直径（mm）	卷筒长度（mm）	平均绳速（m/min）	容绳量(m) 钢丝绳直径(mm)	外形尺寸 (mm×mm×mm) 长×宽×高 (mm×mm×mm)	电动机功率（kW）	总质量(t)
单卷筒	1 (10)	200	350	36	200 φ12.5	1 390×1 375×800	7	1
单卷筒	3 (30)	340	500	7	110 φ12.5	1 570×1 460×1 020	7.5	1.1
单卷筒	5 (50)	400	840	8.7	190 φ21	2 033×1 800×1 037	11	1.9
双卷筒	3 (30)	350	500	27.5	300 φ16	1 880×2 795×1 258	—	—
双卷筒	5 (50)	220	600	32	500 φ22	2 497×3 096×1 389.5	—	—
单卷筒	7 (70)	800	1 050	6	600 φ31	3 190×2 553×1 690	20	6.0
单卷筒	10 (10)	750	1 312	6.5	1 000 φ31	3 839×2 305×1 793	22	9.5
单卷筒	20 (200)	850	1 321	10	600 φ42	3 820×3 360×2 085	55	—

四、施工工艺解析

锅炉安装工程施工工艺解析见表 7—11。

表 7—11 锅炉安装工程施工工艺解析

项目	内容
基础放线验收及旋转垫铁	(1)锅炉房内清扫干净,将全部地脚螺栓孔内的杂物清出,并用皮风箱(皮老虎)吹扫。 (2)根据锅炉房平面图和基础图放安装基准线。 1)锅炉纵向中心基准线。 2)锅炉炉排前轴基准线或锅炉前面板基准线,如有多台锅炉时应一次放出基准线。 在安装不同型号的锅炉而上煤为一个系统时应保证煤斗中心在一条基准线上

续上表

项目	内　容
基础放线验收及旋转垫铁	3)炉排传动装置的纵横向中心基准线。 4)省煤器纵、横向中心基准线。 5)除尘器纵、横向中心基准线。 6)送风机、引风机的纵、横向中心基准线。 7)水泵、钠离子交换器纵、横向中心基准线。 8)锅炉基础标高基准点,在锅炉基础上或基础四周选有关的若干地点分别作标记,各标记间的相对位移不应超过 3 mm。 (3)当基础尺寸、位置不符合要求时,必须经过修正达到安装要求后再进行安装。 (4)基础放线验收应有记录,并作为竣工资料归档。 (5)整个基础平面要修整铲成麻面,预留地脚螺栓孔内的杂物清理干净,以保证灌浆的质量垫铁组位置要铲平,宜用砂轮机打磨,保证水平度不大于 2 mm/m,接触面积大于 75% 以上。 (6)在基础平面上,画出垫铁布置位置,放置时按设备技术文件规定摆放。垫铁放置的原则是负责集中处,靠近地脚螺栓两侧,或是机座的立筋处。相邻两垫铁组间距离一般为 300~500 mm,若设备安装图上有要求,应按设备安装图施工。垫铁的布置和摆放要做好记录,并经监理代表签字认可
锅炉本体安装	(1)锅炉水平运输。 1)运输前应先选好路线,确定锚点位置,稳好卷扬机,铺好道木。 2)用千斤顶将锅炉前端(先进锅炉房的一端)顶起放进滚杠,用卷扬机牵引前进,在前进过程中,随时倒滚杠和道木。道木必须高于锅炉基础,保护基础不受损坏。 (2)当锅炉运到基础上以后,不撤滚杠先进行找正。应达到下列要求。 1)锅炉本体安装应按设计或产品说明书要求布置并坡向排污阀。 2)锅炉炉排前轴中心线应与基础前轴中心基准线相吻合,允许偏差±2 mm。 3)锅炉纵向中心线与基础纵向中心基准线相吻合,或锅炉支架纵向中心线与条形基础纵向中心基准线相吻合,允许偏差±10 mm。 (3)撤出滚杠使锅炉就位。 1)撤滚杠时用道木或木方将锅炉一端垫好。用两个千斤顶将锅炉的另一端顶起,撤出滚杠,落下千斤顶,使锅炉一端落在基础上。再用千斤顶将锅炉另一端顶起,撤出剩余的滚杠和木方,落下千斤顶使锅炉全部落到基础上。如不能直接落到基础上,应再垫木方逐步使锅炉平稳地落到基础上。 2)锅炉就位后应用千斤顶校正,达到允许偏差的要求。 (4)锅炉找平及确定标高。 1)锅炉纵向找平。 用水平尺(水平尺长度不小于 600 mm)放在炉排的纵排面上,检查炉排面的纵向水平度。检查点最少为炉排前后两处。要求炉排面纵向应水平或炉排面略坡向炉膛后部。最大倾斜度不大于 10 mm。

项目	内　　容
锅炉本体安装	当锅炉纵向不平时,可用千斤顶将过低的一端顶起,在锅炉的支架下垫以适当厚度的钢板,使锅炉的水平度达到要求。垫铁的间距一般为 500～1 000 mm。 　　2)锅炉横向找平。 　　用水平尺(长度不小于 600 mm)放在炉排的横排面上,检查炉排面的横向水平度,检查点最少为炉排前后两处,炉排的横向倾斜度不得大于 5 mm(炉排的横向倾斜过大会导致炉排跑偏)。 　　当炉排横向不平时,用千斤顶将锅炉一侧支架同时顶起,在支架下垫以适当厚度的钢板。垫铁的间距一般为 500～1 000 mm。 　　3)锅炉标高确定。在锅炉进行纵、横向找平时同时兼顾标高的确定,标高允许偏差为 ±5 mm。 　　(5)炉底风室的密封要求。 　　1)锅炉炉底送风的风室及锅炉底座与基础之间必须用水泥砂浆堵严,并在支架的内侧与基础之间用水泥浆抹成斜坡。 　　2)锅炉支架的底座与基础之间的密封砖应砌筑严密,墙的两侧抹水泥砂浆。 　　3)当锅炉安装完毕后,基础的预留孔洞应砌好用水泥砂浆抹严。 　　(6)排污装置安装。 　　1)在锅筒和每组水冷壁的下集箱和后棚管的后集箱的最低处,应装排污阀;排污阀及排污管道不得采用螺纹连接。 　　2)蒸发量不小于 1 t/h 或工作压力不小于 0.7 MPa 的锅炉,排污管上应安装两个串联的排污阀。排污阀的公称直径为 20～65 mm。卧式火管锅炉锅筒上排污阀直径不得小于 40 mm。排污阀宜采用闸阀。 　　3)每台锅炉应安装独立的排污管,要尽量少设弯头,接至排污膨胀箱或安全地点,保证排污畅通。 　　4)多台锅炉的定期排污合用一个总排污管时,必须设有安全措施。 　　(7)锅炉安装的坐标、标高、中心线和垂直度的允许偏差应符合表 7－4 的规定。 　　(8)锅炉本体管道及管件焊接的焊缝质量应符合下列规定。 　　1)焊缝外形尺寸应符合图纸和工艺文件的规定,焊缝高度不得低于母材表面,焊缝与母材应圆滑过渡。焊缝及热影响区表面应无裂纹、未熔合、未焊透、夹渣、弧坑和气孔等缺陷。 　　2)管道焊口尺寸的允许偏差应符合表 1－136 的规定。 　　3)无损探伤的检测结果应符合锅炉本体设计的相关要求。 　　(9)非承压锅炉,应严格按设计或产品说明书的要求施工。锅筒顶部必须敞口或装设大气连通管,连通管上不得安装阀门
炉排安装	(1)整装锅炉安装之前,须进行整装炉排安装。 　　1)炉排在吊装就位前,必须对其各个部件进行详细检查。若发现变形,应予以校正或更换处理后方可进行。 　　2)锅炉基础已放线复查验收。

续上表

项 目	内 容
炉排安装	3)安装时锅炉房若屋顶尚未上盖,可用吊车将整装炉排起吊后直接落放在基础上。若土建主体施工完毕,可用卷扬机或绞磨机将炉排运至基础上,拨正就位。 4)检查和调整各炉排片间的距离。各炉排片与片之间的间隙应均匀一致。 5)检查和调整炉排面的平整度。炉排面不得有局部凸起,应平整。链节各部位受力应均匀,炉排片应能自由翻转。 6)链条炉排安装过程中,应使前轴中心线与后滚筒中心线保持平行,以免炉排跑偏拉断。 (2)炉排两侧进行密封、传动系统安装。 1)密封性能应达到不漏风。 2)密封件的固定部分和运动部分不得有碰撞的部位,并且留有足够的热膨胀间隙。 3)通过放线确定齿轮箱的位置。 4)检查预埋地脚螺栓或预留地脚螺栓孔是否符合设计及安装要求,若不合格应进行修整。清理基础表面找平后用水冲洗干净,以便二次浇筑。 5)齿轮箱的输出轴与炉排主动轴中心线应同心。 (3)组装链条炉排安装的允许偏差应符合表7-5规定。 (4)往复炉排安装的允许偏差应符合表7-6的规定
炉排减速机安装	一般整装锅炉的炉排减速机由制造厂装配成整机运到现场进行安装。 (1)开箱点件检查设备,零部件是否齐全,根据图纸核对其规格、型号是否符合设计要求。 (2)检查机体外观和零部件不得有损坏,输出轴及联轴器应光滑,无裂纹,无锈蚀;油杯、扳把等无丢失和损坏。 (3)根据需要配备地脚螺栓、斜垫铁等,准备起重和安装所需的工具、量具及其他用品。 (4)减速机就位及找正找平。 1)将垫铁放在画好基准线和清理好预留孔的基础上,靠近地脚螺栓预留孔。 2)将减速机(带地脚螺栓,螺栓露出螺母1～2扣)吊装在设备基础上,并使减速机纵、横中心线与基础纵、横中心基准线相吻合。 3)根据炉排输入轴的位置和标高进行找正找平,用水平仪结合更换垫铁厚度或打入楔形铁的方法加以调整。同时还应对联轴器进行找正,以保证减速机输出轴与炉排输入轴对正同心。用卡箍及塞尺对联轴器找同心。减速机的水平度和联轴器的同心度,两联轴节端面之间的间隙以设备随机技术文件为准。 (5)设备找平找正后,即可进行地脚螺栓孔浇筑混凝土。浇筑时应捣实,防止地脚螺栓倾斜。待混凝土强度达到75%以上时,方可拧紧地脚螺栓。在拧紧螺栓时应进行水平的复核,无误后将机内加足机械油准备试车。 (6)减速机试运行。安装完成后,联轴器的连接螺栓暂不安装,先进行减速机单独试车。试车前先拧松离合器的弹簧压紧螺母,把扳把放到空挡上接通电源试电机。检查电机运转方向是否正确和有无杂音,正常后将离合器由低速到高速进行试转,无问题后

续上表

项目	内　容
炉排减速机安装	安装好联轴器的螺栓,在运行过程中调整好离合器的螺栓,配合炉排冷态试运行。在运行过程中调整好离合器的压紧弹簧使其能自动弹起。弹簧不能压得过紧,防止炉排断片或卡住,离合器不能离开,以免把炉排拉坏
平台扶梯安装	(1)长、短支撑的安装。先将支撑孔中杂物清理干净,然后安装长短支撑。支撑安装要正,螺栓应涂机油、石墨后拧紧。 (2)平台安装。平台应水平,平台与支撑连接螺栓要拧紧。 (3)平台扶手柱和栏杆安装。平台扶手柱要垂直于平台,螺栓连接要牢固,栏杆撅弯处应一致美观。 (4)安装爬梯、扶手柱及栏杆。先将爬梯上端与平台螺栓连接,找正后将下端焊在锅炉支架板上或耳板上,与耳板用螺栓连接。扶手栏杆有焊接接头时,焊后应光滑
省煤器安装	(1)整装锅炉的省煤器均为整体组件出厂,因而安装时比较简单。安装前要认真检查省煤器管周围嵌填的石棉绳是否严密牢固,外壳箱板是否平整,肋片有无损坏。铸铁省煤器破损的肋片数不应大于总肋片数的 5%,有破损肋片的根数不应大于总根数的 10%,符合要求后方可进行安装。 (2)省煤器支架安装。 1)清理地脚螺栓孔,将孔内的杂物清理干净,并用水冲洗。 2)将支架上好地脚螺栓,放在清理好预留孔的基础上,然后调整支架的位置、标高和水平度。 3)当烟道为现场制作时,支架可按基础图找平找正;当烟道为成品组件时,应等省煤器就位后,按照实际烟道位置尺寸找平找正。 4)铸铁省煤器支承架安装的允许偏差应符合表 7—7 规定。 (3)省煤器安装。 1)安装前应进行水压试验,试验压力为 1.25P+0.5 MPa(P 为锅炉工作压力:对蒸气锅炉指锅筒工作压力,对热水锅炉指锅炉额定出水压力)。在试验压力下 10 min 内压力下降不超过 0.02 MPa,然后降至工作压力进行检查,压力不降,无渗漏为合格,同时进行省煤器安全阀的调整。安全阀的开启压力应为省煤器工作压力的1.1倍,或为锅炉工作压力的1.1倍。 2)用三木搭或其他吊装设备将省煤器安装在支架上,并检查省煤器的进口位置、标高是否与锅炉烟气出口相符,以及两口的距离和螺栓孔是否相符。通过调整支架的位置和标高,达到烟道安装的要求。 3)一切妥当后将省煤器下部槽钢与支架焊在一起。 (4)浇筑混凝土。支架的位置和标高找好后浇筑混凝土,混凝土的强度等级应比基础强度等级高一级,并应捣实和养护(拌混凝土时宜用豆石)。 (5)当混凝土强度达到 75% 以上时,将地脚螺栓拧紧。 (6)省煤器的出口处或入口处应按设计或锅炉图纸要求安装阀门或管道。在每组省煤器的最低处应设放水阀

项目	内容
液压传动装置安装	(1)对预埋板进行清理和除锈。 (2)检查和调整使铰链架纵横中心线与滑轨纵横中心相符,以确保铰链架的前后位置有较大的调节量,调整后将铰链架的固定螺栓稍加紧固。 (3)把液压缸的活塞杆全部拉出(最大行程),并将活塞杆的长拉脚与摆轮连接好,再把活塞缸与铰链架连接好。然后根据摆轮的位置和图纸的要求把滑轨的位置找正焊牢,最后认真检查调整铰链的位置并将螺栓拧紧。 (4)液压箱安装。按设计位置放好,液压箱内要清洗干净。箱内应加入滤清机械油。 (5)安装地下油管。地下油管采用无缝钢管,在现场揻弯和焊接管接头。钢管内应除锈并清理干净。 (6)安装高压软管。应安装在油缸与地下油管之间。安装时应将丝头和管接头内铁屑毛刺清除干净,丝头连接处用聚四氟乙烯薄膜或麻丝白铅油作填料,最后安装高压软管。 (7)安装高压铜管。先将管接头分别装在油箱和地下油管的管口上,按实际距离将铜管截断,然后退火揻弯,两端穿好锁母,用扩口工具扩口,最后把铜管安装好,拧紧锁母。 (8)电气部分安装。先将行程撞块和行程开关架装好,再装行程开关。行程开关架安装要牢固。上行程开关的位置,应在摆轮拨爪略超过棘轮槽为适宜,下行程开关的位置应定在能使炉排前进 800 mm 或活塞不到缸底为宜。定位时可打开摆轮的前盖直观定位。最后进行电气配管、穿线、压线及油泵电机接线。 (9)油管路的清洗和试压。 1)把高压软管与油缸相接的一端断开,放在空油桶内,然后启动油泵,调节溢流阀调压手轮,逆时针旋转使油压维持在 0.2 MPa,再通过人工方法控制行程开关,使两条油管都得到冲洗。冲洗的时间为 15～20 min,每条油管至少冲洗 2～3 次。冲洗完毕把高压软管与油缸装好。 2)油管试压:利用液压箱的油泵即可。启动油泵,通过调节溢流阀的手轮,使油压逐步升到 3.0 MPa,在此压力下活塞动作一个行程,油管、接头和液压缸均无泄漏为合格,并立即把油压调到炉排的正常工作压力。因油压长时间超载会使电机烧毁。 炉排正常工作时油泵工作压力如下: 1～2 t/h 链条炉,油压力 0.6～1.2 MPa; 4 t/h 链条炉,油压力 0.8～1.5 MPa。 (10)摆轮内部擦洗后加入适量的 20 号机油,上下铰链油杯中应注满黄油。 (11)液压传动装置冲洗、试压应做记录
螺旋出渣机安装	(1)先将出渣机从安装孔斜放在基础坑内。 (2)将漏灰接口板安装在锅炉底板的下部。 (3)安装锥形渣斗。上好渣斗与炉体之间的连接螺栓,再将漏灰板与渣斗的连接螺栓上好。 (4)吊起出渣器的筒体,与锥形渣斗连接好。锥形渣斗下口长方形的法兰与筒体长方形法兰之间要加橡胶垫或油浸扭制的石棉盘根(应加在螺栓内侧),拧紧后不得漏水。

项　目	内　　容
螺旋出渣机安装	（5）安装出渣机的吊耳和轴承底座。在安装轴承底座时，要使螺旋轴保持同心并形成一条直线。 （6）调好安全离合器的弹簧，用扳手扳转蜗杆，使螺旋轴转动灵活。油箱内应加入符合要求的机械油。 （7）安好后接通电源和水源，检查旋转方向是否正确，离合器的弹簧是否跳动，冷态试车 2 h，无异常声音、不漏水为合格，并作好试车记录
刮板除渣机安装就位	湿式刮板除渣（灰）机一般用于锅炉房有多台锅炉时，由链条、刮板、托辊、渣槽、驱动装置及尾部拉紧从动装置组成。 （1）检查驱动装置和从动装置以及渣槽的浇灌质量、外形尺寸。不应有裂缝、蜂窝、孔洞、露筋及剥落等现象，沟槽尚应作渗水试验，应不渗不漏。 （2）检查沟槽与锅炉出渣口的相对位置，以锅炉的纵横基准线及建筑标高基准点为依据，核对设备基础上的沟槽的纵、横中心线及标高，用钢丝线检查基础和渣槽的几何尺寸。 沟槽内壁表面经严格检查验收，要求光滑，直线方向上水平度、倾斜坡圆弧度应该符合要求。每个地脚螺栓孔的大小、位置、间距和垂直度应符合设计要求。沟槽壁上预埋铁件和预留管的位置、数量应准确。 （3）刮板安装前应逐块、逐件清理毛刺、污垢，必须将其表面修整光滑、干净。 （4）在沟槽壁预埋件上，用钢丝线和钢板尺划定托辊轴座的焊接位置，并确保两壁轴座中心线和除渣沟槽纵向中心线重合，允许偏差为 2 mm。 （5）安装托辊轴道。 1）先安装尾部的从动装置，从锅炉底水平段尾部开始向首部方向进行，再安装圆弧斜坡段。 2）托辊安装过程中随时用铁水平尺和水准仪、钢板尺找平，其托辊的允许偏差控制在 1/1 500 以内，全长测定时不得超过 10 mm。 3）托辊安装时与托辊支座接头处应找平、找齐，左右不能超过 1 mm 偏差，高低差不超过 0.5 mm，边安装、边检查，不符合要求应重新调整。 4）托辊横向中心线与除渣机纵向中心线应重合，其允许偏差为 3 mm。 （6）安装驱动装置和从动装置。 1）驱动装置必须安装在除渣机之首，从动装置安装在尾部。 2）将驱动装置中的减速器、电动机运到验收合格的基础上，然后找正找准方位，埋进地脚螺栓，进行二次灌浆，待达到强度后戴上地脚螺栓垫圈及螺母，拧紧。 （7）链条和刮板安装。 1）刮板的安装节距一般为 2 200 mm 左右（见随机图纸），由框链相连接。安装时由从动装置起至驱动装置止。 2）框链的松紧度要调整一致，松紧度适当，框链移动自如，无卡框卡刮板的现象。上下坡度角度不可大于 30°。 3）驱动装置和拉紧框链滚动轴应水平安装，安装时随时用铁水平尺检查，不得超过 0.5/1 000。 （8）从锅炉的出渣口接出锅炉落渣管，插入水中 100 mm，达到除渣水封的目的

项 目	内 容
电气控制箱 （柜）安装	(1)控制箱安装位置应在锅炉的前方，便于监视锅炉的运行、操作及维修。 (2)控制箱的地脚螺栓位置要正确，控制箱安装时要找正找平，灌注牢固。 (3)控制箱装好后，可敷设控制箱到各个电机和仪器仪表的配管，穿导线。控制箱及电气设备外壳应有良好的接地。待各个辅机安装完毕后接通电源
烟囱安装	(1)每节烟囱之间用 φ10 mm 石棉扭绳作垫料，安装螺栓时螺帽在上，连接要严密牢固，组装好的烟囱应基本成直线。 (2)当烟囱超过周围建筑物时要安装避雷针。 (3)在烟囱的适当高度处（无规定时为 2/3 处）安装拉紧绳，最少三根，互为 120°。采用焊接或其他方法将拉紧绳的固定装置安装牢固。在拉紧绳距地面不少于 3 m 处安装绝缘子，拉紧绳与地锚之间用花篮螺栓拉紧，锚点的位置应合理，应使拉紧绳与地面的斜角少于 45°。 (4)用吊装设备把烟囱吊装就位，用拉紧绳调整烟囱的垂直度，垂直度的要求为 1/1 000，全高不超过 20 mm，最后检查接紧绳的松紧度，拧紧卡和基础螺栓。 (5)两台或两台以上燃油锅炉共用一个烟囱时，每一台锅炉的烟道上均应配备风阀或挡板装置，并应具有操作调节和闭锁功能
锅炉水压试验	(1)水压试验应报请当地技术监督局有关部门参加。 (2)试验前的准备工作。 1)将锅筒、集箱内部清理干净后封闭人孔、手孔。 2)检查锅炉本体的管道、阀门有无漏加垫片，漏装螺栓和未紧固等现象。 3)应关闭排污阀、主气阀和上水阀。 4)安全阀的管座应用盲板封闭，并在一个管座的盲板上安装放气管和放气阀，放气管的长度应超出锅炉的保护壳。 5)锅炉试压管道和进水管道接在锅炉的副气阀上为宜。 6)应打开锅炉的前后烟箱和烟道的检查门，试压时便于检查。 7)打开副气阀和放气阀。 8)至少应装两块经计量部门校验合格的压力表，并将其旋塞转到相通位置。 (3)试验时对环境温度的要求。 1)水压试验应在环境温度（室内）高于 5℃时进行。 2)在气温低于 5℃的环境中进行水压试验时，必须有可靠的防冻措施。 (4)试验时对水温的要求。 1)水温一般应在 20℃～70℃。 2)水压试验应使用软化水，应保持高于周围环境露点的温度以防锅炉表面结露。 3)无软化水时可用自来水试压；当施工现场无热源时，要等锅炉筒内水温与周围气温较为接近或无结露时，方可进行水压试验。

续上表

项 目	内　　容
锅炉水压试验	(5)锅炉水压试验的压力规定见表7—3,并应符合地方技术监督局的规定。 (6)水压试验步骤和验收标准。 1)向炉内上水。打开自来水阀门向炉内上水,待锅炉最高点放气管见水无气后关闭放气阀,最后把自来水阀门关闭。 2)用试压泵缓慢升压至0.3~0.4 MPa时,应暂停升压,进行一次检查和必要的紧固螺栓工作。 3)待升至工作压力时,应停泵检查各处有无渗漏或异常现象,再升至试验压力后停泵。锅炉应在试验压力下保持10 min,压力降不超过0.02 MPa,然后降至工作压力进行检查。达到下列要求为试验合格。 压力不降、不渗、不漏;观察检查,不得有残余变形;受压元件金属壁和焊缝上不得有水珠和水雾;胀口处不滴水珠。 4)水压试验结束后,应将炉内水全部放净,以防冻,并拆除所加的全部盲板。 5)水压试验结束后,应做好记录,并有参加验收人员签字,最后存档。 6)水压试验还应符合地方技术监督局的有关规定
炉排冷态试运转	(1)清理炉膛、炉排,尤其是容易卡住炉排的铁块、焊渣、焊条头和铁矿钉等必须清理干净,然后将炉排各部位的油杯加满润滑油。 (2)机械炉排安装完毕后应做冷态运转试验。炉排冷运转连续不少于8 h,试运转速度最少应在两级以上,并进行检查和调整。 1)检查炉排有无卡住和拱起现象,如炉排有拱起现象可通过调整炉排前轴的拉紧螺栓消除。 2)检查炉排有无跑偏现象,要钻进炉膛内检查两侧主炉排片与两侧板的距离是否相等。不等时说明跑偏,应调整前轴相反一侧的拉紧螺栓(拧紧),使炉排走正。如拧到一定程度后还不能纠偏时,还可以稍松另一侧的拉紧螺栓,使炉排走正。 3)检查炉排长销轴与两侧板的距离是否大致相等,通过一字形检查孔,用手锤间接打击过长的长销轴,使之与两侧板的距离相等。同时还要检查有无漏装垫圈和开口销。 4)检查主炉排片与链轮啮合是否良好,各链轮齿是否同位。如有严重不同位时,应与制造厂联系解决。 5)检查炉排片有无断裂,有断裂时等到炉排转到一字形检查孔的位置时,停炉排把备片换上再运转。 6)检查煤闸板吊链的长短是否相等,检查各风室的调节门是否灵活。 7)冷态试运行结束后应填好记录,甲乙方、监理方签字

第二节　锅炉辅助设备及管道安装

一、验收条文

(1)锅炉辅助设备及管道安装工程施工质量验收标准见表7—12。

表7－12　锅炉辅助设备及管道安装工程施工质量验收标准

项目	内　容
主控项目	（1）辅助设备基础的混凝土强度必须达到设计要求，基础的坐标、标高、几何尺寸和螺栓孔位置必须符合表7－2的规定。 （2）风机试运转，轴承温升应符合下列规定。 1）滑动轴承温度最高不得超过60℃。 2）滚动轴承温度最高不得超过80℃。 检验方法：用温度计检查。 轴承径向单振幅应符合下列规定。 ①风机转速小于1 000 r/min时，不应超过0.10 mm。 ②风机转速为1 000～1 450 r/min时，不应超过0.08 mm。 检验方法：用测振仪表检查。 （3）分汽缸（分水器、集水器）安装前应进行水压试验，试验压力为工作压力的1.5倍，但不得小于0.6 MPa。 检验方法：试验压力下10 min内无压降、无渗漏。 （4）敞口箱、罐安装前应做满水试验；密闭箱、罐应以工作压力的1.5倍做水压试验，但不得小于0.4 MPa。 检验方法：满水试验满水后静置24 h不渗不漏；水压试验在试验压力下10 min内无压降、不渗不漏。 （5）地下直埋油罐在埋地前应做气密性试验，试验压力降不应小于0.03 MPa。 检验方法：试验压力下观察30 min不渗不漏，无压降。 （6）连接锅炉及辅助设备的工艺管道安装完毕后，必须进行系统的水压试验，试验压力为系统中最大工作压力的1.5倍。 检验方法：在试验压力10 min内压力降不超过0.05 MPa，然后降至工作压力进行检查，不渗不漏。 （7）各种设备的主要操作通道的净距如设计不明确时不应小于1.5 m，辅助的操作通道净距不应小于0.8 m。 检验方法：尺量检查。 （8）管道连接的法兰、焊缝和连接管件以及管道上的仪表、阀门的安装位置应便于检修，并不得紧贴墙壁、楼板或管架。 检验方法：观察检查。 （9）管道焊接质量应符合表1－1的相关要求和表1－136的规定
一般项目	（1）锅炉辅助设备安装的允许偏差应符合表7－13的规定。 （2）连接锅炉及辅助设备的工艺管道安装的允许偏差应符合表7－14的规定。 （3）单斗式提升机安装应符合下列规定。 1）导轨的间距偏差不大于2 mm。

项目	内　　容
一般项目	2)垂直式导轨的垂直度偏差不大于 1‰；倾斜式导轨的倾斜度偏差不大于 2‰。 3)料斗的吊点与料斗垂心在同一垂线上,重合度偏差不大于 10 mm。 4)行程开关位置应准确,料斗运行平稳,翻转灵活。 检验方法:吊线坠、拉线及尺量检查。 (4)安装锅炉送、引风机,转动应灵活无卡碰等现象;送、引风机的传动部位,应设置安全防护装置。 检验方法:观察和启动检查。 (5)水泵安装的外观质量检查:泵壳不应有裂纹、砂眼及凹凸不平等缺陷;多级泵的平衡管路应无损伤或折陷现象;蒸汽往复泵的主要部件、活塞及活动轴必须灵活。 检验方法:观察和启动检查。 (6)手摇泵应垂直安装。安装高度如设计无要求时,泵中心距地面为 800 mm。 检验方法:吊线和尺量检查。 (7)水泵试运转,叶轮与泵壳不应相碰,进、出口部位的阀门应灵活。轴承温升应符合产品说明书的要求。 检验方法:通电、操作和测温检查。 (8)注水器安装高度,如设计无要求时,中心距地面为 1.0～1.2 m。 检验方法:尺量检查。 (9)除尘器安装应平稳牢固,位置和进、出口方向应正确。烟管与引风机连接时应采用软接头,不得将烟管重量压在风机上。 检验方法:观察检查。 (10)热力除氧器和真空除氧器的排气管应通向室外,直接排入大气。 检验方法:观察检查。 (11)软化水设备罐体的视镜应布置在便于观察的方向。树脂装填的高度应按设备说明书要求进行。 检验方法:对照说明书,观察检查。 (12)管道及设备保温层的厚度和平整度的允许偏差应符合表 1—98 的规定。 (13)在涂刷油漆前,必须清除管道及设备表面的灰尘、污垢、锈斑、焊渣等物。涂漆的厚度应均匀,不得有脱皮、起泡、流淌和漏涂等缺陷。 检验方法:现场观察检查

(2)锅炉辅助设备安装的允许偏差和检验方法见表 7—13。

表 7—13　锅炉辅助设备安装的允许偏差和检验方法

项次	项目		允许偏差(mm)	检验方法
1	送、引风机	坐标	10	经纬仪、拉线和尺量
		标高	±5	水准仪、拉线和尺量

项次	项目		允许偏差(mm)	检验方法
2	各种静置设备（各种容器、箱、罐等）	坐标	15	经纬仪、拉线和尺量
		标高	±5	水准仪、拉线和尺量
		垂直度(1 m)	2	吊线和尺量
3	离心式水泵	泵体水平度(1 m)	0.1	水平尺和塞尺检查
	联轴器同心度	轴向倾斜(1 m)	0.8	水准仪、百分表（测微螺钉）和塞尺检查
		径向位移	0.1	

（3）连接锅炉及辅助设备的工艺管道安装的允许偏差和检验方法见表7—14。

表7—14　连接锅炉及辅助设备的工艺管道安装的允许偏差和检验方法

项次	项目		允许偏差(mm)	检验方法
1	坐标	架空	15	水准仪、拉线和尺量
		地沟	10	
2	标高	架空	±15	水准仪、拉线和尺量
		地沟	±10	
3	水平管道纵、横方向弯曲	$DN\leqslant100$ mm	2‰，最大50	直尺和拉线检查
		$DN>100$ mm	3‰，最大70	
4	立管垂直		2‰，最大15	吊线和尺量
5	成排管道间距		3	直尺尺量
6	交叉管的外壁或绝热层间距		10	—

二、施工材料要求

参见第七章第一节中施工材料要求的相关内容。

三、施工机械要求

参见第七章第一节中施工机械要求的相关内容。

四、施工工艺解析

锅炉辅助设备及管道安装工程施工工艺解析见表7—15。

表 7—15   锅炉辅助设备及管道安装工程施工工艺解析

项目	内 容
风机安装	(1)基础验收合格,安装垫铁后,将送风机吊装就位(带地脚螺栓),找平找正后进行地脚螺栓孔灌浆。待混凝土强度达到 75% 以上时,再复查风机是否水平,地脚螺栓紧固后进行二次灌浆。混凝土的强度等级应比基础强度等级高一级,灌筑捣固时不得使地脚螺栓歪斜,灌筑后要养护。 (2)风机找正找平要求。 1)机壳安装应垂直:风机坐标安装允许偏差为 10 mm,标高允许偏差为 ±5 mm。 2)纵向水平度 0.2‰。 3)横向水平度 0.3‰。 4)风机轴与电机轴不同心,径向位移不大于 0.05 mm。 5)如用皮带轮连接时,风机和电机的两皮带轮的平行度允许偏差应小于 1.5 mm。两皮带轮槽应对正,允许偏差小于 1 mm。 (3)风管安装。 1)砖砌地下风道,风道内壁用水泥砂浆抹平,表面光滑、严密。风机出口与风管之间、风管与地下风道之间连接要严密,防止漏风。 2)安装烟道时应使之自然吻合,不得强行连接,更不允许将烟道重量压在风机上。当采用钢板风道时,风道法兰连接要严密。应设置安装防护装置。 3)安装调节风门时应注意不要装反,应标明开、关方向。 4)安装调节风门后试拨转动,检查是否灵活,定位是否可靠。 (4)安装冷却水管。冷却水管应干净畅通。排水管应安装漏斗以便于直观出水的大小,出水大小可用阀门调整。安装后应按要求进行水压试验,如无规定时,试验压力不低于 0.4 MPa。其他要求可参考给水管安装要求。 (5)轴承箱清洗加油。 (6)安装安全罩,安全罩的螺栓应拧紧。 (7)风机试运行。试运行前用手转动风机,检查是否灵活。先关闭调节阀门,接通电源,进行点试,检查风机转向是否正确,有无摩擦和振动现象。启动后再稍开调节门,调节门的开度应使电机的电流不超过额定电流。运转时检查电机和轴承升温是否正常。风机试运行不小于 2 h,并作好运行记录
单斗式提升机安装	(1)导轨的间距偏差不大于 2 mm。 (2)垂直式导轨的垂直度偏差不大于 1‰,倾斜式导轨的倾斜度偏差不大于 2‰。 (3)料斗的吊点与料斗垂心在同一垂线上,重合度偏差不大于 10 mm。 (4)行程开关位置应准确,料斗运行平稳,翻转灵活
除尘器安装	(1)安装前首先核对除尘器的旋转方向与引风机的旋转方向是否一致,安装位置是否便于清灰、运灰。除尘器落灰口距地面高度一般为 0.6~1.0 m。检查除尘器内壁耐磨涂料有无脱落。

项　目	内　　容
除尘器安装	(2)安装除尘器支架。将地脚螺栓安装在支架上,然后把支架放在画好基准线的基础上。 (3)安装除尘器。支架安装好后,吊装除尘器,紧好除尘器与支架连接的螺栓。吊装时根据情况(立式或卧式)可分段安装,也可整体安装。除尘器的蜗壳与锥形体连接的法兰要连接严密,用 $\phi10$ mm 石棉扭绳作垫料,垫料应加在连接螺栓的内侧。 (4)烟道安装。先从省煤器的出口或锅炉后烟箱的出口安装烟道和除尘器的扩散管。烟道之间的法兰连接用 $\phi10$ mm 石棉扭绳作垫料,垫料应加在连接螺栓的内侧,连接要严密。烟道与引风机连接时应采用软接头,不得将烟道重量压在风机上。烟道安装后,检查扩散管的法兰与除尘的进口法兰位置是否正确。 (5)检查除尘器的垂直度和水平度。除尘器的垂直度和水平度允许偏差为 1/1 000,找正后进行地脚螺栓孔灌浆,混凝土强度达到 75% 以上时,将地脚螺栓拧紧。 (6)锁气器安装。锁气器是除尘器的重要部件,是保证除尘器效果的关键部件之一,因此锁气器的连接处和舌形板接触要严密,配重或挂环要合适。 (7)除尘器应按图纸位置安装,安装后再安装烟道。设计无要求时,弯头(虾米腰)的弯曲半径不应小于管径的 1.5 倍,扩散管渐扩角度不得大于 20°
水处理设备安装	(1)锅炉运行应用软化水。 (2)低压锅炉的炉外水处理一般采用钠离子交换水处理方法。多采用固定床顺流再生、逆流再生和浮动床三种工艺。 (3)离子交换器安装前,先检查设备表面有无撞痕,罐内防腐有无脱落,如有脱落应用好记录,采取措施后再安装。为防止树脂流失应检查布水喷嘴和孔板垫布有无损坏,如损坏应更换。 (4)钠离子交换器安装。将离子交换器吊装就位,找平找正。视镜应安装在便于观看的方向,罐体垂直允许偏差为 2/1 000。在吊装时要防止损坏设备。 (5)设备配管。一般采用镀锌钢管或塑料管,采用螺纹连接,接口要严密。所有阀门安装的标高和位置应便于操作,配管的支架严禁焊在罐体上。 (6)配管完毕后,根据说明书进行水压试验。检查法兰、视镜、管道接口等,以无渗漏为合格。 (7)装填树脂时,应根据说明书先进行冲洗后再装入罐内。树脂层装填高度按设备说明书要求进行。 (8)盐水箱(池)安装。如用塑料制品,可按图纸位置放好即可;如用钢筋混凝土浇筑或砖砌盐池,应分为溶池和配比池两部分。无规定时,一般底层用 30~50 mm 厚的木板,并在其上打出 $\phi8$ mm 的孔,孔距为 5 mm,木板上铺 200 mm 厚的石英石,粒度为 $\phi10$~$\phi20$ mm,石英石上铺上 1~2 层麻袋布

项目	内　　容
水泵安装	（1）将水泵吊装就位，找平找正，与基准线相吻合，泵体水平度 0.1 mm/m，然后进行灌浆。 （2）联轴器找正。泵与电机轴的同心度：轴向倾斜 0.8 mm/m，径向位移 0.1 mm。 （3）手摇泵应垂直安装。安装高度如设计无要求时，泵中心距地面为 800 mm。 （4）水泵安装后外观质量检查。泵壳不应有裂纹、砂眼及凹凸不平等缺陷，多级泵的平衡管路应无损伤或折陷现象，蒸汽往复泵的主要部件、活塞及活动轴必须灵活。 （5）轴承箱清洗加油。 （6）水泵试运转。 1）电机试运转，确认转动无异常现象、转动方向无误。 2）安装联轴器的连接螺栓。安装前应用手转动水泵轴，应转动灵活无卡阻、杂音及异常现象，然后再连接联轴器的螺栓。 3）泵启动前应先关闭出口阀门（以防启动负荷过大），然后启动电机。当泵达到正常运转速度时，逐步打开出口阀门，使其保持工作压力。检查水泵的轴承温升（应按说明书，一般不超过外界温度 35℃，其最高温度不应大于 75℃），轴封是否漏水、漏油
除氧器安装	除氧器有热力除氧和真空除氧器，其上部为除氧头，下部为除氧水箱，除氧头和除氧水箱用法兰相连。除此之外还有解吸除氧装置、化学除氧器等。下面以热力除氧器为例介绍除氧器安装方法。 （1）热力除氧器应安装在锅炉给水泵的上方，除氧水箱的最低水位和给水泵的中心线之间的高差应不小于 7 m。除氧水箱为卧式安装，除氧头为立式安装在除氧水箱上。一般均设有钢梯及钢平台。 （2）提交安装除氧器的基础应验收合格，混凝土强度达到 70% 以上。基础画线以安装层的建筑基准点为依据。安装前，应清除基础表面杂物污垢，在施工中不得使基础沾油污。 （3）除氧器的运输方法与锅炉相同，先将除氧水箱吊至安装的高度，调准水箱方位后，将除氧水箱的固定支座落在固定基础上，再慢慢将滑动支座落在另一端基础上。吊线、找正、调整后，按随机技术文件的规定将支座用地脚螺栓或电焊固定。 （4）安装钢扶梯和钢平台。 1）安装前检查钢构件的几何尺寸、长度、弯曲度。允许偏差为：平台不平度 2 mm/m；平台长度 2 mm/m；钢扶梯长度为 ±5 mm。 2）可采用组合构件吊装，先安装扶梯，然后安装钢平台和钢栏杆。安装后的允许偏差为：平台标高为 ±10 mm；栏杆的弯曲度为 5 mm/m；扶手立杆不垂直度 5 mm/全高。 （5）将除氧头吊至安装高度，慢慢落下，使除氧头的法兰对准除氧水箱上的法兰，用螺栓穿入法兰孔、稳住除氧头后，将垫片加进法兰内，再把除氧头全部坐落在除氧水箱上，吊正、找平，调整各螺栓孔位置，穿进全部螺栓，戴上垫圈、螺帽，对称地逐渐拧紧。 （6）按锅炉房配管施工图进行管道附件、阀门及仪表配置。热力除氧器和真空除氧器的排气管应通向室外，直接排入大气。 （7）热力除氧器必须安装水位自动调节装置、蒸气压力自动调节装置和水封式安全阀。 （8）除氧头与除氧水箱安装完毕必须进行水压试验。除氧器的工作压力为 0.02 MPa，其试验压力为 0.2 MPa。

续上表

项目	内　容
除氧器安装	(9)除氧器经水压试验合格后,外壳进行保温。如设计无规定,可采用钢丝网包扎后抹石棉水泥一层,厚度一般为 80~100 mm。 (10)试运转。在试运转过程中注意调节好排气阀的开启度,既要保证顺利排出气体,又要尽量阻止蒸汽的溢出,减少热量损失。通过自动调节装置应注意蒸汽量吸水量的比例调节是否恰到好处,即将水加热至沸腾状
箱、罐等静态设备安装	(1)箱、罐安装允许偏差不得超过表 7—16 的规定。 (2)箱、罐及支、吊、托架安装,应平直牢固,位置正确,支架安装的允许偏差应符合表 7—17 的规定。 (3)敞口箱、罐安装前应作满水试验,满水试验满水后静置 24 h 不渗不漏为合格。密闭箱、罐,如设计无要求,应以工作压力的 1.5 倍作水压试验,但不得小于 0.4 MPa,在试验压力下 10 min 内无压降,不渗不漏为合格。 (4)地下直埋油罐在埋地前应做气密性试验,试验压力不应小于 0.03 MPa。在试验压力下观察 30 min 不渗、不漏、无压降为合格。 (5)分汽缸(分水器、集水器)安装前应进行水压试验,试验压力为工作压力的 1.5 倍,但不得小于 0.6 MPa。试验压力下 10 min 内无压降、无渗漏为合格。分汽缸一般安装在角钢支架上,安装位置应有 0.5% 的坡度,分汽缸的最低点应安装疏水器。 (6)注水器安装高度。如设计无要求时,中心距地面为 1.0~1.2 m,固定应牢固。与锅炉之间装好逆止阀,注水器与逆止阀的安装间距应保持在 150~300 mm 的范围内。 (7)除污器安装。 1)除污器应装有旁通管(绕行管),以便在系统运行时对除污器进行必要的检修。 2)因除污器重量较大,应安装在专用支架上。 3)除污器安装方向必须正确。系统试压与冲洗后,应予以清扫
管道、阀门和仪表安装	(1)连接锅炉及辅助设备的工艺管道安装完毕后,必须进行系统的水压试验,试验压力为系统中最大工作压力的 1.5 倍。在试验压力 10 min 内压力降不超过 0.05 MPa,然后降至工作压力进行检查,不渗不漏为合格。 (2)管道连接的法兰、焊缝和连接管件以及管道上的仪表、阀门的安装位置应便于检修,并不得紧贴墙壁、楼板或管架。 (3)连接锅炉及辅助设备的工艺管道安装的允许偏差应符合表 7—14 的规定

表 7—16　箱、罐安装允许偏差　　　　　　　　　　（单位:mm）

项目	允许偏差
标高	±5
水平度或垂直度	2/1 000L,2/1 000H 但不大于 10(L 为长度,H 为高度)
坐标	15

表 7—17　箱、罐支架安装允许偏差　　　　　　　　（单位:mm）

项目		允许偏差
支架立柱	位置	5
	垂直度	1/1 000H 但不大于 10(H 为高度)
支架横梁	上表面标高	±5
	侧向弯曲	1/1 000L 但不大于 10(L 为长度)

第三节　锅炉安全附件安装

一、验收条文

(1)管路安全附件安装工程施工质量验收标准见表 7—18。

表 7—18　锅炉安全附件安装工程施工质量验收标准

项目	内　容
主控项目	(1)锅炉和省煤器安全阀的定压和调整应符合表 7—19 的规定。锅炉上装有两个安全阀时,其中的一个按表中较高值定压,另一个按较低值定压。装有一个安全阀时,应按较低值定压。 检验方法:检查定压合格证书。 (2)压力表的刻度极限值,应大于或等于工作压力的 1.5 倍,表盘直径不得小于 100 mm。 检验方法:现场观察和尺量检查。 (3)安装水位表应符合下列规定。 1)水位表应有指示最高、最低安全水位的明显标志,玻璃板(管)的最低可见边缘应比最低安全水位低 25 mm;最高可见边缘应比最高安全水位高 25 mm。 2)玻璃管式水位表应有防护装置。 3)电接点式水位表的零点应与锅筒正常水位重合。 4)采用双色水位表时,每台锅炉只能装设一个,另一个装设普通水位表。 5)水位表应有放水旋塞(或阀门)和接到安全地点的放水管。 检验方法:现场观察和尺量检查。 (4)锅炉的高低水位报警器和超温、超压报警器及联锁保护装置必须按设计要求安装齐全和有效。 检验方法:启动、联动试验并作好试验记录。 (5)蒸气锅炉安全阀应安装通向室外的排气管。热水锅炉安全阀泄水管应接到安全地点。在排气管和泄水管上不得装设阀门。 检验方法:观察检查

项 目	内 容
一般项目	(1)安装压力表必须符合下列规定。 1)压力表必须安装在便于观察和吹洗的位置,并防止受高温、冰冻和振动的影响,同时要有足够的照明。 2)压力表必须设有存水弯管。存水弯管采用钢管撅制时,内径不应小于 10 mm;采用铜管撅制时,内径不应小于 6 mm。 3)压力表与存水弯管之间应安装三通旋塞。 检验方法:观察和尺量检查。 (2)测压仪表取原部件在水平工艺管道上安装时,取压口的方位应符合下列规定。 1)测量液体压力的,在工艺管道的下半部与管道的水平中心线成 0°～45°夹角范围内。 2)测量蒸汽压力的,在工艺管道的上半部或下半部与管道水平中心线成 0°～45°夹角范围内。 3)测量气体压力的,在工艺管道的上半部。 检验方法:观察和尺量检查。 (3)安装温度计应符合下列规定。 1)安装在管道和设备上的套管温度计,底部应插入流动介质内,不得装在引出的管段上或死角处。 2)压力式温度计的毛细管应固定好并有保护措施,其转弯处的弯曲半径不应小于 50 mm,温包必须全部浸入介质内。 3)热电偶温度计的保护套管应保证规定的插入深度。 检验方法:观察和尺量检查。 (4)温度计与压力表在同一管道上安装时,按介质流动方向温度计应在压力表下游处安装,如温度计需在压力表的上游安装时,其间距不应小于 300 mm。 检验方法:观察和尺量检查

(2)安全阀定压规定见表 7—19。

表 7－19　安全阀定压规定

项次	工作设备	安全阀开启压力(MPa)
1	蒸汽锅炉	工作压力＋0.02 MPa
		工作压力＋0.04 MPa
2	热水锅炉	1.12 倍工作压力,但不少于工作压力＋0.07 MPa
		1.14 倍工作压力,但不少于工作压力＋0.10 MPa
3	省煤器	1.1 倍工作压力

二、施工材料要求

参见第七章第一节中施工材料要求的相关内容。

三、施工机械要求

参见第七章第一节中施工机械要求的相关内容。

四、施工工艺解析

锅炉安全附件安装工程施工工艺解析见表7－20。

表7－20　锅炉安全附件安装工程施工工艺解析

项目	内　　容
安全阀安装	(1)额定热功率大于1.4 MW的锅炉,至少应装设两个安全阀(不包括省煤器),并应使其中一个先动作;额定热功率不大于1.4 MW的锅炉至少应装设一个安全阀。省煤器进口或出口安装一个安全阀。 (2)锅炉和省煤器安全阀定压和调整应符合表7－19的规定。锅炉上装有两个安全阀时,其中的一个按表中较高值定压,另一个按较低值定压。装有一个安全阀时,应按较低值定压。 (3)额定蒸气压力小于0.1 MPa的锅炉应采用静重式安全阀或水封安全装置。 (4)安全阀应在锅炉水压试验合格后再安装。水压试验时,安全阀管座可用盲板法兰封闭,试完压后应立即将其拆除。 (5)安全阀应垂直安装,并装在锅炉锅筒、集箱的最高位置。在安全阀和锅筒之间或安全阀和集箱之间,不得装有取用蒸汽的汽管和取用热水的出水管,并不许装阀门。 (6)蒸汽锅炉安全阀应安装排气管直通室外安全处,排气管的截面积不应小于安全阀出口的截面积。排气管应坡向室外并在最低点的底部装泄水管,并接到安全处。热水锅炉安全阀泄水管应接到安全地点。排气管和排水管上不得装阀门。 (7)多个安全阀共用一根引出管时,短管的流通截面积应不小于全部安全阀截面积的1.25倍。 (8)安全阀必须设有下列装置。 1)杠杆式安全阀应有防止重锤自行移动的装置并限制杠杆越出导架。 2)弹簧式安全阀应设有提升把手并防止随意拧动调整螺栓。 3)静重式安全阀应有防止重锤飞出的限制装置。 (9)严禁在安装中用加重物、移动重锤、将阀芯卡死等手段任意提高安全阀的开启压力或使其失效。 (10)安全阀在锅炉负荷试运行时应进行热态定压检验和调整,应加锁或铅封
水位表安装	(1)每台锅炉至少应装两个彼此独立的水位表。但额定蒸发量不大于0.2 t/h的锅炉可以装一个水位表。 (2)采用双色水位表时,每台锅炉只能装一个,另一个装普通(无色的)水位表。

项　目	内　　容
水位表安装	（3）水位表装置应符合下列技术条件方可安装。 　1）锅炉运行时,能够吹洗和更换玻璃管(板)。水位表和锅筒之间的汽、水连接管内径不得小于 18 mm。连接管应尽可能短,连接管长度大于 500 mm 或有弯曲时,内径应适当放大,以保证水位表准确灵敏。 　2）汽连管应能自动向水位计疏水,水连管应能自动向锅筒疏水。 　3）旋塞及玻璃管的内径均严禁小于 8 mm。 　（4）水位表应装于便于观察的地方,并有足够的照明度。采用玻璃管水位表时应装有防护罩,防止损坏伤人。 　（5）水位表安装前应检查旋塞转动是否灵活,填料是否符合使用要求,不符合要求时应更换填料。水位表的玻璃管或玻璃板应干净透明。 　（6）安装水位表时,应使水位表的两个表口保持垂直和同心,填料要均匀,接头应严密。 　（7）安装玻璃管时,端口有裂纹的不应使用,安装后的玻璃管距上下口的空隙不应大于 10 mm,充填石棉线紧固时,不可堵塞管孔。 　（8）水位表安装完毕应画出最高、最低水位的明显标志。水位表玻璃管(板)上的下部可见边缘应比最低安全水位至少低 25 mm,水位表玻璃管(板)上的上部可见边缘比最高安全水位至少应高 25 mm。 　（9）水位表应有放水旋塞(或阀门),泄水管应接到安全处。当泄水管接至安装有排污管的漏斗时,漏斗与排污管之间应加阀门,防止锅炉排污时从漏斗冒汽伤人。 　（10）电接点式水位表的零点应与锅筒正常水位重合。 　（11）额定蒸发量不小于 2 t/h 的锅炉,应安装高低水位警报器。报警器的泄水管可与水位表的泄水管接在一起,但报警器泄水管上应单独安装一个截止阀,绝不允许在合用管段上仅装一个阀门
压力表安装	（1）弹簧管压力表安装。 　1）工作压力小于 1.25 MPa 的锅炉,压力表精度不应低于 2.5 级。 　2）压力表安装前应经校验,铅封后进行安装。 　3）表盘刻度极限值为工作压力的 1.5～3 倍(宜选用 2 倍工作压力),表盘直径不得小于 100 mm(锅炉本体的压力表表盘直径不应小于 150 mm),表体位置端正,便于观察。 　4）压力表必须安装在便于观察和吹洗的位置,并防止受高温、冰冻和振动的影响,同时要有足够的照明。 　5）压力表必须设有存水弯。存水弯管采用钢管揻制时,内径不应小于 10 mm;采用铜管揻制时,内径不应小于 6 mm。 　6）压力表与存水弯管之间应安装三通旋塞。 　7）压力表应垂直安装,垫片要规整,垫片表面应涂机油石墨,螺纹部分涂白铅油,连接要严密。安装完后在表盘上或表壳上划出明显的标志,标出最高工作压力。

续上表

项目	内　容
压力表安装	（2）电接点压力表安装同弹簧管式压力表，要求如下所示。 1）报警。把上限指针定位在最高工作压力刻度位置，当活动指针随着压力增高与上限指针接触时，与电铃接通进行报警。 2）自控停机。把上限指针定在最高工作压力刻度上，把下限指针定在最低工作压力刻度上，当压力增高使活动指针与上限指针相接触时可自动停机。停机后压力逐渐下降，降到活动指针与下限指针接触时能自动启动使锅炉继续运行。 （3）应定期进行试验，检查其灵敏度，有问题应及时处理
温度计（表）安装	（1）安装在管道和设备上的套管温度计，底部应插入流动介质内，不得装在引出的管段上或死角处。 （2）内标式温度表安装。温度表的螺纹部分应涂白铅油，密封垫应涂机油石墨，温度表的标尺应朝向便于观察的方向。底部应加入适量导热性能好、不易挥发的液体或机油。 （3）压力式温度计安装。温度表的丝接部分应涂白铅油，密封垫涂机油石墨，温度表的感温器端部应装在管道中心，温度表的毛细管应固定好，并有保护措施，其转弯处的弯曲半径不应小于 50 mm，温包必须全部浸入介质内。多余部分应盘好固定在安全处。温度表的表盘应安装在便于观察的位置。安装完后应在表盘上或表壳上划出最高运行温度的标志。 （4）压力式电接点温度表的安装。与压力式温度表安装相同。报警和自控同电接点压力表的安装。 （5）热电偶温度计的保护套管应保证规定的插入深度。 （6）温度计与压力表在同一管道上安装时，按介质流动方向温度计应在压力表下游处安装，如温度计需在压力表的上游安装时，其间距不应小于 300 mm

第四节　换热站安装

一、验收条文

换热站安装工程施工质量验收标准见表 7－21。

表 7－21　换热站安装工程施工质量验收标准

项目	内　容
主控项目	（1）热交换器应以最大工作压力的 1.5 倍作水压试验。蒸气部分应不低于蒸汽供汽压力加 0.3 MPa；热水部分应不低于 0.4 MPa。 检验方法：在试验压力下，保持 10 mm 压力不降。 （2）高温水系统中，循环水泵和换热器的相对安装位置应按设计文件施工。 检验方法：对照设计图纸检查。

续上表

项目	内　容
主控项目	（3）壳管式热交换器的安装，如设计无要求时，其封头与墙壁或屋顶的距离不得小于换热管的长度。 检验方法：观察和尺量检查
一般项目	（1）换热站内设备安装的允许偏差应符合表7—14的规定。 （2）换热站内的循环泵、调节阀、减压器、疏水器、除污器、流量计等安装应符合本规范的相关规定。 （3）换热站内管道安装的允许偏差应符合表7—15的规定。 （4）管道及设备保温层的厚度和平整度的允许偏差应符合表1—98的规定

二、施工工艺解析

换热站安装工程施工工艺解析见表7—22。

表7—22　换热站安装工程施工工艺解析

项目	内　容
换热站设备 安装要求	（1）疏水器安装 1）疏水器前后都要设置截止阀，但冷凝水排入大气时可不设置此阀。 2）疏水器与前截止阀间应设置过滤器，防止水中污物堵塞疏水器。热动力式疏水器自带过滤器，其他类型在设计中另选配用。 3）阀组前设置放气管，以排放空气或不凝性气体，减少系统内的气堵现象。 4）疏水器与后截止阀间应设检查管，用于检查疏水器工作是否正常，如打开检查管大量冒汽，则说明疏水阀已坏，需要检修。 5）设置旁通管便于启动时，加速凝结水的排除；但旁通管容易造成漏气，一般不采用。如采用时注意检查。 6）疏水器应装在管道和设备的排水线以下。如凝结水管高于蒸汽管道和设备排水线，应安装止回阀。 热动力式疏水器本身能起逆止作用。 7）螺纹连接的疏水器，应设置活接头，以便拆装。 8）疏水管道水平敷设时，管道坡向疏水阀，防止水击现象。 9）疏水器的安装位置应靠近排水点。距离太远时，疏水阀前面的细长管道内会集存空气或蒸汽，使疏水器处于关闭状态，而且阻碍凝结水流不到疏水点。 10）在蒸汽干管的水平管线过长时应考虑疏水问题。 11）疏水器安装常采用焊接和螺栓连接，螺纹连接的形式如图7—2所示。 12）装于蒸汽管道翻身处的疏水器，为了防止蒸汽管中沉积下来的污物将疏水管堵塞，疏水器与蒸汽管相连的一端，应选在高于蒸汽管排污阀150 mm左右的部位；排污阀也应定期打开排污，以防止污物超过疏水器与蒸汽管的相连接的部位，如图7—3所示。

续上表

项目	内　　容
换热站设备安装要求	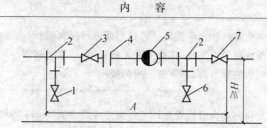 图7-2　螺纹连接热动力式疏水器安装形式 1—放空阀；2—异径三通；3—前截止阀； 4—活接头；5—疏水器；6—检查阀；7—后截止阀 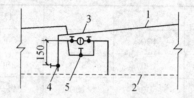 图7-3　疏水器安装示意 1—蒸汽管；2—回水管；3—疏水器；4—排污阀；5—阀门 (2)减压阀安装 1)减压阀的安装高度。 ①设在离地面1.2 m左右处，沿墙敷设。 ②设在离地面3 m左右处，并设永久性操作台。 2)蒸汽系统的减压阀组前应设置疏水阀。 3)如系统中介质带渣物时，应在阀组前设置过滤器。 4)为了便于减压阀的调整工作，减压阀组前后应装压力表。为了防止减压阀后的压力超过容许限度，阀组后应装安全阀。 5)减压阀有方向性，安装时注意勿将方向装反，并应使其垂直地安装在水平管道上。波纹管式减压阀用于蒸汽时，波纹管应朝下安装；用于空气时，需将阀门反向安装。 6)对于带有均压管的鼓膜式减压阀，均压管应装于低压管一边，如图7-4(c)所示。 7)减压阀安装图及各部位的尺寸。减压阀安装图如图7-4所示，各部位尺寸见表7-23。 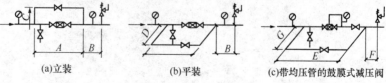 (a)立装　　　　　(b)平装　　　　(c)带均压管的鼓膜式减压阀 图7-4　减压装置安装形式 8)减压阀安装完后，应根据使用压力调试，并作出调试后的标志。如弹簧式减压阀的调整过程是先将减压阀两侧的球阀关闭(此时旁通管也应处于关闭状态)，再将减压阀上手轮旋紧，下手轮旋开，使弹簧处于完全松弛状态，从注水小孔处把水注满，以防蒸汽

续上表

项目	内　　容
换热站设备安装要求	将活塞的胶皮环损坏。打开前面的球形阀(按蒸汽流动的方向顺序打开),旋松手轮,缓缓地旋紧下手轮,在旋下手轮的同时,注意观察阀后的压力表,当达到要求读数时,打开阀后的球形阀,再作进一步的校准
换热站内管道安装	换热站内管道安装的允许偏差应符合表1—12的规定
管道及设备保温	管道及设备保温层的厚度和平整度的允许偏差应符合表1—98的规定

表7—23　减压阀安装尺寸　　　　(单位:mm)

项目	A	B	C	D	E	F	G
DN25	1 100	400	350	200	1 350	256	200
DN32	1 100	400	350	200	1 350	250	200
DN40	1 300	500	400	250	1 500	300	250
DN50	1 400	500	450	250	1 600	300	250
DN65	1 400	500	500	300	1 650	300	350
DN80	1 500	550	650	350	1 750	350	350
DN100	1 600	550	750	400	1 850	400	400
DN125	1 800	600	800	450	—	—	—
DN150	2 000	650	850	500	—	—	—

参考文献

[1] 中国建筑工业出版社. 新版建筑工程施工质量验收规范[M]. 第2版. 北京:中国建筑工业出版社,中国计划出版社,2003.

[2] 北京建工集团有限责任公司. 建筑分项工程施工工艺标准[M]. 北京:中国建筑工业出版社,2008.

[3] 江正荣. 简明土方与地基基础工程施工手册[M]. 北京:中国环境科学出版社,2003.

[4] 中国建筑第八工程局. 建筑工程施工工艺标准[M]. 北京:中国建筑工业出版社,2005.

[5] 刘文君. 建筑工程技术交底记录[M]. 北京:经济科学出版社,2003.

[6] 北京土木建筑学会. 建筑工程施工技术手册[M]. 武汉:华中科技大学出版社,2008.